AF479880

MINERALOGIE,

O U

NOUVELLE EXPOSITION
DU REGNE MINÉRAL.

Ouvrage dans lequel on a tâché de ranger dans l'ordre
le plus naturel les individus de ce Regne, & où l'on
expose leurs propriétés & usages méchaniques;

A V E C

UN DICTIONNAIRE NOMENCLATEUR
ET DES TABLES SYNOPTIQUES.

*Par M. VALMONT DE BOMARE, Démonstrateur
d'Histoire Naturelle, Membre de la Société Litteraire
de Clermont - Ferrand, de l'Académie royale des Belles-
Lettres de Caën., de l'Académie royale des Sciences,
Belles - Lettres & Beaux - Arts de Rouen, &c.*

TOME SECOND.

A PARIS,

Chez VINCENT , Imprimeur - Libraire,
rue S. Severin , à l'Ange.

M DCC LXII.
AVEC APPROBATION ET PRIVILEGE DU ROI.

ORDRES. [ORDINES.]	SOUS-DIVISIONS. [SUBDIVISIONES.]	GENRES. [GENERA.]	ESPECES.	[SPECIES.]	H
Page (a)*	Page*	Page*			Page*
I. Pyrites ou Pierres à feu. [Pyrites, &c.] 2		XLI. Pyrite sulfureuse. [Pyrites sulphureus.] 4	CCXV. Pyrite sulfureuse informe	Pyrites sulphureus rudis.	4
			CCXVI. Pyrites en globules.	Pyrites in glebas compactus	6
			CCXVII. Pyrites crystallisées, ou Marcassites. . . .	Pyrites distinctè crystallisati . } . . .	10
			CCXVIII. Pyrite brune martiale.	Pyrites fuscus martialis. . . . } . . .	13
			CCXIX. Pyrite ochracée	Pyrites ochram referens.	Ibid.
		XLII. Marcassite d'arsenic. [Marchassita arsenicalis.] 14	CCXX. Pyrite écailleuse arsenicale	Pyrites arsenicalis.	14
			CCXXI. La Pyrite appellée Pierre de Vulcain.	Lapis hephastius.	15
			CCXXII. La Pyrite blanche, &c.	Pyrites albus	Ibid.
			CCXXIII. La Mine d'arsenic brune, &c.	Pyrites tessera-arsenicalis.	16
			CCXXIV. La Mine d'arsenic rougeâtre.	Minera arsenici rubra.	17
			CCXXV. Pyrite ou Arsenic testacé.	Pyrites aut arsenicum testaceum. . . .	18
			CCXXVI. Pyrite cendrée.	Minera arsenici cinerea.	19

(a) Cet astérique * désigne les pages de la seconde Partie.

MINÉRALOGIE,

O U

NOUVELLE EXPOSITION

DU REGNE MINÉRAL.

VI. CLASSE.

PYRITES. [*PYRITES.*]

NOUS donnons, avec Henckel, le nom de Pyrites à toutes fuftances terreftres, falines, acides, minéralifées & cryftallifées dans différens états.

1º Les pyrites contiennent ou du vitriol, ou du foufre, ou de l'arfenic, ou du métal, ou du demi-métal, tantôt deux de ces chofes à la fois, tantôt trois, quelquefois même davantage, mais toujours avec de la terre ou de la pierre. 2º Elles ont différentes formes & diverfes figures. 3º Elles font plus ou moins compactes & pefantes. 4º Elles ont toujours des couleurs différentes de celles que chaque matiere conftituante a pour l'ordinaire, étant purifiée. 5º Toutes les pyrites, à l'exception d'un petit nombre qu'on appelle Marcaffites, font feu (*a*) avec le briquet, tombent en efflorescence, quand elles sont exposées aux impressions de l'air, ou se détruisent par l'action du feu.

PREMIER ORDRE OU DIVISION.

Pyrites, ou Pierres à feu.

*[Pyrites. Lapis ignifer aut igniarius. Lapis
luminis , Pyrimachus.*

CE sont des minéraux qui font communément
feu avec le briquet ; aussi les appelle-t-on
Pierres à fusil minérales ; elles sont aigres, cassantes : leur couleur est ordinairement, ou d'un
jaune pâle, alors sulfureuse, ou d'un jaune foncé,
changeant comme la gorge de pigeon, alors cuivreuse, ou d'un brun fauve, & de différentes autres

(*a*) Tous les auteurs qui ont parlé des *Marcassites* , n'ont
attaché à ce mot aucune idée certaine & déterminée : aussi
le mot de *Marcassite* a-t-il bien des significations que nous
croyons utile de rapporter ici ; 1° les droguistes & les apothicaires nomment *Marcassite* le bismuth ; 2° les alchymistes appellent de ce nom les métaux qu'ils prétendent n'être point
encore parvenus à maturité : c'est ainsi qu'ils nomment la pyrite
brune *Marcassite de fer*, & la pyrite jaune , ou d'un verd jaunâtre *Marcassite de cuivre* ; ils donnent au zinc le nom de *Marcassite d'or* , parce qu'il a la propriété de convertir le cuivre
rouge en laiton d'un jaune d'or , d'où ils concluent que le
zinc est de l'or qui n'est point parvenu à maturité : le bismuth
est , suivant eux , une *Marcassite d'argent*, parce qu'il a la propriété de blanchir le laiton & qu'il donne du son & de l'éclat à
l'étain ; 3° Paracelse donne toujours le nom de *Marcassite* au
minéral que les ouvriers des mines appellent *Pyrite* ; 4° Wallerius a donné particuliérement (d'après les mineurs) ce nom à la
Pyrite crystallisée ; 5° mais nous comprenons ici sous le nom
de *Marcassites* , des corps minéraux qui tiennent autant aux
pyrites qu'aux métaux , & qui cependant en different essentiellement, en ce qu'ils ne sont pas susceptibles d'élixation , ni de se

couleurs, alors mélangées de fer, &c. ou enfin
d'un blanc fale, alors arfenicale : les nuances des
pyrites font des caracteres extérieurs auxquels
il ne faut pas toujours s'arrêter : en effet, les
pyrites les plus hautes en couleur, font celles
qui, au premier coup d'œil, en impofent fi fouvent à ceux qui font peu verfés dans cette partie
de la minéralogie ; elles perdent bientôt leur faux
éclat métallique, pour peu qu'elles foient expofées à l'action du feu, ou de l'air, car les parties
falines, leur lien commun, venant à être détruit
par la diffolution, elles éprouvent alors, finon
une totale décompofition, au moins une maniere
d'efflorefcence, qui écarte & defunit de plus en
plus le tiffu de leur cryftallifation (*a*) : elles varient
beaucoup encore pour la figure & les propriétés,
comme on le remarque dans ces amas de pyrites
qui fe trouvent aux environs de Calais & de
Dunkerque, & dont on fe fert pour lefter les
vaiffeaux.

diffoudre dans les fluides, comme les pyrites proprement dites:
6° Henckel dit que le mot de Marcaffite, *Marchaffita*, eft dû
aux Arabes, & qu'il dérive du mot hébreu *Marach*, *flavefceré* ;
ou *expolivit*, *terfit* ; ou de *Morika* rouille, ou de *Markah*, *gluten*:

(*a*) Les altérations qu'éprouvent les pyrites fulfureufes ou
vitrioliques, ne font dûes qu'à la propriété finguliere, qu'a le
fer qui s'y trouve, de décompofer le foufre, au moyen de l'eau ;
ce feul intermede les pénetre d'abord, detruit enfuite le foufre
& donne lieu à la vitriolifation : il fe trouve quelquefois de ces
pyrites dont le fer n'eft point entiérement uni avec le foufre,
& qui par cette caufe ne tombent point en efflorefcence ; l'on
eft obligé, pour rendre leur tiffu moins compacte, de les torréfi_r,
enfuite de les humecter pour qu'elles fe procurent après les mêmes
changemens, qu'éprouvent celles qui effleuriffent d'elles-mêmes.

GENRE XLI.

I. Pyrite ſulfureuſe.

[*Pyrites ſulphureus.*]

ON diſtingue ce genre de pyrites des autres, non ſeulement par leur couleur qui eſt d'un jaune pâle (*a*), mais en ce qu'elles ſont ſtriées, pour la plûpart, du centre à la circonférence, qu'elles ne contiennent que peu ou point d'arſenic, peu de métal, & qu'elles produiſent beaucoup de ſoufre, dont leurs particules ſont abondamment recouvertes : frapées avec l'acier, elles donnent beaucoup d'étincelles, & exhalent une odeur plus ſuffoquante que les pyrites proprement arſenicales & métalliques : elles ont la propriété de tomber en effloreſcence.

ESPECE CCXV.

I. Pyrite ſulfureuſe informe.

[*Pyrites ſulphureus rudis. Sulphur ferro mineraliſatum, minerâ difformi pallidè flavâ nitente,* WALLER. *Pyromachus* VETERUM. *Sulphur ferro mixtum, informe, ponderoſum, dilutè flavum, ſuperficie planiuſculè,* CARTH.]

LA figure de cette pyrite eſt indéterminée; ſa

____

(*a*) Cette différence n'eſt pas importante, en ce qu'elle dépend d'une petite portion d'arſenic ſur lequel le ſoufre l'emporte en quantité ; il ſe rencontre à peine une pyrite ſulfureuſe qui ne contien: en même tems un peu d'arſenic : cette différence provient de la diverſité des combinaiſons qui changent les propriétés extérieures.

couleur est d'un jaune pâle, & d'un brillant métallique ; il y en a de plusieurs duretés : c'est pourquoi quelques - unes font plus ou moins de feu avec l'acier ; les étincelles qui en partent font grandes & accompagnées d'une forte odeur sulfureuse : mises au feu, elles se cassent, produisent des petits jets de flamme bleue, d'une odeur suffoquante, & finissent par se réduire en une poudre rouge de différentes nuances : on rencontre ordinairement cette sorte de pyrite dans le quartz, ou dans d'autres pierres très-dures.

On a,

1. La pyrite molle. [*Pyrites sulphureus rudis, lapide molliori mixtus*, WALLER.]

Elle est composée de particules si peu compactes, ou si peu unies les unes aux autres, que frapée avec le briquet, elle se réduit plutôt en grains que de faire feu ; aussi ne produit-elle que peu ou point d'étincelles : elle se décompose d'elle-même à l'air, & contient moins de fer que les deux autres pyrites qui suivent : on en trouve en Finlande, à Carpenberg en Suéde, dans le pays de Luxembourg, & à Coucy.

2. La pyrire dure. [*Pyrites sulphureus rudis, lapide mixtus duro*, WALLER.

Cette pyrite, quoique dure, n'est pas celle qui donne le plus d'étincelles avec le briquet, en ce qu'elle est mêlée avec de la pierre ; c'est ce qui l'empêche de tomber aussi facilement en efflorescence à l'air : on est même obligé, pour lui procurer facilement cette propriété, de la griller auparavant : on en trouve dans le ravin de l'Escure près de Rouen, parmi des amas de pierres marneuses & ochracées.

3. La pyrite solide. [*Pyrites sulphureus, purus, nudus*, WALLER.]

Elle eſt celle qui produit le plus d'étincelles lorſqu'on la frape avec de l'acier, auſſi ne contient-elle aucuns corps hétérogenes : elle paroît unie & égale dans les fractures, legérement écailleuſe ; c'eſt la vraie *pierre à feu* des anciens : on l'appelle auſſi pierre d'arquebuſade ; cette ſorte de pyrite ſe trouve dans la mine de ſoufre de Dylta, dans la province de Nerike : on en trouve en France dans les glaiſieres du petit Gentilly & de Paſſy près Paris, où elles s'y conſervent aſſez bien, juſqu'à ce que l'humidité les faſſe tomber en déliqueſcence : ces dernieres fourniſſent abondamment du vitriol (*a*).

Espece CCXVI.

II. Pyrites en globules.

[*Pyrites in glebas compactus. Globuli pyritacei. Sulphur mineraliſatum, minera globuloſa concretum , WALL. Sulphur ferro mixtum , globoſum , ponderoſum , dilutè flavum , CARTH.*]

CETTE eſpece de pyrite, qui contient tantôt plus, tantôt moins de fer, eſt de différentes couleurs, & d'une forme plus ou moins ſphérique, communément mêlée de terre & de corps étrangers ; elles ſont interieurement ou ſolides & compactes, ou feuilletées ou ſtriées, & ne ſont pas toujours feu lorſqu'on les frape avec l'acier.

(*a*) OBSERVATION. Nous avons remarqué, dans quelques-unes de ces glaiſieres, & notamment dans les couches de terres argilleuſes, qui recouvrent preſque tous les *Tectum*, des mines de charbon de la Flandre & du pays de Liége, &c. que le fluide qui réſultoit d'une telle déliqueſcence par la décompoſition des pyrites, venant à ſe combiner avec la glaiſe elle-même ou avec le limon détrempé, donnoit naiſſance aux ſchiſtes , aux glaiſes marbrées ardoiſieres, aux argilles vitrioliques , &c. ou coloroit les marbres , les cryſtaux , les fluors , &c.

On a,

1. Les pyrites en globules sphériques. [*Pyrites radiatus, subflavus aut sulphureo Pyrites. Globuli pyritacei spherici , WALL.*]

La forme sphérique en est plus ou moins réguliere & grosse : elles sont tantôt d'un jaune pâle, *pallidè flavi ,* & brillant ; striées intérieurement , c'est-à-dire, composées d'aiguilles ou de pyramides, qui partent d'un centre commun ; les bases de ces pyramides débordent souvent la circonférence de la sphere , & s'y terminent en angles & en facettes de différentes figures : la plûpart de ces pyrites donnent beaucoup d'étincelles avec l'acier ; mais elles ont en revanche la propriété de s'élixer facilement à l'air ; on en trouve communément dans les mines , & en Champagne dans des bancs de craie. Tantôt ces pyrites sont d'un brun couleur de rouille , *colore fusco vel rubescente ;* elles ne se décomposent point si facilement que les précédentes , & ne donnent que peu , ou point d'étincelles, leur tissu étant un peu poreux & tendre. Voyez *WOODWARD. p.* 174 *&* 175 , *T. I, Attempt. &c.* On en trouve quelquefois de la nature de ces dernieres pyrites, qui ne sont pas plus grosses que des pois , ou des balles de fusil ; ces globules sont également rayonnées dans l'intérieur , & unies à leur superficie , sans apparence de cryftallisation extérieure ; on les nomme *strahlstein , aut Lapis martialis pyritaceus, Pisolites referens.* Lorsque ces mêmes pyrites ont une certaine grosseur du diametre d'un œuf , ou à-peu-près, brunâtres & unies extérieurement , comme les précédentes pisolites , on les nomme *brontias.*

2. Les pyrites en globules demi-sphériques.

[*Globuli pyritacei, hemi-sphærici, WALLER.*]

Elles font rondes ovales, quelquefois applaties, intérieurement feuilletées ou ftriées & d'un jaune brillant.

On en trouve en Angleterre, dont la couleur eft d'un gris clair, blanchâtre, luifante, &c. *Pyrites variegatus Anglicus ;* cette pyrite ne contient que peu de fer, ne fe décompofe prefque point à l'air, & pour l'ordinaire ne donne jamais d'étincelles avec l'acier.

3. Les pyrites en globules oblongs. [*Globuli pyritacei oblongi, WALLER.*]

Elles font cylindriques, plus ou moins allongées, ç'eft-à-dire, d'une forme prefque ovale comme des rognons : la couleur en eft tantôt d'un jaune luifant, tantôt brune, & quelquefois rouge : on remarque dans quelques-unes de ces pyrites oblongues, fur-tout dans celles qui font un peu applaties, une petite quantité d'arfenic ; alors, elles ne fe décompofent pas fi facilement. Voyez *HENCKEL Pyritolog. pag.* 236. On trouve auffi, dans les terres argilleufes de la Heffe, des pyrites globuleufes, noirâtres à l'extérieur, jaunâtres à l'intérieur, & qui ne contiennent que peu ou point de fer : elles font ainfi défignées dans Wallerius, *Globuli pyritacei nigricantes. Minera Martis folaris Haffiæ.* Ces pyrites fe décompofent affez facilement à l'air & ne donnent point d'étincelles avec l'acier.

4. Les pyrites pyramidales. [*Ceraunias AUCTORUM.*]

On nomme ainfi les pyrites qui font allongées en croix, ou en pyramides ; elles font raboteufes & brunes à l'extérieur, d'un jaune blanchâtre, & ftriées intérieurement ; elles fe décompofent très-facilement : on peut comprendre, avec ces fortes de pyrites, celles qui *membrum virile referunt,*

& qui se trouvent en Champagne, & à Bou-
logne-sur-mer.

5. Les pyrites en grappes de raisin, ou en
stalagmites. [*Pyrites sulphureus, Stalagmites. Botryites AUCTOR. Globuli pyritacei, Botryitim
concreti, WALL.*]

Ces pyrites sont comme mammelonnées, ou pro-
tubérancées en la maniere des stalagmites ; souvent elles ont la forme des grappes de raisin,
& chaque grappe paroît en effet composée de
plusieurs pyrites en globules, & attachées les
unes aux autres comme les grains de raisin même ;
leur couleur est ordinairement noirâtre, brunâtre,
& d'une surface unie, ou d'un jaune bleuâtre ;
telles sont celles de Clausthall : elles ne se décomposent pas facilement.

6. Les pyrites en gâteaux. [*Quis (a), Aurichalcum fossile aut Chalco-pyrites,* HENCKEL.
Globuli pyritacei plani vel compressi, WALL.]

Elles ressemblent quelquefois à des gâteaux ronds
& applatis, mais plus souvent à des crêtes qui
s'entre-croisent différemment, & forment des angles très-singuliers ; quelquefois elles sont en ma-
rons, *nidulans*. Celles qui n'ont point de formes
déterminées, contiennent abondamment du cuivre
jaune, *pyrites cupri flavus*, ou ressemblent à la
mine de cuivre pâle , *pyrites cupri subflavus*.
Voyez la *Description des mines de cuivre :* on
en trouve de cette nature dans la montagne du
Pilon en Lyonnois ; elle est à petits grains comme
de la poudre à fusil.

7. La pyrite d'alun. [*Salsugo pyrites. Lapis
Assius,* AGRICOL. *&* HENCKEL.]

Cette pyrite paroît comme formée par grains ;

____

(a) Henckel dit que le mot *Quis* vient de l'Allemand *Kieß*,
qui signifie pyrite cuivreuse.

ou petits cryſtaux de figure irréguliere : ſa couleur eſt marbrée, elle eſt ordinairement confondue
dans une pierre feuilletée & groſſiere ; elle eſt
déſignée dans Agricola & Henckel, ſous le nom de
Lapis Aſſius aut Aſiæ, ubi naſcitur ſarcophagus,
comme qui diroit, Pierre de l'Aſie, d'où l'on tire une
ſubſtance propre à conſumer les chairs : cette
pyrite contient très-peu de ſoufre.

E S P E C E CCXVII.

III. Pyrites cryſtalliſées, ou Marcaſſites.

[*Pyrites diſtinctè cryſtalliſati. Sulphur ferro mineraliſatum, forma cryſtalliſata,* WALLER.
*Sulphur ferro mixtum, cryſtallinum, ponderoſum,
dilutè flavum,* CARTH. *Marchaſita nonnullorum. Druſa pyritacea.*]

C E S pyrites varient beaucoup par la couleur,
la figure & la forme de la cryſtalliſation ; elles
ſont pour l'ordinaire en cryſtaux, quelquefois
iſolés, & quelquefois grouppés, & dont les côtés
ſont toujours brillans, quoique d'une couleur,
ou jaune, ou d'un brun plus ou moins obſcur :
frapées avec de l'acier, elles donnent beaucoup
d'étincelles, perdent leur couleur dans le feu, &
y deviennent rougeâtres, obſcures, ſelon qu'elles
contiénnent plus ou moins de fer, de ſoufre,
& quelquefois même du cuivre en abondance.

On a,

1. Les pyrites quadrangulaires. [*Pyrites qua-
drangulares. Priſmaticus ſeu Tetraëdros ſydero-
pyrites. Marchaſitæ tetraëdricæ,* WALLER.]
Sa cryſtalliſation eſt priſmatique, tétraëdre ;
c'eſt-à-dire, quadrangulaire ; on remarque qu'un

de fes côtés fert de bafe, & que les autres forment des angles qui vont fe terminer en pointes : cette pyrite eft très-rare ; nous en avons trouvé dans un fpath vitreux près de la ville de faint George dans le Duché de Brunfwich.

2. Les pyrites cubiques hexaëdres (*a*). [*Pyrites teffulati, hexaëdrici aut fexangulares. Marchaffitæ hexaëdricæ teffulares, WALLER.*]

La plûpart de ces pyrites forment des petits cubes jaunâtres ; elles font commnnément interpofées dans une pierre grifâtre, fchifteufe, ou d'ardoife, chargée de fer & de cuivre. Les Allemands appellent cette pierre pyriteufe *hiechen :* ces pyrites, ainfi que la pierre qui leur fert de matrice, entrent affez promptement en fufion, & forment alors un verre noirâtre & tranfparent : il y a même des endroits, où l'on fait fondre ces pierres pyriteufes pour en faire des boutons ; on en obtient auffi un verre femblable à celui des bouteilles.

3. Les pyrites prifmatiques hexaëdres. [*Pyrites exangulares prifmatici. Marchafitæ hexaëdricæ, prifmaticæ, WALL.*]

On en trouve dans les environs de Fribourg en Brifgaw, & de Plombieres.

4. Les pyrites hexaëdres en rhomboïdes. [*Pyrites rhomboïdali-exangulares. Hexaëdricæ rhomboïdales, WALL.*]

Ces pyrites ont la figure de rhomboïdes comme

(*a*) Il ne faut pas confondre la pyrite cubique hexaëdre avec la pyrite brune cubique *Pyrites fufcus*, qui reffemble beaucoup à la mine d'étain hépatique, & à la mine de cuivre de couleur de foie : il y a une différence effentielle entr'elles ; la pyrite brune cubique ne contient point de cuivre, tandis que la pyrite cubique hexaëdre proprement dite en contient abondamment. Il y a encore la pyrite cubique arfenicale, femblable à un dé à jouer ; mais c'eft une marcaffite dont nous parlerons fous le nom de *Pyrite blanche.*

les cryftaux de vitriol ; on en trouve à Freyberg en
Saxe, dans un fpath vitreux & blanchâtre : les péle-
rins nous apportent d'Efpagne des pyrites en
croix : ce ne font que deux de ces mêmes pyrites
qui fe font croifées ainfi dans leur cryftallifation.

5. Les pyrites hexaëdres cellulaires. [*Pyrites
cavernofi-exangulares. Marchafitæ hexaëdricæ cel-
lulares*, WALL.]

Elles font remplies de cavités comme les rayons
de miel ; leur figure eft hexagone.

6. Les pyrites octaëdres. [*Pyrites octangulares.
Marcafitæ octaëdricæ*, WALL.]

Elles ont communément la même figure que l'a-
lun ; on en trouve auffi de décaëdres, *pyrites decaë-
drici*, de dodécaëdres *dodecaëdrici*, & à quatorze
côtés *decateffaraëdrici*.

7. Les pyrites feuilletées. [*Pyrites bracteati.
Marchafitæ bracteatæ*, WALL.]

Ces pyrites font formées d'un affemblage de
feuillets ou de lames , dont la difpofition forme
cependant des petites maffes cryftallifées d'une
figure réguliere & déterminée.

8. Les pyrites fiftuleufes. [*Pyrites fiftulofi.
Marchafitæ fiftulofæ*, WALL.]

Elles font compofées de petites colomnes, ou
de cryftaux feuilletés , ou de particules dont l'arrangement imite affez les tuyaux de pipes.

9. Les pyrites en grouppes de cryftaux. [*Drufa
pyritacea. Marchafitæ in congerie cryftallinâ* ,
WALL.]

C'eft un affemblage de cryftaux cubiques, &c.
de pyrites qui fe trouvent grouppés dans une même
matrice ou de terre argilleufe & endurcie, ou de
pierre, foit de fpath fufible , foit de quartz : quelquefois ces cryftaux s'entre-croifent & femblent
totalement confondus les uns dans les autres, ou

au moins, ils donnent une figure irrégulière *pyrites irregulares*; telle est la pyrite qui se trouve à Limé, à deux lieues de Soissons.

ESPECE CCXVIII.

IV. Pyrite brune, martiale.

[*Pyrites fuscus martialis, Sulphur ferro minerali-satum minerâ fuscâ vel hepaticâ, WALL. Ferrum pallidè luteum splendens polymorphum, Sydero-pyrites, WOLT. Pyrites fuscus. Pyrites aquosus.*]

CETTE pyrite est d'un rouge foncé comme celle du foie; elle est quelquefois en lames, *lamellosus*; ou à gros grains, *particulis majoribus*; rarement en cubes, *tessulatus*; plus communément protuberancée *sulcatus*: elle contient beaucoup de fer, peu de soufre, presque point d'arsenic & point du tout de cuivre; elle ne se décompose pas facilement à l'air; son grain est fin, dur, & susceptible d'un assez beau poli: telle est la pyrite qui se trouve près de Cravovie.

ESPECE CCXIX.

V. Pyrite ochracée.

[*Pyrites ochram referens.*]

C'EST une terre endurcie, insipide, qui a extérieurement la forme d'une pyrite, & qui cependant ne contient en quelque sorte, que la terre metallique du fer, dans l'état d'une masse ochracée, plus ou moins fragile, friable & dure: souvent elle est encore susceptible du poli; quelquefois elle est caverneuse & se joint facilement à des corps hetérogenes ; on l'appelle *pyrites ochracea , arida , fragilis & cellularis.*

GENRE XLII.

II. Marcaffites , ou Pyrites d'arfenic.

[*Marchafitæ. Pyrites arfenicales.*

ON donne ce nom à la plûpart des pyrites de ce genre qui ont une couleur blanche , & dont les particules font pénétrées d'arfenic : quoique très-dures & fufceptibles du poli, elles font difficilement feu avec l'acier, & peuvent recevoir les impreffions de l'air & du feu fans une altération fenfible ; en effet ce n'eft qu'à force de combuftions qu'on parvient à les attendrir & à reduire ce minéralifateur ; elles forment d'abord une pyrite d'arfenic , qu'on peut révivifier au moyen du phlogiftique : dans la durée de cette opération, on remarque que la matiere exhale fur le feu une fumée blanche qui doit toujours être accompagnée d'une odeur d'ail , fans quoi on la pourroit prendre , dans les premiers inftans , pour une pyrite de zinc ou de blende , ou d'antimoine , ou de mercure , qui toutes ont également la propriété de donner une fumée blanche , mais dans lefquelles on ne reconnoît point l'odeur d'ail , à moins qu'elles ne foient elles-mêmes minéralifées par l'arfenic.

ESPECE CCXX.

I. La Pyrite écailleufe arfenicale.

[*Pyrites arfenicalis.*]

ELLE eft écailleufe , difpofée en côtés inégaux ou trapeze, quelquefois parallélipipedes : comme l'assemblage de ces feuillets forme encore quelquefois des cryftaux octaëdres, il y auroit lieu de croire que la pyrite d'arfenic octaëdre dont parle Cartheufer, feroit de cette efpece, *Arfenicum mineralifatum, cryftallinum cryftallis octaëdris, nigricantibus. CARTH. 8, p. 58.*

ESPECE CCXXI.

II. La Pyrite appellée Pierre de Vulcain.

[*Lapis Hephæftius PLINII, & GESNERI.*]

C'EST une marcaffite qui reffemble beaucoup à l'hématite conglomérée de Suéde ; elle a auffi une forte de reffemblance avec la pyrite botryite ; mais outre que les protubérances de la pierre de Vulcain ne font point détachées, qu'elles font comme bouillonnées, elle a encore cette propriété, c'eft de ne fe point décompofer à l'air & de participer d'une abondante quantité de foufre.

ESPECE CCXXII.

III. La Pyrite blanche, ou Marcaffite par excellence, ou Mine d'arfenic blanche.

[*Pyrites albus GERMANOR. Marchafita. Mifpikkel. Minera arfenici alba. Arfenicum ferro mineralifatum, minera albefcente teffulis vel planis micante, WALL. Pyrites arfenici albus aut Arfenicum albicans fplendens, WOLT. Arfenicum mineralifatum, informe, particulis planis, albis, nitidis, CARTH.*]

CETTE marcaffite eft blanchâtre pâle, argentine, entiérement minéralifée par l'arfenic & le fer ; ou plutôt cette pyrite eft une combinaifon de l'arfenic & du fer : il y en a de toutes fortes de figures.

On a,

1. La mine arfenicale blanche cubique. [*Minerà arfenici alba teffularis*, WALL.]

C'eft la pyrite blanche la plus ordinaire.

2. La mine arfenicale blanche à facettes brillantes. [*Minera arfenici alba planis micans*, WALL.]

Elle tire fouvent fur la couleur brune ou obfcure, elle eft plus ou moins groffe.

3. La pyrite blanche arfenicale fans figure déterminée. [*Pyrites arfenicalis variegatus*.]

Elle eft blanche luifante comme de l'étain & fe ternit rarement à l'air ; elle reffemble affez à la pierre des Incas, *piedra de los Incas* & dont on fait des miroirs, des colomnes, &c. Ces pyrites font en quelque forte inutiles & réfractaires aux expériences docimaftiques, & dans les travaux en grand ; au moins leur ufage & la maniere de les réduire, ne font-ils pas indiqués : les minéralogiftes Allemands appellent ces efpeces de marcaffites, *Mifpikkel*, ou *Giff-kieff*, c'eft-à-dire *pyrites de poifon* ; on en trouve près de Freyberg en Saxe : & de Caop fur le bord du Rhin.

Espece CCXXIII.

IV. La Mine d'arfenic, brune cubique, ou Marcaffite brune & cubique.

[*Pyrites teffera arfenicalis. Marchafita teffulata fulva. Arfenicum ferro mineralifatum minerâ teffulari, livido-nigrâ*, WALL.]

SA figure eft réguliere ; elle eft femblable à un
dé

dé à jouer, ou en cubes octogones ; on la connoît dans le commerce, sous le nom de Pierre de santé : sa couleur est brunâtre, noirâtre & luisante à l'extérieur, blanchâtre ou pâle intérieurement ; on peut la considérer comme une combinaison de beaucoup d'arsenic, d'un peu de fer, & presque point de soufre : exposée à l'air, elle n'y souffre aucune altération ; sa couleur est permanente, même étant polie : elle est si compacte & si dure, que les Riverains (ou gens du peuple qui habitent le long des rivages) de Boheme, & les marchands de Geneve qui la tirent du Piémont, la taillent & la polissent à facettes, au moyen de la roue, pour en former des ouvrages d'ornemens, même des boutons ou des pierres de boucles : on en trouve aussi en Suéde dans les mines de Liusnedal.

ESPECE CCXXIV.

V. Pyrite ou Mine d'arsenic rougeâtre.

[*Pyrites ruber aut Minera arsenici rubra. Kupfernikkel* GERMANORUM. *Arsenicum sulphure & cupro mineralisatum, minerâ difformi, æris modo rubescente,* WALL. *Arsenicum mineralisatum, informe, particulis rubicundis, nitidis,* CARTH. *Cuprum, impropriè dictum, Nicolai,* WOODWARD. *Pseudo-cuprum aut Minera cupri spuria.*]

ON trouve assez communément cette pyrite dans les mines d'Allemagne ; sa couleur est d'un gris rougeâtre, brunâtre, brillant, tirant sur celle du cuivre pur ; elle contient beaucoup d'arsenic, peu de soufre, & pour l'ordinaire, peu ou point de cuivre ; quelquefois elle participe du cobalt ou du fer réfractaire, mais toujours en si petite quantité, que

Partie II. B

les mineurs la regardent comme une mine pauvre :
nous préfumons que cette mine d'arfenic eft la
même que Wolfterdorf a defignée en ces termes : *Arfenicum fulvum, fplendens, pfeudo-cobal-
tum.*

ESPECE CCXXII.

VI. Pyrite appellée Arfenic teftacé (a).

[*Pyrites arfenici teftaceus. Arfenicum ferro mineralifatum, teftaceum, WALL. Arfenicum nudum
metallicum, atrum fraɕuris fplendens, W OL-
TERSD. Arfenicum mineralifatum, ponderofum,
durum, extùs cinereum, intùs plumbeo colore,
fplendens fragmentis concavis, craffis, CARTH.
Arfenicum teftaceum. Cobaltum teftaceum nonnullorum*]

C E minéral qui eft une forte de pyrite ou de
marcaffite, fous fa forme demi métallique, reffemble un peu au laiton par l'éclat & par le fon
qu'il rend lorfqu'on le frape : il eft écailleux, compofé de couches ou de feuillets recourbés les uns
fur les autres, comme les écailles de l'oignon ;

(a) On a donné le nom de *cobalt teftacé* à l'arfenic teftacé,
parce qu'il contient quelquefois de cette efpece de cobalt, &
que l'arfenic teftacé, que l'on foupçonnoit entiérement dépourvu
de cobalt ou de couleur bleue, donnoit toujours au verre auquel il
étoit mêlé, une nuance de bleu matte & obfcure. Les Allemands
nomment ce minéral *fchirben kobold*, cobalt teftacé ; & les
François l'appellent *caillou arfenical.* En général, on eft très-
fujet à confondre la pyrite arfenicale avec la mine de cobalt :
leurs différerces font cependant très-fenfibles ; & Wallerius,
p. 420, dit à cette occafion, 1° que toute mine ou pyrite arfenicale a un grain plus groffier, une couleur moins foncée &
moins rouge que la mine de cobalt ; 2° la pyrite arfenicale
donne un verre noir, au lieu que le cobalt donne un verre
bleu ; 3° la pyrite arfenicale ne donne point fon régule par la
fufion, mais par la fublimation, à l'exception, dit-il, du régule
de la partie ferrugineufe, qui fe rencontre toujours dans la pyrite arfenicale.

ces feuillets étant détachés & séparés de leurs parties terreuses qui les environnent ordinairement, ne représentent pas mal la figure d'un hemisphere creux ou concave.

ESPECE CCXXVI.

VII. La Pyrite pierreuse d'arfenic, ou Pyrite cendrée.

[*Pyrites lapideo-arfenicalis. Minera arfenici cinerea. Arfenicum ferro mineralifatum, minerâ difformi, granulis cœruleo-cinerefcentibus micante, WALL. Pyrites albus. Cobaltum nonnullorum.*]

ELLE eft nommée Cobalt par quelques-uns, en ce qu'elle eft entiérement compacte, que fa couleur eft d'un bleu cendré, mêlée de paillettes ou de particules brillantes comme du mica & qui cependant ne font communément que du quarz ; c'eft pourquoi, lorfqu'on la frape avec l'acier, elle donne des étincelles qui ont toujours l'odeur arfenicale ; cette pyrite eft très-fujette à noircir à l'air : on en trouve près de Lolofen, dans le Hartz, dans les mines de S. Guillaume, &c. (*a*)

(*a*) OBSERVATION. Les naturaliftes & les chymiftes fçavent combien d'obligations l'on doit à Henckel & à fon illuftre traducteur, de nous avoir donné une hiftoire des pyrites auffi étendue & détaillée qu'utile & intéreflante. 1° Cet excellent ouvrage nous apprend que plus une pyrite contient de cuivre, moins il s'y trouve de foufre. 2° Plus elle contient de fer, & plus elle a de foufre. 3° Plus il y a d'arfenic dans la pyrite, moins elle contient de foufre. 4° Dans un minéral où l'on trouve du foufre fans arfenic, on ne trouvera jamais de cuivre. 5° Plus une pyrite eft jaune, anguleufe, compacte, moins elle fait feu avec le briquet, & plus elle contient de parties cuivreufes. 6° Toutes les pyrites qui s'élixent ou fe percent, ou fe détruifent aux impreffions de l'atmofphere, font vitrioliques ou fulfureufes, & contiennent une plus ou moins grande quantité de *fer*, mais peu

Partie II.

VII. CLASSE.

DEMI - MÉTAUX. [*SEMI-METALLA (a)*.]

ON appelle demi-metaux des corps terreftres & pefans, plus ou moins folides, qui ont un grand rapport avec les métaux propre-

ou point de cuivre; lorfqu'elles en participent, elles ont un œil verdâtre, & font difficilement feu avec le briquet.

Quant aux propriétes & à la diverfité, ou à la bizarrerie des differentes figures que les pyrites ont ordinairement, on eft en droit de préfumer qu'elles en font redevables, de meme que les fels, non-feulement à la différente combinaifon & au degré de ténuité de leurs parties conftituantes, mais encore à l'efpece de mouvement qu'elles ont éprouvé dans leur cryftallifation, & à plufieurs autres circonftances également dûes au hazard. Nous hazardons de citer, à cet égard, des détails très-circonftanciés, lus dans un Mémoire, en 1760, à l'académie royale des fciences, & qui'a pour titre: *Mémoire fur les pyrites & les vitriols, pour fervir de confirmation aux idées qu'a fait naître la chymie, fur la formation naturelle de ces fubftances minérales, & de quelques autres matieres qui réfultent de leurs combinaifons.*

(*a*) OBSERVATION. Perfonne n'ignore combien la connoiffance des minéraux & des fubftances métalliques eft effen-tielle à la fociété civile, fur-tout en France, en Angleterre & en Allemagne, où les mines font affurément l'ame du commerce de ces états: c'eft même ce qui a engagé plufieurs particuliers, dont nous aurons occafion de citer les ouvrages, de former un corps de doctrine fur cette fcience utile, & de nous y appren-dre non - feulement la maniere d'effayer toutes les mines con-nues, mais encore tous les principes, le germe & la bafe, fur lefquels cet art eft fondé. C'eft en confidération de cette même utilité, que nous avons cru important, dans la defcription de chaque demi-métal ou métal, de traiter des fubftances propres à leur réduction, & de citer celles avec lefquelles on les trouve fouvent confondues.

On appelle *mines* les corps qui font compofés de métaux, de demi-métaux, de foufre ou d'arfenic, ou de l'un & de l'autre à la fois; quelquefois il entre encore, dans leur compo-fition, des terres non métalliques & des pierres. Lorfque ces corps contiennent plus de foufre & de fel que de métal, ce font ou des pyrites ou des fubftances bitumineufes, &c. Il faut

ment dits par leur éclat & la fusibilité dont ils sont
susceptibles, qui exposés dans le feu y acquierent

qu'une matiere minérale contienne assez de métal, pour qu'il
y ait du bénéfice à l'en séparer, & pour être nommée *mine*.
On divise les mines ou minérais de trois manieres différentes,
& qui sont fondées d'après les effets qu'il en résulte dans le feu,
sçavoir, 1° en fusibles par elles-mêmes, ou qui, par l'addition
de quelque corps étranger, entrent facilement en fusion; 2° en
difficiles à fondre, ou qui ont besoin d'un feu violent & continué, pour pouvoir entrer en fusion; 3° en réfractaires ou non
fusibles par elles-mêmes au feu le plus violent, mais qui entrent en fusion à l'aide des fondans. La docimasie (ou l'art d'es-
sayer les mines en petit,) nous apprend que les corps doivent
produire différens effets dans le feu des fonderies, à proportion
de leur mélange avec d'autres corps. Ce sont ces mêmes mélanges dûs au hazard, qui rendent fusibles, à différens degrés
de feu, des mines qui, par leur nature particuliere, n'y entre-
roient pas facilement: les unes sont mêlées avec des substances
legeres, dont on les sépare par le moyen du bocard & du
lavoir; quelquefois on est obligé de commencer par les griller,
& on les nomme *mines séparables;* mais lorsque les particules
minérales & métalliques sont tellement petites, rapprochées
ou écartées, que ni le feu ni l'eau ne peuvent venir à bout de
les séparer, on les nomme, dit M. Geller, *mines inséparables;* enfin on nomme *mines rapaces* celles dans lesquelles sont contenues des substances qui, par l'action du feu, entraînent & volatilisent le métal avec elles, ou le changent en une scorie que
l'on ne peut point réduire.
Quand on fait l'essai d'une mine, on doit prendre des échantillons riches & pauvres, à-peu-près dans la même proportion
qu'ils se trouvent dans la miniere, afin que les produits, dans
l'opération en grand, rendent à proportion de l'essai. On s'apperçoit déja, par ce qui précede, que le travail des mines n'est
pas du nombre de ceux qui se peuvent entreprendre indifféremment; aussi les intendans des mines d'un royaume n'accor-
dent-ils des concessions, qu'après avoir scrupuleusement examiné
si les produits d'une mine rendent au-delà des dépenses; & si
le concessionnaire est assez intelligent pour l'exploiter avec
profit, on exige encore que le travail d'une mine ne nuise point
à d'autres objets de travaux pour le moins aussi importans, ni
aux biens des particuliers qui en sont voisins; que les vapeurs
métalliques qui sortiront des fourneaux, ayent une libre issue,
& ne puissent nuire à la salubrité de l'air, de même que les
écoulemens d'eau, qui proviendront de ces minieres, ne causent
aucune inondation, ni ne gâtent les eaux qui servent à désalté-
ter les animaux. Voyez l'*Introduction dans l'art des mines de*
M. HELLOT.
Comme ce seroit un travail long, pénible & trop ingrat, que
de chercher les minéraux & les métaux dans les montagnes &
dans les terres indifféremment, sans y être conduit par un autre

également de la pureté & ont la propriété de se
durcir, & de prendre, en se refroidissant, à la par-

suite que par le hazard, on s'est appliqué à remarquer & à
connoître plusieurs signes qui dénotent la présence d'une mine
en divers endroits, sçavoir, 1° la situation des terreins montueux & leur aridité, c'est-à-dire, quand on trouve d'abord,
vers le bas d'une montagne, une pente douce, ombragée par des
arbres touffus, toujours verds, tortueux, pleins de nœuds &
sechés par la cime, ou que cette montagne est couverte de
plantes vivaces, ornée de fleurs, & notamment de feuilles noires, que le terrein en est leger, spongieux & fertile, & que
la terre est par-tout de la même épaisseur; 2° quand des vapeurs subtiles qui s'en exhalent, fondent très-vîte la neige qui
y tombe en hiver; 3° qu'on apperçoit quelquefois, à la superficie de la terre, des indices de filons ou veines métalliques, qui
se décelent par des veines de quartz ou de spath; 4° que souvent ce sont des excavations ou des crevasses, desquelles sortent une quantité de fragmens métalliques, entraînés par des
eaux d'un goût minéral, alors on peut croire que la miniere
est voisine de ce lieu, & qu'on la découvrira, en rétrogradant
vers la source du ruisseau. L'expérience nous apprend encore,
que dans les endroits où des filons courent sous terre & à peu
de profondeur, les grains qu'on a semés à la surface, à peine
sont-ils sortis de deux doigts de terre, qu'ils jaunissent & se flé-
trissent; mais en voilà assez sur la maniere de découvrir les mines, par la seule inspection du terrein. Ceux qui voudront y
ajoûter la connoissance, ou plutôt la maniere dont les jongleurs
tendent à découvrir les mines, avec une baguette de coudrier, &c. pourront consulter le Traité qui a été fait sur cette
matiere, par M. l'abbé de Valmont; la Dissertation que M. Lehmann en a donnée; laquelle est inserée dans le premier tome
d'un Journal littéraire, *p.* 16, qui paroît à Berlin, sous le nom
d'*Amusemens physiques.*

Les premieres circonstances à observer, lorsque l'on veut travailler aux mines, c'est de creuser d'abord des caves ou conduits, par le plus bas de la miniere, & de les continuer par la
voie la plus courte & en même tems la plus facile, jusqu'à ce
qu'on soit parvenu à la grosse masse: on a soin de voûter, pour
empêcher l'éboulement des terres; ensuite on travaille, avec les
ustensiles nécessaires, à détacher la mine, pour la retirer hors de
sa miniere: ces minieres sont recélées dans la terre à des profondeurs plus ou moins considérables: les nôtres sont ordinairement plus riches à l'horizon du bas de la montagne; celles
des provinces septentrionales de l'Asie, telles qu'en Sibérie,
se trouvent à la surface de la terre. Voyez le *Voyage de la Si-*
berie, par GMELIN; tandis que celles du nord de l'Europe, &
notamment celles de cuivre, peuvent être touillées jusqu'à plus
de deux mille six cent pieds de profondeur.

Les demi-métaux, comme les métaux, se trouvent rarement
dans la terre, sous une forme pure ou vierge; ils sont presque

tie supérieure une surface convexe : les demi-métaux different cependant des métaux, non-seulement par leur pesanteur métallique, qui, quoique supérieure à tous les fossiles dont on a parlé jusques ici, est inférieure aux métaux, mais encore en ce qu'ils ne sont point ductiles ni malléables, ni fixes au feu ; qu'ils sont tous, au contraire, presqu'entiérement volatils : ils sont ou solubles dans l'eau simple & bouillante comme l'arsenic ; ou solides & fragiles comme le cobalt, le bismuth & l'antimoine ; ou

tous mêlés à des pierres quartzeuses ou spatheuses, ou à des terres sableuses, ou plus communément encore, à du soufre & à de l'arsenic : ces substances y étant interposées, les minéralisent & n'en peuvent être chassées, qu'en les rongeant en partie. Il faut donc être instruit des signes auxquels on peut reconnoître la préférence d'un métal sous cette forme ; autrement on pourroit fouler long-tems aux pieds la mine la plus riche, sans soupçonner son existence. Voyez GELLER. L'or est le seul des métaux qui fasse exception à cette regle : le soufre & l'arsenic n'ont aucune action sur lui ; il conserve toujours la forme métallique dans sa miniere.

Nous avons déja dit que la plûpart des mines sont composées & jointes à une terre ou pierre, dans laquelle elles sont comme perdues, qu'elles sont presque toutes minéralisées : or pour parvenir à leur rendre la forme métallique pure, il est nécessaire de leur enlever, par la calcination ou par la combustion, leur soufre & leur arsenic. Le feu auquel on expose la mine, est insuffisant pour les brûler, mais insuffisant pour fondre la mine : cette opération se nomme *torréfaction*, *fritte* ou *grillage* ; on porte ensuite la mine au lavoir, pour la séparer de ses parties terreuses ; on la fait fondre ensuite dans des fourneaux convenables : on est souvent obligé d'y joindre des flux ou fondans de différentes natures, sur-tout lorsqu'il s'agit d'accélérer la fonte des mines rebelles ; indépendamment de cela, on est encore quelquefois forcé de remplacer, par la poudre de charbon, le phlogistique qui leur manque ou qu'ils perdent dans la fusion, & qui leur est nécessaire, pour les faire paroître sous leur forme métallique : on y ajoûte de même des matieres salines & alkalines, pour vitrifier plus aisément les parties de pierres ou de terres, dans lesquelles le métal est engagé ; en un mot, on se sert d'additions ou de fondans qui ont de l'analogie avec la substance impure & legere, qui entre dans la composition des minéraux ; & par ce moyen, la partie métallique, qui est la plus pesante, se précipite & forme le régule, &c. Cette introduction à la connoissance des mines, doit guider ceux qui, par état ou par amusement, veulent se procurer une collection de mines.

tenaces, comme le zinc ; ou fluides comme le mercure : on trouve toujours ces diverses substances dans leurs matrices ou minieres : on les appelle Mines.

Toutes ces propriétés, qui sont particulieres aux demi - métaux , les distinguent aussi des minéraux proprement dits , qui ne sont qu'un assemblage de matieres terreuses ou pierreuses, entre-mêlées de sels, de bitumes & de substances métalliques ; ce qui fait que l'action du feu les réduit ou en pierre, ou en scories ou en verre : nous ferons deux sous-divisions des demi-métaux ; la premiere contiendra ceux qui sont solides ; & la deuxieme , celui qui est fluide.

I. SOUS-DIVISION.

Demi-métaux solides. [*Semi-metalla solida.*]

ILS sont durs & compacts , mais ne sont point ductiles , ni malléables , ni fixes dans le feu : ils se cassent en morceaux sous le marteau , & se mettent en poudre ; ils se fondent à un feu doux, en comparaison du degré de chaleur qu'exigent les métaux pour leur fusion, auquel les demi-métaux se dissiperoient.

GENRE XLIII.

I. Arsenic. [*Arsenicum AUCTOR.*]

L'ARSENIC est une substance aigre, cassante , tantôt opaque , tantôt d'une couleur blanche, & tantôt transparente , alors semblable à du verre ,

feuilletée , d'une nature comme faline , puifque fi on
la fait bouillir , pendant une journée, dans quatorze
à quinze fois fon poids d'eau , elle fe diffout ; on
peut même accélérer le terme de cette diffolution,
en augmentant le double de la quantité d'eau : en
procédant enfuite à l'evaporation , on en obtiendra des cryftaux jaunes affez tranfparens , mais
irréguliers (a). L'arfenic entre en fufion au feu ,
fans s'y enflammer , & s'y volatilife entiérement
& avec facilité , fous la forme d'une fumée blanche , épaiffe & toujours accompagnée d'une odeur
fétide d'ail , & très-dangereufe (b) ; cette fumée ,
en fe refroidiffant , fe condenfe & produit également une fubftance blanche , pefante , & prefqu'auffi tranfparente que les cryftaux précédens ,
mais qui , expofée à l'air , s'elixe promptement &
devient farineufe , blanchâtre à fa fuperficie ; fi
on retire l'arfenic de deffus le feu , immédiatement
après fa fufion , on remarquera qu'en fe figeant il
formera une furface très-plate , & d'ailleurs toujours femblable à la précedente: Wallerius, *p*. 402,
dit que l'arfenic fe mêle avec tous les métaux ,

(*a*) L'extrême volatilité de l'arfenic & la propriété finguliere
qu'il a de fe diffoudre facilement dans trente fois fon poids
d'eau bouillante, ainfi que dans le vinaigre, dans l'efprit de
vin, dans l'huile, (Voyez *Acta Erud. Upfal.* BRAND. *de femi-me-
tallis* , 1733 ,) l'a fait regarder par quelques-uns , plutôt comme
un fel , qu'une chaux métallique ; mais Gellert prétend qu'elle
doit être mife au rang des demi-métaux , 1° parce qu'on le
trouve fouvent fous la forme d'une poudre blanche , & quelquefois fous une figure cryftalline & tranfparente comme l'arfenic artificiel ; 2° parce qu'on peut toujours lui rendre fa forme
demi - métallique , *femi-metalleitas* , en lui joignant un phlogiftique convenable , c'eft-à-dire , une matiere graffe , inflammable , comme de l'huile. ou du fuif , ou du favon ; car , à l'aide
d'une chaleur très-modérée , il fe fondra en vrai régule , qui
fe calcinera enfuite très-facilement.
(*b*) Cette fumée d'arfenic eft beaucoup plus fenfible ou ap-
parente, que celle qui s'éleve, dans les mines, fous la forme
d'une vapeur ou fumée, laquelle eft fi pernicieufe, qu'elle eft
capable de faire mourir ceux qui y font expofés.

qu'il rend l'or grifâtre dans l'endroit de la fracture, l'argent d'un gris foncé, & le cuivre blanc,
venerem dealbans ; étant uni avec l'étain, il forme
une compofition blanche, réfractaire au feu (*a*) :
mêlé avec le plomb, il donne un verre couleur
d'hyacinthe, ou une fubftance très-dure & très-
caffante ; il noircit le fer. Voyez *BRAND. de femi-
metallis. Act. Erud. Upfal.* 1733. Ce même auteur donne encore la maniere de faire le régule
d'arfenic, par fublimation avec deux creufets : on
l'obtient auffi par précipitation. Voyez *WALL.
pag.* 403.

ESPECE CCXXVII.

I. L'Arfenic vierge, ou Arfenic blanc.

[*Arfenicum album. Arfenicum purum. Arfenicum
nativum fimplex,* WALL. *Arfenicum nudum,
purum,* CARTH.]

IL eft pur & dégagé de toute fubftance terreufe, pierreufe ou minérale : on le reconnoît facilement à fa couleur, à la fumée & à l'odeur
qu'il donne dans le feu ; il eft ordinairement plus
blanc, plus éclatant & moins écailleux qu'aucune
efpece d'arfenic.

On a,

1. L'arfenic vierge en farine. [*Arfenicum nativum
farinaceum,* WALL. *Arfenicum pulverulentum
album,* CARTH.]
Cet arfenic reffemble en effet à de la farine
blanche : il n'eft pas encore certain s'il eft produit

_____

(*a*) On fçait bien que l'arfenic, ainfi que le foufre, eft la
fubftance qui minéralife le plus les métaux & les demi-métaux ;
mais il eft en même tems celui qui facilite le mieux la fufion
des matieres réfractaires.

par de l'arſenic décompoſé ou tombé en effloreſcence, ou plutôt par un dépôt d'arſenic, en vapeur qui
s'eſt condenſée , *arſenicum vaporoſum reſolutum ;*
ces deux opinions ſont auſſi captieuſes l'une que
l'autre.

2. L'arſenic vierge cryſtallin (*a*). [*Arſenicum
nativum cryſtallinum, WALL. Arſenicum cryſtallinum album , nitidum , CARTH.*]

Il eſt en cryſtaux blancs , déliés , tranſparens,
diaphanes, & ſemblables à une maſſe de verre blanc
ou jaunâtre : leur figure eſt polyëdre, & forme
des faiſceaux qui partent d'un centre commun ; il
eſt très-rare de rencontrer cet arſenic bien pur : il
eſt toujours mêlé avec un peu de ſoufre , de même
que les vapeurs arſenicales des mines , qui ont,
ainſi que lui , toutes les propriétés de l'arſenic artificiel (*b*).

(*a*) On peut auſſi obtenir des cryſtaux d'arſenic , par la ſublimation : on en trouve le procédé dans les *Mémoires de l'acad.
royale de Suéde* , 1744 , *Vol. V, p.* 20 , 24 , *&c. par J. BROWAL-
LIUS ; ibid. p.* 38 , *par D. TILAS.*

(*b*) OBSERVATION. Pluſieurs perſonnes nient l'exiſ-
tence de ces deux ſortes d'arſenic, dont nous venons de parler;
mais outre l'autorité des auteurs qui en font mention, nous
pouvons atteſter en avoir trouvé dans les fentes des filons & la
voûte des mines de cobalt & de biſmuth: il y étoit attaché en
maniere de pelotons, tantôt abondamment, ſous la forme d'une
poudre blanche , farineuſe , & tantôt, mais rarement, ſous une
figure cryſtalline , lamelleuſe comme l'arſenic artificiel. Car-
theuſer dit même qu'il en poſſede des petits morceaux qui ont
été trouvés dans la vallée de Joachim-Stal en Boheme. Il n'eſt
pas rare de trouver l'arſenic naturellement allié avec le biſmuth
ou avec la mine d'étain ou avec celle de l'argent; on en conſerve, par curioſité, dans les cabinets qui contiennent des collections de minéraux; les couleurs, dont ces ſortes d'arſenics
ſont ornés , les font quelquefois ſoupçonner pour des minéraux
ou même des métaux très-précieux. Nous donnerons la maniere de faire la réduction de ce demi-métal , en parlant des
ſuſtances dans leſquelles il ſe trouve communément interpoſé ,
tels que le cobalt & le biſmuth , & notamment dans la derniere
obſervation du cobalt.

ESPECE CCXXVIII.

II. Arſenic jaune, ou Orpiment.

[*Arſenicum flavum. Auripigmentum Officinarum. αρρένηχόν GALÉNII. Narneth SERAPII. Zarnickaut. Asfar ARABUM. Arſenicum citrinum DIOSC. & PLIN. Arſenicum ſulphure, & lapide ſpathoſo, & micaceo mineraliſatum, minerâ flaveſcente, WALL. Arſenicum luteum lamellatum, micaceum, WOLTERSDORF. Arſenicum mineraliſatum ex lamellis flavis ſplendentibus, imbricatis compoſitum, CARTH.*]

L'ORPIMENT eſt une ſubſtance minérale, arſenicale, dont la couleur eſt jaune, quelquefois un peu rougeâtre ou d'un verd citrin : il eſt compaɛt, luiſant, compoſé de grains brillans de ſpath, parſémés de paillettes talqueuſes, dorées & luiſantes ; devient obſcur ſur le feu, en y donnant une legere flamme d'un bleu blanchâtre, & accompagnée d'une fumée très-fuligineuſe fort épaiſſe, & d'une odeur de ſoufre & d'ail très-ſuffoquante : ſi on le pouſſe à un feu violent, il ſe diſſipera en partie & ne laiſſera dans le creuſet qu'une matiere verdâtre, ſemblable à du ſable.

On a,

1. L'orpiment natif d'un jaune verdâtre. [*Auripigmentum nativum citrino-virideſcens. Auripigmentum citrinum ; WALL.*]

Il eſt en morceaux, tantôt gros comme le pouce, d'un jaune verdâtre & fort friable, tantôt en maſſes groſſes comme la tête d'un homme, d'un jaune foncé, mêlé d'un peu de verd, très-compaɛtes &

très - fulfureufes ; l'un & l'autre font, parfemés de paillettes de mica : on trouve cet orpiment par lits dans la terre, entr'autres, dans le territoire de Neuhfol & de Servie, &c.

2. L'orpiment natif d'un jaune rougeâtre. [*Auripigmentum nativum flavo-rubefcens. Auripigmentum rubro-flavum*, *WALL.*]

On le trouve en maffes de différentes groffeurs & figures, & d'une couleur jaune legérement foncée ; celui qui eft d'un jaune pâle ou citrin, mêlé d'une teinte foible de rouge, eft en morceaux gros comme le poing, tendres & d'un tiffu feuilleté, un peu tenaces & brillans dans l'endroit de la fracture : celui qui eft d'un beau jaune eft en petits morceaux pénétrés de veines d'un beau rouge, un peu tranfparent & reffemblant en quelque forte au beau foufre minéral rouge ; on l'appelle orpin rouge lucide.

L'on nous envoie les différentes fortes d'orpiment naturel, de l'Angleterre, d'Hollande, d'Allemagne, de Suéde & de l'Italie (*a*).

(*a*) Observation. Geofroi, *Mat. med.* regarde l'orpiment natif comme un compofé de principes fulfureux mercuriels, d'un fel acide & d'une fubftance bitumineufe ; d'autres difent qu'il eft compofé de beaucoup d'arfenic, d'un peu de foufre & de terre. *Voyez la Differtation de M. Pott fur ce mineral.*

L'orpiment eft proprement la fubftance que les anciens nommoient *arfenic* ou *poifon*, & qu'ils appelloient *fandaracha*, après l'avoir calcinée dans un creufet, jufqu'à devenir rouge, parce qu'elle imitoit alors le réalgar.

Il fe diftribue quelquefois, dans le commerce, un orpiment qui eft artificiel : il eft le réfultat d'un mélange de douze à quinze parties de fleurs de foufre, & d'une d'arfenic blanc également en poudre. Cette préparation, qui eft d'un jaune d'or, fe fait en Allemagne par la fufion, & nous parvient, tantôt fous le nom d'*orpin pur*, & tantôt fous celui de *réalgar*, felon que la couleur & l'éclat approche plus d'un de ces demi-métaux : quelquefois on fait de l'arfenic jaune ou de l'orpiment d'une maniere plus fimple : On prend des pyrites d'arfenic, chargées de beaucoup de foufre ; on les expofe à un degré moyen de chaleur : le foufre qui, dans ce cas, a beaucoup d'affinité avec l'arfenic, le dégage & le fublime, en lui faifant prendre des couleurs jaunes plus ou moins foncées, & qui vont également au rouge

E S P E C E CCXXIX.

III. Arsenic rouge , ou Réalgar.

[*Arsenicum rubrum. Realgar Officinar. Sandara-cha GRÆCOR. Resegal & Zarnick ahmer ARA-BUM. Risagaltum aut Reisgal VETERUM. Arsenicum nativum purum , sulphure mixtum , rubrum vel flavum , WALL. Arsenicum rubrum interdum crystallinum , WOLTERSD. Arsenicum nudum sulphure mixtum fragmentis nitidis , glabris , opacis , quod obscurè rubrum sandaracha , seu iuteum risigallum , CARTH.*]

LE réalgar est une substance minérale , arséni-

suivant la quantité de soufre & le degré du feu qu'ils ont éprouvé ensemble.

L'orpiment sert en peinture , après avoir été broyé sur le porphyre : mis en poudre , on lui donne le nom d'*orpin.* Les marchands de bois de couleur en font usage , pour jaunir les bois blancs , dont on fait des peignes , &c. afin de les vendre comme s'ils étoient de bois de buis ; ce qui se pratique à Rouen. Les maréchaux s'en servent dans leurs compositions escarrotiques : on fait , avec l'orpiment & la chaux , une maniere de lessive , qui sert à imbiber les endroits dont on veut enlever le poil : ce dépilatoire est en usage chez les barbiers de l'Allemagne : c'est pourquoi les Turcs & les autres Orientaux font entrer l'orpiment dans la composition du *rusma* ou *lusma* artificiel , qui est également un dépilatoire. Wallerius , *Observat.* 2 , *p.* 410 , donne la composition d'une encre de sympathie , avec deux onces d'orpiment & une once & demie chaux vive : On fait , dit-il , bouillir , l'espace d'un demi-quart d'heure , ces deux matieres pulvérisées , dans douze onces d'eau ou envion ; on a , d'une autre part , du vinaigre lithargyrisé , *acetum lithargyri,* avec lequel on écrit des lettres invisibles , mais qui , au moyen de la vapeur de la dissolution d'orpiment , paroissent très-visibles pour un instant. Cette même liqueur d'orpiment & de chaux vive sert encore à éprouver ces sortes de vins aigris , qu'on auroit adoucis , au moyen du plomb ou de la litharge , ou de quelqu'autre préparation de plomb : c'est par cette raison , qu'on la nomme Liqueur à éprouver le vin , *liquor vini probatorius.* Il y a quelques personnes qui mêlent l'orpiment & le vitriol blanc à poids égaux , ensuite le réduisent en poudre & l'incorporent avec du blanc d'œuf ou avec une autre espece de liqueur glutineuse ; & par ce moyen , ils écrivent des lettres dorées , qui n'imitent pas mal l'or.

cale, fusible, volatile, inflammable, d'une odeur d'ail
& sur-tout de soufre : cet arfenic qui fe trouve en
Tranfylvanie, en Turquie, en Suéde, à Rothendal,
Elfdal, Orfteldal, & en Allemagne, eft en morceaux plus ou moins gros & compactes, très-ferrés,
pefans, luifans, refplendiffans, & pour l'ordinaire
d'une affez belle couleur rouge : lorfque cette couleur eft foible, & qu'elle tire fur celle du foufre,
alors on la peut regarder comme un orpiment ; en
général le réalgar a une furface vitreufe.

On a,

1. L'arfenic vierge, rouge & tranfparent.] *Arfenicum rubrum, fublucidum. Rifigallum pellucidum, WALL.*]

On l'appelle Rubine d'arfenic, à caufe de fa belle
couleur rouge, & qu'il eft clair, tranfparent, &
rayonnant comme un rubis ; il eft fort rare.

2. L'arfenic vierge rouge, demi-tranfparent.[*Arfenicum rubrum fublucidum. Rifigallum pellucidum, WALL.*]

Il eft encore rare de le rencontrer chez les droguiftes ; on ne le voit gueres que dans les cabinets
des curieux : il reffemble affez à la mine de cinnabre demi-tranfparente, ou encore au fuccin demi-
tranfparent.

3. L'arfenic vierge, opaque, rouge. [*Arfenicum
rubrum, opacum. Rifigallum opacum, rubrum,
WALL.*]

C'eft celui qui fe débite dans le commerce ; il eft
vitreux dans fes fractures.

4. L'arfenic vierge d'un rouge jaunâtre. [*Arfenicum rubro flavefcens, opacum interdum pellucidum. Sandaracha. Rifigallum flavum, WALL.*]

La bafe de fa couleur eft rouge pâle, on y remarque des nuances jaunes ou citrines; c'est celui que Dioscoride a appellé Réalgar-balonoïde mâle *(a)*.

(a) OBSERVATION. Quelques personnes croient que le réalgar n'est qu'un orpiment calciné & sublimé par les feux souterreins, & que l'abondance du soufre qui s'y trouve naturellement combiné avec une petite quantité d'arsenic, ayant éprouvé ensemble un degré de feu plus violent que n'a reçu l'orpiment, il en a résulté une masse rouge plus ou moins foncée ; ce qui l'a fait appeller *rubis arsenical* : leurs conjectures sont fondées sur ce que l'on fait avec vingt parties de soufre & une d'arsenic, par le même procédé que nous avons décrit pour l'orpiment artificiel, un minéral rouge, que l'on appelle *réalgar factice*, lequel ressemble assez à celui que la nature opere dans les entrailles de la terre, & que les Grecs appelloient *sandaracha & σάνδυξ minium*, à cause de sa couleur rouge.

Lemery dit que le réalgar artificiel le plus commun, est un mélange d'orpiment jaune artificiel avec une mine de cuivre arsenicale, rouge & brillante, que les Allemands appellent *kupfer nikkel*, calciné par le feu ordinaire, jusqu'à ce qu'il soit devenu rouge : cette préparation se fait vers les mines de Misnie en Allemagne. Wallerius dit aussi qu'on prépare l'arsenic rouge à Ebrenfriedsdorf, en faisant sublimer de la farine d'arsenic mêlée avec des pyrites.

Pomet s'est trompé, en disant que le réalgar est une pierre jaune tout-à-fait semblable à l'arsenic blanc ; car le réalgar est rouge ; & si foible que soit cette couleur, elle n'est jamais blanche : ainsi cette espece d'arsenic rouge differe de celui qui est blanc, non-seulement par la couleur, mais encore par les propriétés. Quelques auteurs disent que plus ce minéral est rouge, plus il est un poison actif; d'autres pensent cependant le contraire, & croient avec raison, que plus l'arsenic est chargé de soufre, & moins il est actif: ainsi l'orpiment doit être moins violent que l'arsenic blanc & le réalgar, encore moins que l'orpiment : on remarque que plus il entre de soufre dans la combinaison de ces substances, plus elles seront d'abord inflammables, ensuite fusibles, enfin solides & rouges.

Le réalgar sert en peinture; on le broie comme l'orpiment, en feuilles mortes; on choisit, pour cela, les morceaux les plus hauts en couleurs. On s'en sert aussi pour épiler, & les maréchaux l'emploient comme un escarrotique sur les plaies de leurs chevaux : les Indiens en font des pagodes, des idoles & des vases médecinaux; ce sont même des especes de curiosités que les ambassadeurs de l'Asie offrent en présent aux étrangers des autres continens. Ils estiment une tasse de réalgar comme la médecine universelle : ces tasses qui contiennent environ trois onces, ont une couleur rouge, jaunâtre, sale & livide ; elles sont toujours farineuses ou couvertes d'une poussiere jaunâtre, qui ne manque pas de se former immédiate-

ESPECE

ESPÈCE CCXXX.

IV. Arſenic noir natif.

[*Arſenicum nigrum. Arſenicum nativum purum, bitumine mixtum, cinereum, vel nigrum, fugax, WALL. Arſenicum nudum, bituminoſum, nigrum, CARTH. Arſenicum bituminoſum. Cadmia bituminoſa AGRICOLÆ.*]

Cet arſenic eſt aſſez pur ; cependant ſa couleur, qui eſt d'un gris noirâtre, fait ſoupçonner qu'il eſt toujours mêlé de quelque portion de matiere inflammable, ou de quelque portion de bitume ; ſon tiſſu & ſa forme ſont ſujets à varier : tantôt il paroît feuilleté & peu compacte ; tantôt il eſt peu ſerré, & paroît brillant intérieurement comme du plomb natif

ment après qu'on les a lavées. Ce phénomene eſt l'effet de l'effloreſcence ſaline & arſénicale. On lit, dans les *Mémoires de l'académie royale des ſciences de Paris,* 1703, ɔɔ que l'action ɔɔ du réalgar de la Chine eſt plus violente, en quelque ſorte, ɔɔ que celle de nos orpimens de l'Europe, cependant que les ɔɔ Siamois & la plus grande partie des nations barbares, qui ne ɔɔ connoiſſent point de meilleur remede que l'émétique, deſti- ɔɔ nent ces taſſes aux mêmes uſages que nous faiſons des gobe- ɔɔ lets de régule d'antimoine, dans leſquels nous faiſons ſéjour- ɔɔ ner du vin pendant quelques heures, pour s'empreindre de leur ɔɔ éméticité : voici la réflexion que l'hiſtorien nous en donne : Il y ɔɔ a beaucoup d'apparence, dit-il, que, dans les climats extrê- ɔɔ mement chauds, la grande tranſpiration qui enleve tout le vo- ɔɔ latil des humeurs, rend ce qui en reſte dans le corps beaucoup ɔɔ plus viſqueux, plus tenace & plus difficile à détacher ; c'eſt ɔɔ pourquoi il faut aux Siamois une taſſe de réalgar, pour l'effet ɔɔ auquel une taſſe de régule d'antimoine nous ſuffit. On ſçait ɔɔ que la doſe des remedes eſt beaucoup plus forte dans la Zone ɔɔ torride, & que la quantité d'ipecacuanha que prennent les ɔɔ Indiens, nous ſeroit mortelle, & qu'il ne nous en faut que la ɔɔ vingtieme partie ; enfin nous liſons encore, à la ſuite de ces ɔɔ anecdotes, que le réalgar, qui, en la plus petite quantité, ɔɔ ſeroit un poiſon infaillible pour nous, peut n'être qu'un re- ɔɔ mede pour les Siamois, même en plus grande quantité.

Partie II. C

en petits grains , ou comme du plomb nouvellement coupé : exposé à l'air , il y perd en peu de
tems son éclat , & prend une couleur noire obscure :
la flamme d'une bougie suffit pour le volatiliser
entiérement ; mis dans un feu plus violent , il commence par s'enflammer , exhale une fumée blanche , accompagnée d'une odeur d'ail : les Allemands
appellent cette espece d'arsenic , *fliegen pulver* , poudre volante , & *müchen pulver* , poudre aux mouches , parce que réduit en poudre & étendu dans
de l'eau , il en part une vapeur qui fait mourir
ces insectes.

On a ,

1. L'arsenic noir friable. [*Arsenicum nigrum
friabile , WALL.*]

Il est d'une couleur noire , peu compacte , &
friable , assez semblable à de l'arsenic qui a été
sublimé avec une matiere fuligineuse & inflammable.

2. L'arsenic noir solide. [*Arsenicum nigrum
solidum , WALLER.*]

Sa couleur est ordinairement grisâtre , bleuâtre ;
il est plus compacte & plus dur que le précédent :
lorsqu'on le casse , il montre dans l'endroit
de ses fractures le tissu & l'œil du plomb fraîche-
ment coupé , & paroît être alors sous une forme
métallique : on le trouve toujours sublimé aux voûtes
des minieres d'arsenic ; on lui donne quelquefois
les noms de plusieurs autres especes d'arsenic , dont
nous donnerons cy-après la description.

ESPECE CCXXXI.

V. Terre arſenicale.

[*Terra arſenicalis. Arſenicum terrâ mineraliſa-*
tum , *WALL. Arſenicum terræ*
immixtum , *CARTH.*]

C'EST une terre dans laquelle ſe trouvent
interpoſées quantité de particules arſenicales qu'on
peut reconnoître par la fumée blanche & la vapeur d'ail qu'elles exhalent dans le féu. Henckel
in Ephem. nat. cur. Vol. II , pag. 364 , donne
la deſcription d'une terre arſenicale marneuſe &
endurcie , & que l'on rencontre dans le filon
d'une mine près de Dreſde : la couleur en eſt
tantôt griſâtre , tantôt bleuâtre ; elle eſt tendre ,
un peu graſſe au toucher , & un peu vitriolique :
Ludwig , *Terr. Muſ. Regii Dreſd. pag.* 124 , parle
auſſi d'une terre arſenicale que nous ſoupçonnons
être à-peu-près la même que Wolterſdorf a déſignée ſous le nom de *Arſenicum mineris variis*
veſtitum.

Outre les eſpeces d'arſenic dont on vient de
parler , on en trouve encore , mais moins viſi-
blement , dans certaines eaux & dans divers
minéraux , demi-métaux & métaux , dans les
pyrites , dans les mines de cobalt , de biſmuth ,
de blende , ou fauſſe galêne d'antimoine , dans
quelques mines de fer , de cuivre , de plomb ,
d'étain & d'argent , même dans pluſieurs pierres
réfractaires. Voyez la *Pyritologie ,* ou *l'Hiſtoire*
des pyrites , de Henckel.

Toutes les eſpeces d'arſenic entrent dans les
couleurs des teintures & des pelleteries ; on s'en
ſert auſſi pour blanchir pluſieurs matieres métalli-

ques, & notamment les épingles : il les rend auſſi plus fermes & moins pliantes ; mais comme l'arſenic naturel eſt trop rare, on n'emploie pour ces uſages, que l'arſenic artificiel, dont nous décrirons la préparation dans la ſuite avec l'hiſtoire du cobalt, qui eſt, de tous les demi-métaux, celui avec lequel il eſt le plus communément mélangé.

GENRE XLIV.

II. Cobalt ou Kobold (a).

[*Cobaltum aut Kobaltum. Cobaltum pro cæruleo. Cadmia vitri cærulei.*]

LE cobalt ou kobold eſt une ſubſtance demi-

(a) Le mot *cobalt* a pluſieurs ſignifications, puiſqu'on le donne à la mine arſénicale blanche & à la pyrite arſénicale, même à l'arſenic teſtacé, & notamment au demi-métal, dont il eſt ici queſtion, & qui ſert à faire le ſafre ou verre bleu : c'eſt pour cela qu'on le nomme *cobaltum pro cæruleo*. La langue allemande, dit M. Saur, a attaché au nom de Cobalt l'idée d'un eſprit nocturne de couleur noire, ou d'un ſorcier qui ſe plaît à tourmenter certaines perſonnes préférablement à d'autres : or comme le cobalt eſt une ſubſtance très-volatile qui, expoſée à l'air, devient quelquefois toute noire, & qui d'autres fois ronge les pieds & les mains des ouvriers qui le travaillent, de-là vient qu'on appelle, en général, *cobalt*, les mines dont l'arſenic fait la partie dominante. Pline, en différens endroits de ſon Hiſtoire naturelle, appelle ce mineral *lapis æroſus* ; on le nomme auſſi *cadmia nativa arſenicalis*, de Caamus, ce célebre fondeur, qui vint de Phœnicie en Grece, & qui, ſuivant le même auteur, a le premier enſeigné dans l'Europe la maniere de fondre les métaux. On reconnoît aujourd'hui, dans les différentes langues, le terme de *cadmia pulverulenta arſenicalis fornacum*, pour exprimer la farine blanche empoiſonnée, qui couvre l'arſenic tranſparent ou l'arſenic lui-même. Le mot *cadmia* ſert à déſigner différentes ſubſtances que l'on trouve attachées aux divers endroits de la fonderie ou des fourneaux ; & l'on ajoûte ſeule-

métallique (*a*), pesante, dure, friable & terreuse, tantôt unie à sa surface, tantôt anguleuse, ou en tubercules ; son tissu est ou strié, ou grainu, ou écailleux, ou semblable à une scorie vitrifiée ; sa couleur est d'un gris cendré, ou d'un blanc pâle ou brillant, quelquefois jaunâtre ou noirâtre : il ressemble dans ses fractures à du métal rompu ; demeure assez fixe dans le feu ; ne s'y enflamme point, & n'y exhale point de fumée ; au contraire il entre en fusion lorsque le feu est violent : il se vitrifie très-difficilement avec le plomb ; mais si après avoir été bien calciné & dépouillé de la quantité d'arsenic qu'il contient très-communément, & bien pulvérisé, on le joint avec du sel alcali & du quartz, ou d'autres cailloux, il se vitrifiera plus facilement & donnera alors un verre bleu, appellé *azur*, *smalt*, ou *bleu d'émail* ; substance si utile, dans la peinture, pour la fayance, la porcelaine, & dans le bleu d'empois ; l'eau forte & l'eau régale en tirent une couleur verdâtre : Wallerius dit que ce demi-métal

ment au mot *cadmia* l'épithéte d'*arsenicalis*, pour l'arsenic, ou de *zinci*, pour la tuthie, &c. comme nous dirons, en donnant l'histoire de la pierre calaminaire ; alors on détermine la nomenclature de la vraie espece de cadmie ; & l'on ne tombe pas dans l'obscurité des médecins Grecs & Arabes, & de quelques modernes qui ont décrit différentes especes de cadmies, sans avoir même connu le cobalt, &c. ainsi qu'il est clairement prouvé, entr'autres, dans Dioscoride, *chap. 46 du cinquiema livre de sa Matiere médicinale.*

(*a*) On a douté long-tems si le cobalt étoit vraiment un demi-métal ; mais par sa ressemblance extérieure à un métal, par sa pesanteur métallique, par sa fusibilité & par la forme convexe qu'il prend à sa surface, en se refroidissant, par sa dissolution dans les acides minéraux, accompagnée quelquefois d'une violente effervescence, par sa calcination & sa réproduction semi-métallique, au moyen d'un phlogistique, enfin par sa propriété de colorer le verre en bleu, il doit être regardé comme demi-métal, & non comme une pure terre métallique, qui ne pourroit au plus produire qu'une simple vitrification ; & le docteur Brand est le premier qui ait mis le cobalt au rang des demi-métaux. Voyez *Acta Erud. Upsaliensia.*

ne s'amalgame point avec le mercure, & qu'il ne peut . jamais s'unir au bifmuth ; c'eft pourquoi , lorfqu'on travaille à la réduction des mines de bif-muth, l'arfenic qui s'y trouve uni, s'en fépare par la fublimation, & l'on trouve auffi féparée la matiere colorante que les Allemands nomment improprement *wifmuth graupen* , farine de bifmuth ; mais le cobalt s'unit (pourfuit Wallerius) au cuivre par la fufion, & le rend aigre & caffant : il prétend que cette union eft fi parfaite & fi conftante, qu'il eft très-difficile , pour ne pas dire impoffible , de l'en féparer.

Le cobalt fe trouve communément à Schéne-berg en Saxe, fur-tout dans la mine de Rappolt à Johann-Georgen-Stad, à Annaberg ; ce demi-métal a fes mines particulieres, dont la profon-deur eft depuis 60, jufqu'à 140 braffes : il eft toujours mêlé avec du quartz , ou de l'arfenic, ou du bifmuth ; & plus il contient de ces matieres étrangeres , moins la couleur bleue qu'il four-nit eft riche & belle : on peut confulter ce que Zimmerman, Merret , Jean Kunckel , Henckel, même M. Hellot & plufieurs autres minéralogiftes ont écrit fur ce demi-métal (*a*).

(*a*) OBSERVATION. Le cobalt ne doit point être re-gardé au nombre de ces fubftances qui fourniffent une matiere de pure curiofité ; c'eft un demi-métal qui peut être travaillé avec bénéfice & donner différens produits utiles.

Nous avons déja infinué que l'arfenic eft fouvent interpofé dans le cobalt, & que c'eft une matiere abfolument indépen-dante de la nature du *fafre* ou *fmalt* , qui fert à donner la cou-leur bleue au verre , & qui eft toute l'effence du cobalt : or, comme on ne reconnoît aucun autre demi-métal qui fourniffe cet azur ou chaux colorante, dont on retire auffi abondam-ment l'arfenic qui s'y trouve interpofé, & qui eft le feul en ufage dans le commerce , nous avons cru faire plaifir à nos lecteurs de leur expofer la maniere dont on travaille le cobalt. Dans les lieux où l'on exploite des mines de cobalt, on s'atta-che à celui qui, dans l'effai, produit le plus abondamment de beau fafre ou de bel émail : on en fépare , par le triage , fur une longue table deftinée à cet ufage, le *kupfer-nikkel* & tous

Espece CCXXXII.

I. Mine de Cobalt cendrée.

[*Minera cobalti cinerea. Cobaltum arsenico mine-*

les corps hétérogenes, appellés *bren* par les ouvriers : on porte
ce demi-métal trié au bocard, pour y être écrafé ; on le tamife
enfuite par une claie de fil de laiton ; on le nomme alors *klein*.
C'eft en cet état qu'un officier, infpecteur du cobalt, envoie
à l'eſſayeur du conſeil des mines pluſieurs échantillons de ce
klein, afin d'y fixer les droits du prince, & d'en taxer en
même tems le prix de la vente, conformément à la beauté de
l'eſſai, que l'on remet au propriétaire dans une boëte cachetée.
On met le *klein* dans une eſpece de four à boulanger, dont
Kunckel a donné la figure & la defcription dans l'Art de la
verrerie, *p.* 51. Nous dirons feulement ici, que ce grand
fourneau eſt conſtruit dans une partie d'un très-grand bâtiment
de cent braſſes de longueur ou environ, & que la cheminée
du fourneau, qui eſt bâtie horizontalement, eſt de pierre dans
le bas & de bois dans le haut, & diſpoſée de maniere à con-
duire les vapeurs arſenicales dans un long & large canal tortueux, & dans lequel font placés, de diſtance en diſtance, des
morceaux de bois. Ce canal gagne l'extrémité du bâtiment,
oppoſée au fourneau. On fait fubir au *klein* un feu de
réverbere, pendant fix à huit heures de tems. Il faut
obſerver que, dans cette opération, la matiere s'eſt torréfiée
& a perdu vingt-cinq à trente livres par quintal : cette dimi-
nution eſt préciſément la partie arſenicale qui y étoit interpoſée
& qui s'eſt convertie en vapeurs, leſquelles font conduites dans
le canal tortueux, s'y font fixées par le refroidiſſement, & attachées, tant à ſes parois qu'aux morceaux de bois qui le traver-
fent. En effet, on y trouve une matiere condenſée & aſſez ſemblable à une fuie blanche : on la retire & on la fublime de
nouveau dans des vaiſſeaux faits exprés ; & par ce moyen, on
lui donne la forme & la figure d'une croûte faline ou d'une
fubftance blanche, dure, cryſtalline, demi-tranſparente, volatile, inflammable, fuſible, exhalant une odeur, & devenant
farineuſe à l'air ; c'eſt ce que l'on nomme *arſenic du commerce*.
On peut réduire cet arſenic fous la forme demi-métallique, au
moyen d'un flux ou fondant, ou d'un phlogiſtique tiré foit du
régne végétal, foit du régne animal. Le régule qu'on en obtient de cette maniere, eſt aſſez fixe & folide, d'une couleur
luifante, livide, noirâtre & cuivreuſe : on le vend chez les dro-
guiſtes, mais à tort, pour du cobalt. Revenons maintenant à la torréfaction du cobalt appellé *klein brûlé* : on le retire du fourneau tout torréfié & dépouillé de la partie arſénicale ; on le
broye de nouveau, puis on le paſſe par un tamis de fil de cuivre,
plus ferré que le précédent ; & l'on donne le nom de *granplein*
aux gros morceaux qui reſtent ſur le tamis ; on les écrafe de

ralifatum , minerâ difformi , granulis coloré plumbeo micantibus , WALLER*. Arfenicum*

nouveau & ainſi de ſuite, en prenant garde que les faſteurs s'en dérobent : car il leur eſt expreſſément défendu, même ſous des peines très-rigoureuſes, de faire paſſer de ce cobalt calciné & ſans mélange chez l'étranger.

On prend une quantité arbitraire du cobalt calciné & tamiſé ; l'on y joint un poids égal, ſoit de quartz, ſoit de ſable, ſoit de ſilex ou d'autres matieres vitrifiables : on arroſe ce mélange d'eau, & on le laiſſe durcir en cet état ; c'eſt ce qu'on nomme *ſafre* ; alors on permet de le tranſporter où l'on veut.

Pour parvenir à la vitrification du cobalt, on prend de ce ſafre, auquel on méle un peu de ſel alcali fixe, telle que la potaſſe, &c. On en fait la projeſtion dans des creuſets de terre refraſtaire ; & on lui fait ſubir une violence de feu ſuffiſante, pour le faire paſſer à l'état du verre : ce mélange ainſi vitrifié eſt d'un beau bleu : on le connoît, dans le commerce, ſous le nom de *ʒafloer* ou de *ſafre fin*, ou de *ſmalt bleu* ou de *ʒafera*.

Moins on a mis de ſable avec le cobalt, & plus le ſafre fin eſt d'une belle couleur vive & éclatante. Le nom de ſafre vient du mot grec σαφρειρ, *ſapphir*, à cauſe de ſa belle couleur bleue, & parce qu'il entre dans la compoſition du ſapphir faſtice.

Il faut ordinairement neuf heures de feu de réverbere, pour cette vitrification ; car on ne la retire du creuſet que quand elle paroît conſtante & bien mélangée ; alors on la jette par cuillerées dans une cuve pleine d'eau, afin de rendre la matiere plus friable, en ſe refroidiſſant : on la retire de l'eau & on la laiſſe égoutter quelque tems ; puis on la porte encore une fois à un bocard fait exprès, pour y être écraſée, afin de pouvoir être tamiſée comme ci-deſſus : on tranſporte enſuite ce ſmalt bleu, (appellé par les marchands *aʒur à poudrer*,) an moulin à l'eau, qui eſt à côté du bocard, afin de le réduire en poudre. Ce moulin eſt une cuve ou un tonneau, qui a pour plateau une pierre très-dure, unie, arrondie par ſes bords, & large de quatre pieds & demi en quarré : ſur cette pierre fondamentale s'en adapte une autre autour du même eſſieu, qui eſt à dents, mais qui les fait tourner verticalement, & par ce moyen, ſervir de meule & de contre-meule à broyer le ſafre ou ſmalt, qui ſe précipite toujours, à fait & meſure, au fond de l'eau contenue dans la cuve. Ces eſpeces de molettes & de tables à broyer travaillent pendant ſix heures ou environ ; enſuite on lâche un robinet qui eſt au fond de la cuve, & l'eau en ſort chargée de la partie la mieux broyée, & coule, en cet état, dans des cuves différentes. Les premieres ſe nomment *lavoirs*, & les autres, *réſervoirs* ou *cuves à raſſeoir* : on agite de tems en tems la matiere qui a été arrêtée dans les lavoirs ; & on en retire auſſi-tôt, avec une écumoire, les ordures qui viennent y ſurnager ; on la fait enſuite couler dans le réſervoir, où la poudre dont elle eſt chargée, s'y précipite & prend le nom d'*eſchel* : on lave cette

albo-griseum, splendens vitro cæruleo, aut Cobaltum album, WOLTERSD. *Cobaltum mi-*

poudre, pour la derniere fois; on la fait paffer avec l'eau au travers d'un tamis, dont le grain eft égal, & elle va enfin fe précipiter dans une derniere cuve appellée *repofoir :* on décante l'eau, pour prendre un échantillon de la poudre bleue & le porter au directeur de la manufacture, afin de le comparer contre celui qui eft dans la boëte cachetée, dont nous avons parlé ci-deffus; on fait enfuite fécher toute la poudre fur des tables expofées à l'air, puis on la porte à un fecond *féchoir,* qui eft une efpece d'étuve : on l'y laiffe pendant vingt-quatre heures ; après quoi, on la tranfporte dans un autre endroit, où un ouvrier qui a un bandeau fur le nez & la bouche, la tamife, pour la derniere fois, dans une caiffe ample & élevée : c'eft ainfi qu'on met cette poudre , quoiqu'imparfaitement féche, en tonneau, & qu'on l'appelle *azur fin, bleu d'émail, bleu d'empois, &c. émail du premier feu,* ou du fecond, ou du troifieme, ou du quatrieme feu, felon l'intenfité de la couleur bleue, laquelle ne dépend pas d'avoir été expofée quatre fois au feu, comme le croient la plûpart des droguiftes ou épiciers, ni même de la proportion des cailloux ou fondans qu'on a employés avec le cobalt torréfié, comme le veulent quelques autres perfonnes, mais feulement de la bonté du cobalt, de fa parfaite vitrification & de l'extrême ténuité de fes parties.

L'infpecteur des mines marque la qualité ou le degré de couleur de cet émail bleu, avec un fer chaud, fur les douves des bariques, par ces lettres initiales : *O. H.* veut dire *bleu vif ordinaire ; M. C. clair moyen ; M. H. bleu vif moyen ; G. C.* ou *F. C. couleur bonne* ou *fine ; F. F. C. couleur fine & claire ;* on tranfporte enfuite ces tonneaux à Schéneberg, pour acquitter les droits du prince & pour y prendre un paffe-port, pour les pays étrangers. Voilà une courte & vraie defcription des différens travaux fur le cobalt, avec la maniere dont on fait l'arfenic en grand. Elle eft à-peu-près la même que celle qu'on lit dans l'Art de la verrerie de Kunckel. On envoie ce fafre fin ou bleu d'émail aux Hollandois, aux Hambourgeois & aux Vénitiens, pour peindre leurs fayances, & colorer leurs verres & les émaux blancs. Les Hollandois le tranfportent jufqu'en Chine, où ils le vendent fort cher, pour fuppléer à ce bel azur de Surate, qui y eft maintenant fi rare, & que les Chinois emploient dans l'émail de leurs belles porcelaines. Cet azur naturel eft une efpece de *lapis lazuli ,* privé de parties quartzeufes, &c. Comme cet azur eft encore plus rare chez nous, que chez les Chinois mêmes, ces peuples nous envoient, par l'entremife réciproque des Hollandois, un faux azur oriental, qui eft un compofé d'étain, de malacca & de fafre. Woodward, dans fon Catalogue *Exot. T. II, p.* 27, parle d'un fafre vierge. *zafera nativa ;* mais comme l'on n'en a point encore découvert, ce fait peut être regardé comme fort incertain. Le bleu d'émail entre dans la compofition de l'empois, qu'emploient les blanchiffeufes.

neralifatum, informe particulis nitidis albis, *CARTH. Cobaltum galenæ.*]

ELLE eſt d'une couleur griſe cendrée, tirant quelquefois ſur le rouge obſcur, d'un tiſſu fort ſemblable à de la galêne de plomb à petites ſtries & à grains brillans : elle eſt fort peſante & compacte.

On a,

1. La mine de cobalt cendrée & compacte comme l'acier. [*Minera cobalti cinerea texturæ chalybeæ, WALL.*]
Elle eſt fort peſante & très-dure, d'un tiſſu très-fin, ſerré, compacte, & d'une couleur foncée, ſemblable à celle de l'acier : frapée contre le briquet, elle donne beaucoup d'étincelles blanches, & dont l'odeur eſt fort deſagréable.

2. La mine de cobalt cendrée, friable. [*Mineræ cobalti cinerea, granulis minoribus, ſtriata, fragilis, WALL.*]
Sa couleur eſt plus claire que la précédente ; elle reſſemble beaucoup à du métal fondu : elle n'eſt pas fort compacte, mais un peu friable.

3. La mine de cobalt cendrée à gros grains. [*Minera cobalti cinerea, granis majoribus, fragilis, WALL.*]
Les particules qui la compoſent, ſont claires brillantes, groſſieres, à demi-farineuſes & friables. M. Juſti, dans un ouvrage qui a pour titre, *Nouvelles vérités, Tom. I, pag. 476 & ſuiv.* parle d'un *cobalt noir*, inconnu juſqu'ici, lequel par la calcination perd très-peu de ſon poids, & colore très-bien le verre en bleu. Il dit qu'il ſe trouve dans les environs de Colberg, & près du petit Zell en baſſe Autriche.

ESPECE CCXXXIII.

II. Mine de Cobalt fpéculaire.

[*Minera cobalti fpecularis. Cobaltum arfenico mineralifatum, fiffile, colore nigro fplendente, WALL. Arfenicum nigro-grifeum, vitro cæruleo, fplendens, WOLT.*]

ELLE eft d'une couleur noire, d'un tiffu feuilleté comme le fpath ou la félénite, & luifante comme un miroir : on la rencontre rarement.

ESPECE CCXXXIV.

III. Mine de Cobalt vitreufe, femblable à des fcories.

[*Minera cobalti fcoriæ-formis. Cobaltum arfenico mineralifatum, minera colore glauco, fcoriis fimile, WALL.*]

ELLE reffemble affez à des fcories dont on a tiré tout le métal ; fa couleur eft bleuâtre, ou d'un gris bleu & brillant ; on l'appelle dans les mines Cobalt en fcories ou Cobalt tricoté, felon que les pores repréfentent plus ou moins bien le creux des mailles.

On a,

1. La mine de cobalt dure & vitreufe. [*Minera cobalti fcoriæ-formis dura, WALL.*]
Elle reffemble fouvent à la mine de cuivre vitreufe, ou à celle d'un gris de fer : elle eft dure ; & quand on la caffe, elle s'éclate comme du verre.

2. La mine de cobalt vitreufe & fpongieufe. [*Minera cobalti fcoriæ-formis fpongiofa, WALLER.*

*Cobaltum mineralifatum, nitidum, cærulefcens,
fcoriæ-forme, CARTH.]*

Ce cobalt n'eft point compacte, & reffemble
affez aux cadmies des fourneaux ; tantôt il a la
figure de la fuie, & noircit les mains comme de
la mine de plomb.

ESPECE CCXXXV.

IV. Mine de cobalt en cryftaux.

*[Minera cobalti cryftallina. Cobalti minera diver-
fimodè figurata, WALL. Cobaltum mineralifatum cryftallinum, cryftallis indeterminatè
polyedris, nitidiffimis albis, CARTH. Drufa
cobalti.]*

ELLE eft en cryftaux, de différentes figures ;
fa couleur eft, ou grife, ou foncée ; elle eft
chatoyante & donne des couleurs, tantôt rouges,
tantôt vertes, felon le jour auquel on l'expofe.

On a,

1. La mine de cobalt en végétation. [*Drufa
cobalti dendritica, WALL.*]
Cette efpece de cobalt qui fe trouve en Alface,
reffemble en effet à des petits arbriffeaux affem-
blés tumultuairement : expofée à l'air, elle fe décompofe très-facilement & en peu de tems.

2. La mine de cobalt cryftallifée. [*Drufa cobalti cryftallifata, WALL.*]
La figure des cryftaux en eft affez irréguliere :
on en trouve cependant qui affectent d'être en
cubes ou en pyramides ; il y en a une efpece,
entr'autres, qui a tellement la figure d'un cryftal ordinaire, qu'il n'y a que fa couleur (indépendamment de fes propriétés) qui la feroit d'a-
bord ranger dans les mines de cobalt.

ESPECE CCXXXVI.

V. Fleurs de Cobalt.

[*Flos cobalti. Cobalti minera, colore rubro vel flavo, efflorescens, WALL. Cobaltum ochraceum, rubrum, CARTH.*

C'est une mine de cobalt qui tombe facilement en une efflorescence de couleur rougeâtre, semblable aux fleurs de pêcher ; quelquefois elle est jaunâtre : cette couleur n'est souvent qu'extérieure, selon que la décomposition a été plus ou moins générale.

On a,

1. La fleur de cobalt superficielle, ou enduit de cobalt. [*Flos cobalti superficialis, WALL. Cobaltum pulverulentum, CARTH.* [

Sa couleur est, ou jaune, ou rouge ; on l'appelle *enduit de cobalt* : c'est l'espece la plus commune.

2. La fleur de cobalt striée comme de l'amyanthe. [*Flos cobalti amyanthi-formis striata, WALL. Cobaltum striatum, striis friabilibus, à centro commune divergentibus, CARTH.*]

Cette sorte de cobalt est plus rare ; c'est celle que l'on appelle proprement *fleurs de cobalt ;* elle est, comme la précédente ; une espece de matiere farineuse, quelquefois transparente : sa couleur est ou rougeâtre, ou pourpre, ou violette : extérieurement elle ressemble à de l'amyanthe ; mais elle est intérieurement striée comme de l'antimoine : se fibres sont très-fines, fort délicates, cassantes, & assez écartées les unes des autres ; comme ce cobalt contient presque la moitié de son poids d'arsenic, l'on ne doit pas être surpris qu'elle diminue si considérablement dans le feu : c'est cependant la seule espece qui paroisse sous une forme pure & native.

ESPECE CCXXXVII.

VI. Mine de cobalt terreuse.

[*Minera cobalti terrea. Cobalti minera, incerti coloris, terrea, WALL. Cobaltum terrestre friabile, CARTH.*]

ELLE contient plus ou moins de parties terreuses ; c'est pourquoi elle varie tant, de couleur & de consistance.

On a,

1. La mine de cobalt terreuse blanchâtre. [*Minera cobalti terrea, alba, WALL.*]
Elle est legere, grumuleuse, peu compacte, assez semblable à de la marne tendre ; sa couleur est d'un blanc qui tire sur le verdâtre : il y en a dans le duché de Wirtemberg.

2. La mine de cobalt terreuse jaune. [*Minera cobalti terrea, lutea, WALL.*]
Sa couleur jaune tire quelquefois sur le rouge brun ; elle n'est ni compacte, ni pesante.

3. La mine de cobalt terreuse comme de la suie. [*Minera cobalti terrea, fuliginea, WALL.*]
Elle est extrêmement friable, & tache les mains comme de la suie ; elle produit une très-belle couleur bleue, sans qu'il soit besoin de la griller auparavant, comme on en fait des autres : cette propriété lui est commune avec le cobalt qui se trouve dans la mine grise, cendrée de bismuth.

4. La mine de cobalt argilleuse. [*Minera cobalti terrea, argillacea., WALL.*]

Selon Brand, cité par *Swedemborg de ferro*, *pag.* 68, on rencontre en Wermeland cette sorte de cobalt, mêlé avec de l'argent-vierge dans de l'argille bleue : on en trouve aussi parmi de l'argille noire, dans le pays de Wirtemberg. Voyez *GESNER de Cobalto, Part. I, pag.* 21, 35.

Indépendamment des mines de cobalt, dont on vient de parler, on trouve encore ce demi-métal dans les mines de bismuth, *Mineræ Wismuthi* (*a*), dans la mine arsenicale testacée, & accidentellement, dans la mine d'arsenic d'un rouge de cuivre ou *Kupfer-Nikkel.*

(*a*) OBSERV. Si par hazard, & comme on l'observe communément en Franconie & en Saxe, le cobalt est mêlé avec du bismuth, les ouvriers sont alors obligés de l'en séparer sur le bord de la mine, & voici comme ils operent cette séparation : ils rangent, en forme de grille, un nombre suffisant de morceaux de bois soutenus sur deux perches, qui sont élevées de terre de douze à quinze pouces : cette construction se fait dans un quarré de terre argilleuse ou d'une autre espece, mais qui peut néanmoins soutenir l'action du feu, & qui est large de vingt-un à quarante-deux pieds. On jette sur le grillage de bois une certaine quantité de petits morceaux de cobalt mélangé de bismuth : ils allument ce grillage, & quand tout le bois en est brûlé, on trouve, pour l'ordinaire, le bismuth qui s'est séparé du cobalt & a formé, dans le milieu du quarré, une maniere de gâteau, que l'on purifie par la lotion & la fusion : c'est par ce procedé, qu'on rend le cobalt en état d'être porté au bocard, pour en faire du *klein*. Souvent ce cobalt ne se trouve pas encore dépouillé de tout le bismuth, auquel il étoit allié, puisque dans la vitrification du safret, on trouve un culot de bismuth au fond du creuset ; & quelquefois au-dessus de la vitrification, on apperçoit une maniere de scorie, que les Allemands appellent *speise.* On ne connoît point cette scorie ; on sçait seulement qu'elle peut colorer le double de parties vitrifiables ; ce que ne peut guères le cobalt ordinaire.

On a une maniere facile de s'assurer si telle mine de cobalt est mêlée avec du bismuth, & si elle peut donner une belle couleur bleue. Il suffit de faire fondre de la mine avec deux ou trois fois son poids de borax, parce que le verre qui en résultera, sera d'un beau bleu, à proportion de la bonté du cobalt. Wallerius, *p.* 427, dit qu'il paroît clairement, que la couleur bleue du cobalt est métallique, & qu'elle tire son origine de la farine de bismuth, que les Allemands nomment *Wismuth graupen*, & du cobalt ; mais nous serions tentés de croire que la

GENRE XLV.

III. Bismuth , ou Étain de glace.

[Bismuthum aut Wismuthum AUCTOR. Marchassita Officinarum. Marchassita argentea ALCHYMICORUM(a). Plumbum cinereum AGRICOL. Stannum cinereum. Tectum argenti nonnullorum.

LE bismuth est une substance demi-métallique, fort pesante, peu tenace, aigre, cassante, nullement malléable, mais se casse & se brise sous le marteau : son tissu paroît composé de cubes for-

partie colorante du bismuth n'est dûe qu'à du cobalt qui peut s'y rencontrer; reste à sçavoir ce que c'est que le cobalt lui-même. M. Justi croit que la couleur bleue que donne ce demi-métal, est dûe à une combinaison du fer avec de l'arsenic. Il se fonde, dans sa conjecture, sur l'expérience suivante, qu'il dit tenir d'un disciple de Henckel. Ce sçavant minéralogiste ayant mêlé une partie d'arsenic avec quatre parties de limaille d'acier, fit réverbérer le tout, en donnant d'abord un feu doux, qu'il augmenta ensuite par degrés, & qu'il fit durer trois jours : ce mélange se trouva propre à colorer le verre en bleu. M. Justi ajoûte que de la manganaise mêlée avec de l'arsenic, & calcinée, donne aussi une couleur bleue au verre ; & M. Lehmann, *T. II, p.* 318, dit avoir tiré un très-beau bleu de l'éméril d'Espagne ferrugineux; d'où l'on pourroit aussi conclure, d'après les expériences de M. Marcgraf, que le lapis lazuli, *azur naturel des Chinois*, qui est coloré en bleu par le fer, seroit une sorte de combinaison martiale avec l'arsenic, que la nature opere au moyen des chaleurs souterreines, & qu'il pourroit se rencontrer du safre vierge, tel que Woodward l'a cité.

(a) Le bismuth a été appellé des alchymistes *marcassite par excellence*, à cause de sa bonté. Ils l'ont regardé comme un récrément métallique qui provient d'une portion incapable de former un vrai métal, & changé en un corps minéral blanc, semblable à l'étain ; mais nous avons différemment désigné la marcassite. Voyez *la classe des pyrites.*

més

més par un affemblage de feuilles ou lames : fa couleur eft un peu jaunâtre ; il noircit les mains un peu plus promptement que ne fait la mine de plomb : expofé à l'air, il y acquiert en peu de tems toutes les couleurs de l'iris ou de la gorge de pigeon : mis fur un feu modéré, il y répand de la fumée, y entre enfuite en fufion, puis fe volatilife en partie ; ou fi on le pouffe au feu, après avoir été calciné, il s'y vitrifie & colore le verre.

Le bifmuth fe mêle facilement avec les autres demi-métaux, à l'exception du cobalt & du zinc : il fe mêle auffi avec les métaux ; il les blanchit, leur ôte la malléabilité, les rend tendres & fragiles comme les demi-métaux ; il peut cependant fervir, ainfi que le plomb, à purifier l'ór & l'argent, & à faciliter la réduction des mines réfractaires : il s'amalgame avec le mercure (a), fe diffout dans l'eau-forte, avec effervefcence, & lui donne une teinte rouge, tirant fur le rofe, mais qui fe précipite par l'eau.

Espece CCXXXVIII.

I. Bifmuth vierge ou natif.

[*Bifmuthum nativum purum. Wifmuthum nati-vum, WALL. Bifmuthum nudum purum, petra*

(a) Wallerius dit que fi l'on joint un mélange de bifmuth, de plomb, d'étain & d'argent, ou fimplement une partie de bifmuth & de plomb fondus enfemble, avec deux parties de vif-argent, qu'on aura préalablement fait bouillir avec de l'huile dans un pot de fer ; ce mélange eft, dit-il, difpofé à s'unir fi étroitement avec le mercure, qu'ils paffent enfemble au travers du chamois, d'où l'on peut juger que, pour conftater la pureté du mercure, en le faifant paffer par la peau de chamois, c'eft une épreuve infuffifante : ce même auteur, *obf. 5, p.* 441, prétend auffi que le bifmuth contient du mercure.

varia veſtitum, WOLTERSD. *Wiſmuthum
nudum*, CARTH.]

OUTRE que Kentmann & Bruckmann,
Epiſt. Itin. XLII, n. 9, conviennent qu'il
ſe trouve du biſmuth vierge dans la terre, c'eſt-
à-dire, tout pur ; nous en avons auſſi rencontré
de tout formé, & preſque toujours ſous ſa forme
demi-métallique, diſpoſé en lames ou en grains, dans
la Miſnie, près de Joachim-Stal : on en trouve
encore dans la Boheme & en Suéde ; on prétend
même qu'il s'en eſt rencontré près de Loloſen,
dans des filons ou gangues ſtériles.

Le biſmuth natif que l'on voit dans les cabinets
des curieux de mines, eſt plus ou moins pur ;
& il eſt très-aiſé de s'en aſſurer, 1° à la facilité
qu'il a de ſe fondre à la flamme d'une bougie,
2° à ſon degré d'efferveſcence avec l'eau forte ;
3° à l'intenſité de la couleur rougeâtre qu'il donne
à ſon diſſolvant : on obſervera ſeulement, que
pour peu qu'il ſoit minéraliſé, loin de ſe fondre
à la flamme d'une bougie comme de l'antimoine,
il y réſiſtera pendant long-tems : cependant au
feu ordinaire, il entre aſſez facilement en fuſion ;
& on peut le tirer de ſa mine *per deſcenſum*,
ainſi que l'antimoine.

On a,

1. Le biſmuth vierge ſolide. [*Biſmuthum compactum purum. Wiſmuthum ſolidum nativum*,
WALL.]
Il ſe trouve en petite quantité dans d'autres
ſubſtances foſſiles ou minérales.

2. Le biſmuth vierge ſuperficiel. [*Biſmuthum
nudum ſuperficiale. Wiſmuthum nativum, tenui-
bus lamellis adhærens*, WALL.]

C'eft un compofé de petites lames de diverfes figures & de différentes couleurs.

3. Le bifmuth vierge en grains. [*Bifmuthum nudum granulatum. Wifmuthum nativum, granulis interfperfum, WALL.*]

Il eft un peu poreux, & cependant compacte.

4. Le bifmuth vierge en cubes. [*Bifmuthum nudum cubicum. Wifmuthum nativum, cryftallifatum, figura teffulari, WALL.*]

Ce font des petits cubes brillans, communément difperfés dans une matrice de fpath fufible, & quelquefois de quartz.

ESPECE CCXXXIX.

II. Mine de bifmuth d'un gris cendré.

[*Bifmuthum ex albo cinerefcens. Minera Wifmuthi cinerea. Wifmuthum arfenico & cobalto mineralifatum, punctulis galenæ inftar micantibus, WALL. Bifmuthum cobalto mixtum, WOLSTERSD. Wifmuthum mineralifatum, particulis nitidis, albo flavefcentibus, CARTH. Galena Wifmuthi.*]

ELLE reffemble beaucoup à la galêne de plomb à grandes ftries ; fa couleur eft d'un gris clair blanchâtre : on a remarqué qu'elle contient prefque toujours du cobalt & de l'arfenic; elle ne produit point d'effervefcence avec l'eau forte, & ne donne que peu ou point d'étincelles, lorfqu'on la frape avec l'acier.

On a,

1. La mine de bifmuth grife folide. [*Minera Wifmuthi cinerea folida, WALL.*]

2. La mine de bifmuth grife ftriée. [*Minera Wifmuthi cinerea ftriata, WALL.*]

D ij

Wallerius dit qu'on en trouve de cette efpece à Farila en Helfingland, & dans les mines de Las.

3. La mine de bifmuth d'un gris clair, entremêlée de filets verds. [*Minera bifmuthi, fubcinerea, fibris viridibus iutertexta.*]

Elle eft d'un gris clair, parfemée de filets verdâtres, difpofés comme ceux de l'amyanthe : elle contient du bifmuth & du cobalt ; on en trouve dans la Mifnie : elle eft fort rare.

4. Mine de bifmuth d'un jaune rougeâtre. [*Minera bifmuthi ex flavo rubefcens. Wifmuthum mineralifatum particulis nitidis flavo rubefcentibus, CARTH.*]

Elle contient beaucoup de cobalt : on en trouve en Boheme.

E S P E C E   CCXL.

III. Fleurs de bifmuth.

[Flos bifmuthi aut wifmuthi. Minera wifmuthi verficolor. Wifmuthum arfenico, & fulphure, ac cobalto mineralifatum, colore flavefcente variegato efflorefcens, WALL. Wifmuthum mineralifatum, particulis lamellofis, erectis, duris, indeterminatis, fub fufco-flavis, obfoletè nitentibus, CARTH.]

ELLE eft affez pefante, & a pour l'ordinaire une enveloppe noire ; fa couleur intérieure eft tantôt grife, tantôt jaune, quelquefois d'un rouge pâle, ou verdâtre, ou bleuâtre : on foupçonne que cette diverfité de couleurs eft dûe au foufre qui s'y trouve mêlé en plus ou moins grande quantité : frapée avec le briquet, elle donne des étincelles qui répandent une odeur défagréable ; elle fait effervefcence avec l'eau forte ; & quoique mêlée avec du cobalt, elle ne produit que très-difficilement du fafre ou fmalt, à moins qu'elle n'ait été auparavant fortement calcinée.

ESPECE CCXLI.

I V. Mine de bifmuth fablonneufe.

[*Minera bifmuthi aut wifmuthi arenacea. Wif-*
muthum arfenico & cobalto minerali-
fatum, matrice arenaceâ, WALL.]

Bruckmann, *Epift. Itiner. XLIV, n. 7,* parle d'une mine de bifmuth de cette efpece, qui fe trouve près de Joachim-Sthal en Boheme, & qui s'eft formée dans un grais de couleur brune; elle contient toujours un peu de cobalt.

Outre les mines dont on vient de parler, on trouve encore du bifmuth mêlé avec les mines de cobalt; on le rencontre auffi dans les mines d'argent, près de Schneeberg. Voyez *BRUCKMANN Epift. Itin. XLII, n.* 12, vers la fin: on nomme cette forte de bifmuth, Toit d'argent, *teĉtum argenti* (a).

(a) OBSERVATION. Les mines de bifmuth font au nombre de celles qu'on ne connoît que depuis peu de tems. Pomet & Lemery ont cru que le bifmuth étoit une compofition faite avec parties égales d'étain groffier, qui fe tire de certaines mines d'Angleterre, de tartre & de falpêtre, que cette opération fe faifoit comme celle du régule d'antimoine. Cette hypothèfe étoit fondée fur ce que bien des gens ont cru, & font encore dans l'idée qu'on en pourroit faire avec les trois drogues ci-deffus défignées; mais les gens inftruits font revenus de cette erreur, en examinant qu'on opéroit de cette maniere un vrai régule d'étain, & de plus, fçachant qu'il y a des vraies mines de bifmuth.

Le bifmuth eft, felon Geller, femblable à l'or, en ce qu'il ne fe trouve que pur, & rarement minéralifé; mais quand il eft environné & comme enveloppé de cobalt ou d'autres fubftances minérales étrangeres, de maniere à ne pouvoir être difcerné à la vue, on le nomme alors *mine de bifmuth.*

On a remarqué qu'il eft plus communément mêlé avec la mine de cobalt, qu'avec toute autre fubftance minérale ou pierreufe, & qu'on a même de la peine à l'en féparer entiérement;

GENRE XLVI.

IV. Zinc.

[*Zincum Officinar. Semi - metallum fub-
malleabile. Zinethum, feu Marchaffita pallida SCHRODERII. Marchafita aurea
ALBERTI.*

Le zinc eft un vrai demi - métal qu'on trouve

auffi fes facettes font-elles quelquefois bleues ; & c'eft fans doute
p r cette raifon, que le bifmuth, fans avoir, par lui-même, la
propriété de colorer le verre en bleu , le teint fouvent en
cette couleur; ce qui prouve qu'il n'eft pas entiérement privé
d'une efpece de terre que les ouvriers appellent *Wifmuth graupen,*
farine de bifmuth, & qui n'eft probablement qu'une portion de
vrai cobalt ou de matieres propres à en former.

La maniere la plus ordinaire de traiter la mine de bifmuth,
qui eft alliée à des terres ou pierres, confifte à la féparer de fa
gangue & à la porter au bocard, pour y étre écrafée, enfuite à
l'expofer à l'action du feu, jufqu'à ce qu'elle fonde & pétille ;
& comme l'on ne retire pas tout le bifmuth de fa miniere, fur-
tout quand elle eft pauvre, & qu'on choifit les morceaux les
plus riches, on eft alors obligé, dans les effais docimaftiques,
d'y joindre à chaque quintal de mine non grillée la moitié de
f n poids de flux , foit de borax ou de verre pulvérifé, ou un autre fondant, t l que le quartz ou le fpath : on met le tout dans
un creufet enduit d'une pâte de charbon en poudre, & qu'on
place dans un fourneau à vent ou à la forge : on y donne
d'abord un feu modéré pendant un quart d'heure, enfuite on
l'augmente jufqu'à ce que la terre ou la pierre, avec laquelle
la mine eft mêlée, foit vitrifiée ou fcorifiée ; alors on retire le
creufet, on frape fur fes côtés : on le laiffe refroidir ; puis on le
caffe, pour en retirer le culot demi métallique, qui eft le bifmuth. On a foin de ne pas pouffer un feu trop violent dans
cette opération, parce que le bifmuth fe volatiliferoit en partie ou
fe réduiroit en chaux, ou fe vitrifieroit en un verre brun, avec
le borax ; & l'on feroit obligé de lui rendre fa forme demi-métallique, au moyen d'une matiere inflammable : c'eft ainfi que
l'on obtient le bifmuth ; mais la plus grande quantité qui fe débite dans le commerce, eft en quelque forte celui que l'on fépare du cobalt en la maniere que nous avons décrite dans la

rarement pur & feul de fon efpece : il eſt toujours mélangé ou environné d'une matiere pierreuſe ou terreuſe (*a*) : lorſqu'il eſt pur ou à-peu-près, il

derniere obſervation ſur le cobalt, & qui s'opere au moyen d'un grillage de bois, &c. Le biſmuth qu'on en obtient par un tel procédé, n'a beſoin, ainſi que le précédent, pour être totalement purifié, que d'une ſimple fuſion, parce qu'il a déjà naturellement ſa forme demi-métallique : on jette ces différentes ſortes de biſmuth fondu dans un cone évaſé ou dans un mortier de fer graiſſé, pour les y laiſſer refroidir : c'eſt ainſi qu'on le met en pains ronds ou orbiculaires, applatis par deſſus & convexes en-deſſous, de la même figure que ceux du régule d'antimoine, dont il a l'apparence.

On nous envoie le biſmuth de la Hollande, de l'Angleterre, plus communément de l'Allemagne & des lieux où il y a du cobalt qui participe de ce demi-métal, ou encore des endroits où on le trouve dans ſa mine propre & particuliere.

Cette maniere de régule eſt une ſubſtance demi-métallique, ni ductile, ni malléable, très-volatile, ſi fuſible, que la flamme d'une bougie le fait ſouvent entrer en fuſion. Extérieurement, il reſſemble à l'étain & au zinc ; il eſt dur, tenace, aigre, & le plus caſſant des demi-métaux. Si on le caſſe, on reconnoîtra, dans l'endroit de la fracture, que ſon tiſſu, qui eſt cubique, paroît formé par un aſſemblage d'écailles ou feuillets placés les uns ſur les autres : on appelle ces lames ou écailles *facettes* ou *glaces* ; elles ſont très-unies, larges, blanches & brillantes en dedans, un peu jaunâtres en dehors, argentines, nettes, luiſantes & éclatantes comme des petites glaces, d'où lui eſt venu le nom d'*étain de glace.*

Le biſmuth ſert aux potiers d'étain, pour donner de l'éclat, de la ſolidité & du ſon à leur métal : les fondeurs en mettent dans leurs caracteres d'imprimerie, pour les rendre plus durables : ce que l'on appelle ſoudure, n'eſt ſouvent qu'un compoſé d'une partie d'étain, d'autant de plomb & de deux de biſmuth. On a fait long-tems, avec le biſmuth, un précipité très blanc, au moyen d'un acide nitreux, &c. On le vendoit en Eſpagne, à la fin du dernier ſiécle, ſous le nom de *fard* ou de *poudre coſmétique* : on appelle aujourd'hui cette même préparation *magiſter de biſmuth*, quelquefois *blanc de perles* : on l'emploie pour blanchir la peau & pour donner une couleur blonde noirâtre aux cheveux.

(*a*) Quelques-uns ignorant la maniere de tirer ce demi-métal de ſa mine & de le réduire, ont trouvé plus court de ne point admettre de mine de zinc ; d'autres, au contraire, ont cru que tout le zinc ſe trouvoit tout pur & tout dégagé dans ſa mine ; quelques autres enfin, mais en petit nombre, ont regardé le zinc comme un *avorton minéral*, & ils ont prétendu que la propriété qu'il a de jaunir le cuivre rouge, déſignoit un or qui n'etoit point venu à terme ou à maturité : c'eſt pourquoi ils l'ont appellé *marcaſſite d'or.*

Di

eſt alors, de tous les demi-métaux, celui qui approche
le plus des métaux par l'eſpece de ductilité ou de
malléabilité dont il eſt ſuſceptible, *ſubmalleabilitas;*
il eſt en effet le moins aigre & le moins caſſant
des demi-méraux : il s'applatit un peu ſous le marteau ; & Wallerius ſeroit tenté de croire que ſi on
lui joignoit des fondans convenables , on pourroit
le porter à un plus grand degré de malléabilité,
puiſqu'il ne peut être réduit en poudre , mais que
quand on veut le diviſer , il faut ou le limer ou le
raper , ou le couper, à cauſe de ſon extrême tenacité : le zinc ne diffère pas beaucoup , à la vue,
du biſmuth : pluſieurs auteurs les ont même confondus enſemble ; cependant, à en juger par les
propriétés , ils different eſſentiellement l'un de l'autre : la couleur du zinc eſt blanche , & tire un peu
ſur le bleu ; il a extérieurement la couleur du
plomb : le tiſſu intérieur varie de figure , ſuivant l'eſpece différente de zinc ; par exemple , ſi l'on vient
à caſſer celui de Goſlar , on y remarquera un mélange de fibres & de ſtries comme dans le régule
d'antimoine , tandis que celui qui vient des Indes
orientales, ſous le nom de *toutenague*, paroîtra dans
l'endroit de la fracture un compoſé de lames cubiques , plus ou moins groſſieres, luiſantes & dures.
Le zinc , quoique très-fuſible , exige pour ſa fuſion
un degré de feu , un peu plus violent que l'étain
& l'antimoine ; il paroît s'allumer & s'embraſer
dans un feu de charbons : il y produit une flamme
jaunâtre ou verdâtre, accompagnée d'un pétillement
& d'une fumée , enſuite ſe diſſipe ſous la forme
d'une vapeur blanche verdâtre ; ſi au contraire on
l'enflamme dans un creuſet , il s'eleve ou ſe ſu-
blime vers les côtés ſous la forme de filets de couleur blanche , ſans donner une odeur de ſoufre bien
ſenſible : on voit par-là, qu'il ſe volatiliſe au feu ;

celui de la Chine se sublime en entier ; mais celui de l'Europe ou de Goslar ne se volatilise qu'en partie, parce qu'il contient toujours du plomb : un phénomene singulier, c'est que le zinc communique cette propriété à tous les autres métaux, sans même en excepter l'or ; c'est pourquoi quelques-uns l'appellent *demi-métal rapace ;* il s'unit très-promptement avec toutes les substances métalliques, il suffit de les faire rougir & d'y joindre le zinc avec du tartre & du verre, &c. Il n'y a que le fer avec lequel il s'unit très-difficilement, & le bismuth au fond duquel il tombe toujours : pour le cuivre rouge, il le fait changer de couleur & le jaunit entiérement ; mais si alors on fait tremper cet alliage dans du mercure, celui-ci, par la propriété qu'il a de s'unir au cuivre & d'en séparer la partie du zinc qui peut y avoir été mêlée, formera aussi-tôt une amalgame avec le cuivre : ce que l'expérience démontre sur le tombac ou métal du prince Robert : tous les acides, en général, foibles ou concentrés, dissolvent le zinc, avec une violente effervescence : lorsqu'il est mis en dissolution dans du vinaigre, il en exhale une odeur agréable, qui ressemble fort à celle des narcisses ; sa solution par l'acide vitriolique, produit un vitriol blanc ; réduit en limaille ou en poudre, au moyen d'un lime bien acérée, (*c'est à-dire, trempée ;*) il acquiert la vertu magnétique, & devient propre à être attiré par l'aimant, de même que la limaille de fer : il est encore incertain si ce principe magnétique ne seroit pas inné dans le zinc, puisque toute mine de zinc, qu'elle soit sous sa forme demi-métallique ou ochracrée, contient toujours des particules ferrugineuses en plus ou moins grande quantité.

ESPECE CCXLII.

I. Zinc vierge ou natif.

[*Zincum nudum nativum.*]

IL eſt en petits filets, plians, d'une couleur griſâtre, s'enflammant facilement ; il eſt fort rare de le rencontrer ainſi ſeul de ſon eſpece : nous en avons rencontré par petits morceaux, dans les minieres de calamine du duché de Limbourg, & dans les mines de zinc à Goſlar : ce zinc étoit toujours environné d'une terre jaunâtre, ochracée, ferrugineuſe : nous ne connoiſſons aucun auteur qui ait encore parlé de ce zinc.

ESPECE CCXLIII.

II. Mine de Zinc.

[*Minera zinci. Zincum ſulphure ac ferro vel plumbo mineraliſatum, colore obſcuro, particulis micantibus, WALL.*]

ELLE a beaucoup de rapport avec la mine de fer brillante, & quelquefois avec une galêne obſcure & fuligineuſe ; auſſi la trouve-t-on toujours mêlée avec de la galêre de plomb, à petites ſtries, & du fer : elle eſt de différentes couleurs, tantôt blanchâtre, ou bleuâtre, tantôt brunâtre ou jaunâtre ou couleur de fer : cette derniere eſt ſa couleur la plus ordinaire ; elle eſt ſouvent ſi tendre, qu'on peut la racler avec un couteau : on en trouve dans la mine de Blocks près de Bovallſdal en Tuna : nous en avons rencontré un aſſez beau morceau près de Luxembourg ; mais nous n'aſſurerions pas qu'il n'y eût été tranſporté.

E S P E C E CCXLIV.

III. Blende (*a*).

[*Galena-zincina aut Pseudo-galena. Zincum sulphure arsenico , & ferro mineralisatum , minerâ
squammulis , vel tessulis micante , obscurâ ,
WALL. Zincum mineralisatum , squammosum ,
nigricans , nitens , CARTH. Sterile nigrum ,
AGRICOLÆ.*]

ELLE a beaucoup de ressemblance , par la forme
& l'éclat , à la galêne ou mine de plomb cubique ;
sa couleur est. un peu plus foncée , communément
noire ou rougeâtre ; quelquefois les cubes en sont
écailleux , ou feuilletés : l'éclat des blendes dispa-
roit aussi-tôt qu'on vient à les mouiller , au point
que l'haleine seule suffit pour les ternir : il est
vrai qu'elles reprennent aussi-tôt pour la plûpart leur
brillant : toute blende est minéralisée par l'arsenic
& le soufre , fait effervescence dans les acides :
calcinées au feu , elles y acquierent une couleur
rouge ou grise , ainsi que la propriété de reluire
dans l'obscurité , lorsqu'on leur fait subir l'action

(*a*) En mettant les blendes au rang des mines de zinc , nous
nous conformons à la maniere de dire de la plûpart des métallurgistes modernes , qui les regardent comme des vraies
mines de zinc. Voyez l'*Histoire de l'académie royale des sciences
de Suéde* 1744 , *Vol. V*, de *H. B. Alexand. FUNCK, p.* 57, *&c.*
Wallerius dit que c'est mal-à-propos , qu'Agricola appelle les
blendes *sterilia nigra ;* cependant il ne décide point si la blende
est réellement aussi précieuse , que Pott , dans sa dissertation du
Pseudo-Galena , dit qu'un achymiste le prétendoit. Tout ce que
nous pouvons dire ici , c'est que Pott est le seul qui ait encore
bien examiné la blende dans ses *Observat. chym. p.* 105 , & dans
sa *Lithogéognosie* , où il en parle en plusieurs endroits. La blende
est , selon lui & Henckel , une substance minérale composée de
parties arsenicales volatiles , d'un peu de soufre , d'une terre
très-infusible , & d'une portion assez considérable de fer & de
zinc.

du frotement : la blende se trouve alliée ou à de la mine d'étain, ou à une substance ferrugineuse, ou au plomb, & quelquefois interposée entre le tissu de l'or & de l'argent.

On a,

1. La blende à petites écailles. [*Galena-zincina tenerior, parvis squammis. Pseudo-galena mollior, obscura squammulis tenuioribus, WALL.*]

Les particules qui la composent sont feuilletées, minces, un peu molles, cependant plus épaisses & plus dures que celles du mica ; elles sont étroitement unies les unes aux autres : leur couleur est foncée & luisante.

2. La blende en lames paralleles. [*Galena-zincina, lamellis parallelis. Pseudo-galena, lamellulis parallelogrammaticis, pictoria, WALL.*]

Daniel Tilas dit qu'on en trouve de cette espece, près des mines de cobalt de Loos : elle est composée d'un assemblage de feuillets minces, qui forment quelquefois un parallélogramme quarré oblong : elle est communément brillante, grise, argentine, & ressemble à une galêne bien pure : elle a la propriété de noircir comme la mine de plomb.

3. La blende grise cubique. [*Galena - zincina cubica, durior, cinerescens. Pseudo-galena durior, cinerea-nigra, tessularis, WALL.*]

Cette blende est dure, composée de particules grossieres, ordinairement cubiques, dont les facettes sont luisantes, quelquefois striées : sa couleur est grise, noirâtre, un peu semblable à de la galêne ; exposée sur le feu, ses particules se désunissent & paroissent alors comme des écailles ou feuillets jaunâtres.

4. La blende noire cubique. [*Galena-zincina, cubica, duriuscula, nigrior. Pseudo-galena, dura, nigra, tessularis, WALL.*]

Elle ne diffère de la précédente , qu'en ce qu'elle est plus anguleuse , plus pure , plus noire , plus luisante & un peu moins dure.

5. La blende noire & luisante. [*Galena - zincina , arsenico-mineralisata , parvulis cubis , nigrescentibus nitens. Pseudo-galena picea , tessulis minoribus micans , WALL. Pech-blende GERMANORUM.*]

Ses particules sont assez fines , noirâtres , luisantes comme de la poix : elle est douce au toucher ; elle rend d'abord le cuivre blanc , au lieu de le rendre jaune , à cause de la quantité d'arsenic qu'elle contient ; mais quand ce minéralisateur est dissipé , le laiton devient alors d'une très - belle couleur.

ESPECE CCXLV.

IV. Blende rouge.

[*Galena-zincina rubescens. Pseudo-galena rubens. Zincum sulphure, arsenico & ferro mineralisatum, minerâ aut rubra aut pulverem rubrum exhibente , WALL. Zincum mineralisatum , squammosum rubescens , nitens, CARTH.*]

ELLE est également composée d'écailles ou de cubes comme l'espece précédente ; mais sa couleur est ordinairement claire : mise en poudre, elle paroît d'un rouge de différentes nuances, & contient ordinairement quelques onces d'argent au quintal ; elle rend aussi plus de zinc que la blende noire.

1. La blende rouge & d'un gris foncé. [*Galena-zincina , colore variegato. Pseudo-galena rubens , obscurè cinerea , WALL.*]

On en trouve dans la mine de plomb de Pompéan en Bretagne.

1. La blende rouge ou rougeâtre. [*Galena-zincina, nitida, rubefcens. Pfeudo-galena rubens, aut rubra, WALL.*]

On la rencontre dans la mine de Sainte-Marie & dans celle de Salberg, avec la galêne ; elle eft affez tranfparente.

3. La blende rouge opaque. [*Galena-zincina, opaca, rubefcens, plerumque phofphorefcens. Pfeudo-galena rubens, flava, opaca, WALL.*]

C'eft l'efpece de blende, qui devient fi facilement lumineufe, ou phofphorique, quand on la frote avec un couteau dans l'obfcurité ; on en trouve à Scharfemberg en Mifnie. Voyez le *Magazin de Hambourg. T. V, pag.* 288.

4. La blende d'un rouge jaunâtre, & demi-tranfparente. [*Galena - zincina clara, fubrubens. Pfeudo - galena rubens, flava, femi-pellucida, WALL.*]

Elle eft écailleufe, dure, d'un rouge changeant, & brillant (*a*).

ESPECE CCXLVI.

V. Calamine, ou Pierre calaminaire.

[*Cadmia* (b) *aut Lapis calaminaris Officina-*

______

(*a*) OBSERVATION. Nous avons dit, dans la defcription du vitriol, qu'on trouvoit auffi du zinc dans la couperofe blanche. Voyez, dans les *Aȼt. Upfalienf.* 1733, le Mémoire de Brand. Peut-être que la molybdene, ou le crayon, n'eft qu'une efpece de blende, qu'on pourroit mettre auffi au rang des mines de zinc. On peut voir ce qui donne lieu à cette conjeȼture dans la *Pyritologie de Henckel,* au commencement & à la fin ; le même auteur, dans fon précieux Traité *de Appropriat.* fon *Flora faturnizans,* les *Ephemer. nat. cur. Vol. V,* p. 308 ; Pott, *Leȼt. de zinco,* p. 8, & ce que nous en avons dit dans l'hiftoire de cette pierre minérale. Voyez *Claffe III, Terres argill. &c.*

(*b*) Le mot *cadmie* a beaucoup de fignifications : nous avons dit, dans l'hiftoire du cobalt, que l'étymologie de *cadmie* vient de Cadmus, célèbre fondeur Phénicien, qui trouva le premier

*rum. Zinci-minera terrea , colore flavefcente vel
fufco , WALL. Zincum argillofum , pondero-*

la maniere de fondre en grand, de purifier, d'allier & de jetter
en moule les métaux. L'excellence de fon art le fit appeller dans
la Gréce , où il exécuta plufieurs monumens qui pourroient encore fervir aujourd'hui de modele aux artiftes en ce genre,
d'où il paroîtroit comme certain, que ce font les Phéniciens &
non les Grecs, qui ont enfeigné les premiers à l'Europe les
élémens de l'art de la fonderie; mais ceci n'eft pas de notre
fujet. Nous venons de dire que le mot *cadmie* eft fort générique; il nous défigne une matiere demi-metallique & volatile,
que l'on trouve naturellement calcinée ou fublimée dans les entrailles de la terre, telles que les fleurs de zinc, la pierre calaminaire : quelques perfonnes difent même, qu'on pourroit y
ajoûter le cinnabre & les fubftances qui , dans la fufion des
métaux, forment, en fe fublimant, un enduit au dôme & aux
parois des fourneaux de fonderie; tels font l'arfenic artificiel,
la tuthie, le pompholix, les différens calchitis, &c.

. Les cadmies ont caufé de grands débats entre les auteurs.
Les Grecs les ont nommées χαδμεια , les Arabes *climia* ou
chlimia , & les Latins , *cadmia*. Pline a appellé l'arfenic *lapis
ærofus* ou cadmie foffile & blanche; Galien a défigné la cadmie par *cadmia lithodes* ; mais il femble que ces auteurs, ainfi que
Diofcoride, n'ont pas connu l'origine ni la nature de chaque
efpece de cadmie, puifqu'ils ont confondu enfemble la pierre calaminaire, l'arfenic natif, l'arfenic factice, d'où l'on peut encore
croire qu'ils n'ont pas connu le cobalt ni la maniere de convertir le cuivre en laiton, & de faire le bronze , pour en
obtenir la tuthie & le pompholix, qui font la vraie cadmie
ou calamine des fourneaux, appellée des Latins *cadmia fornacum ,*
& dont nous donnerons l'hiftoire, en parlant des ouvrages que
l'on fait avec le cuivre, &c. Agricola, dans fon Traité *de Re
metallicâ ,* paroît avoir été plus inftruit fur les cadmies , que les
auteurs précédens, puifqu'il parle du cobalt & l'appelle *cobaltum* GERMANORVM *; cadmia nativa & metallica , &c.* Pierre
Pomet, dans fon *Hiftoire générale des Drogues* , a défigné le nom
de cadmie, de calamine & de pierre calaminaire comme
fynonimes. Lemery, dans fon *Traité univerfel des Drogues fimples ,* fait deux efpeces générales de cadmies, l'une naturelle,
qui eft ou métallique, comme le *cobaltum ,* ou non métallique,
comme la pierre calaminaire ; & l'autre, qui eft artificielle, eft,
dit-il, une maniere de fcorie ou de fuie, qui fe fépare des fourneaux des fondeurs, quand ils font le laiton & le bronze; tels
font le pompholix & la tuthie. Il eft aifé de voir que cette derniere définition eft à-peu-près celle qu'on doit, en genéral,
faire des cadmies; elle eft cependant défectueufe, ainfi qu'on le
verra dans le détail & la comparaifon de chacune des cadmies
en particulier; où l'on remarquera qu'elles font également demi-métalliques, mais la plûpart dans l'état d'une chaux demi-
métallique, & qu'on peut révivifier, au moyen d'un phlogif-

fum... colore vario. WOLT. Zincum terreſtre
albo flavum, durum, CARTH. Cadmia lapido-
ſa SCHRODER. Terra lapidoſa, LUDWIG.
Cadmia æraria, LEMERY.]

LA pierre calaminaire (appellée calamine foſ-
file, ou cadmie par excellence) eſt ou la matrice
ou la miniere du zinc, ou la mine de zinc terreuſe, proprement dite ; elle eſt mêlée d'une plus
tique, dont elles ſont privées, à l'exception du pompholix qu'on
prétend être une terre fixe & apyre.

Il réſulte de tout cet expoſé, qu'on pourroit faire deux diviſions des cadmies ; l'une comprendroit celles qui ſont naturelles ; & l'autre, celles qui ſont artificielles, ſçavoir :

La premiere diviſion,

Cadmies naturelles ;
{ 1° L'arſenic naturel. [*Cadmia nativa arſeni-calis. Lapis æroſus PLINII. Flos cobalti teſta-cei. Cadmia bituminoſa AGRICOLÆ.*]
2° Le cobalt en fleurs. [*Flos cobalti. Cadmia foſſilis pro cœruleo. Cadmia ſemi-metallica.*]
3° La pierre calaminaire, plus abondante en zinc, que d'autres matieres métalliques. [*Cad-mia foſſilis vel lapidoſa. Lapis calaminaris.*] }

La ſeconde diviſion comprend

Les cadmies artificielles, ſçavoir ;
{ 1° L'arſenic artificiel, que quelques-uns ont nommé *verre empoiſonné*, par la même raiſon qu'ils ont appellé l'effloreſcence d'arſenic *farine empoiſonnée*. [*Cadmia arſenicalis forna-cum, aut vitrum venenoſum ſeu farina venenoſa.*]
2° La tuthie. [*Cadmia vera fornacum. Cadmia griſea artis. Spodium griſeum GRÆCORUM.*]
3° Le pompholix ou ſpode blanc, ou cala-mine blanche. [*Flos æris.*] }

Quant au *lapis æroſus* de Pline, quelques perſonnes croient que ce naturaliſte auroit voulu déſigner par-là différentes matieres cuivreuſes, &c. qui produiſent, par leur union avec le zinc, ce que l'on appelle aujourd'hui *tombac*. Ce métal compoſé étoit en effet connu du tems que ce naturaliſte viſita les mines & les fonderies de l'iſle de Crete & de l'Archipel ; mais nous ſoupçonnons, avec plus de vraiſemblance, que Pline a voulu déſigner, par *lapis æroſus*, une pierre qui mange & fait des ulceres ou éroſions à ceux qui la travaillent, & qui eſt pro-bablement l'arſenic vierge.

ou

ou moins grande quantité de fer attirable à l'aimant, de terre, de fable, & quelquefois d'un peu de cuivre & de plomb; on en diſtingue de pluſieurs ſortes, par la richeſſe de la matiere métallique, ou demi-métallique; elle n'affecte point de figure déterminée; elle eſt tantôt tendre & friable, comme de la terre, tantôt compacte & ſolide, comme une pierre: il eſt aſſez difficile d'aſſigner une différence ſpécifique aux pierres calaminaires; leurs couleurs ſont auſſi fort variées: les unes ſont griſes, jaunâtres ou pâles, dures, abondantes en zinc, & celles dont on fait le plus ordinairement la réduction dans les fonderies, ou qu'on emploie dans la converſion du cuivre en laiton; elles ſont pour l'ordinaire brillantes, à cauſe des portions de galène à petits cubes, ou de zinc, ou de cryſtaux de ſpath ou de quartz, qui ſe rencontrent dans leurs cavités, comme on le remarque en Angleterre, Willach, Leuten en Siléſie, Thoren en Boheme, près de Commotau, & pluſieurs autres lieux, proche les mines de plomb, de cuivre & de fer, en fourniſſent une grande quantité: on vante ſur-tout celle d'Aix-la-Chapelle & du comté de Stolberg: les autres pierres calaminaires ſont rougeâtres, brunâtres, parſemées de veines blanches; elles ſe trouvent communément dans le Berry, près de Bourges, dans l'Anjou & le Saumurrois; c'eſt l'eſpece qui contient le plus de fer, & qu'on emploie le plus ſouvent en médecine, étant très-aſtringente, & plus propre, au jugement des médecins, à cicatriſer & à deſſécher les plaies.

Il ſemble que la pierre calaminaire eſt dans ſa mine, comme ſi elle y avoit éprouvé une eſpéce de torréfaction (*a*), en ce qu'elle eſt comme po-

______

(*a*) Toutes les calamines qui nous viennent aujourd'hui dans le commerce, ne ſont pas toutes grillées; il n'y a que celles qui

reufe, inégale & friable ; mais on pourroit plutôt préfumer que c’eft une fubftance métallique
ou demi-métallique, naturellement décompofée,
& qui eft reftée dans la terre après la précipitation du vitriol de zinc, de même que l’ochre de
fer refte après la diffolution & la précipitation du
vitriol martial ; ainfi la calaminaire feroit regardée
comme une pure ochre de zinc : peut-être eft-elle
le réfultat de la décompofition de deux pyrites,
l’une de zinc & l’autre martiale ; fes propriétés
& fa couleur ochracée fembleroient le confirmer.

Ce qui fait regarder abfolument la pierre calaminaire comme une vraie mine de zinc, c’eft, 1°.
qu’on en retire ce demi-métal par le procédé
que nous a donné M. Marggraf, dans les *Mémoires
de l’académie des fciences de Berlin* ; 2° parce
que cette pierre a la propriété de jaunir le cuivre
en laiton, comme fait le zinc, & d’en augmenter la
pefanteur ; 3° parce que, dans cette opération,
elle produit également de la tuthie & du pompholix ; 4° qu’elle donne à la flamme une couleur verdâtre & violette ; 5° qu’il s’en éleve
une fumée qui forme des fleurs legeres, d’abord
bleuâtres, mais qui deviennent bientôt d’un gris
blanchâtre, femblables à celles que donne le zinc ;
6° enfin, parce qu’on peut réduire ces fleurs fous
leur forme demi-métallique, c’eft-à-dire, en zinc :
ainfi la pierre calaminaire contient du zinc, & prouve
en même tems à ceux qui en douteroient, qu’il y a
des mines de zinc : car, indépendamment de celles
dont on vient de parler ci-deffus, il eft poffible
d’en indiquer un grand nombre, dont le traitement fe fait différemment, felon l’abondance &

contiennent vraifemblablement de la mine de zinc ou une efpece de blende : c’eft pourquoi celles-ci en ont impofé fi facilement à plufieurs perfonnes qui croient que toutes les calamines ont été torréfiées, avant de nous parvenir.

la nature des substances étrangeres avec lesquelles elle se trouve confondue (*a*) : pour s'en convaincre ,

(*a*) OBSERVATION. Voici la maniere de retirer le zinc de sa mine, telle qu'elle se pratique dans les fonderies de Goslar au Hartz, quelquefois dans le voisinage d'Aix-la-Chapelle & en plusieurs autres lieux. Lorsque la pierre a été tirée de sa miniere, on en fait le triage ; souvent on la lave legérement, pour en sé-parer la partie terreuse la plus abondante ; puis étant séchée, on en fait griller legérement & pendant long-tems une cer-taine quantité, parce qu'elle est communément une mine de difficile fusion, & qu'elle fournit, en même tems, un peu de plomb, quelquefois un peu de métal plus précieux, & une au-tre matiere demi-métallique, nommée Cadmie des fourneaux, *cadmia fornacum*, *cadmia zinci*, & notamment du fer. Voyez le *Laboratoire de Stockolm*

Nous disons qu'on torréfie legérement la mine, (dans laquelle on s'est assuré qu'il se trouvoit du zinc, en convertissant avec elle du cuivre en laiton,) afin d'en dégager une grande partie du soufre qui s'y trouve & qui s'exhale en une fumée fort épaisse. C'est dans cet état qu'on la distribue aux marchands qui convertissent le cuivre rouge en laiton, par la cémentation ; mais ces sortes d'opérations doivent toujours se faire le plus proche des mines qu'il est possible, pour éviter les trop grands frais qui sont toujours au détriment des entrepreneurs. Nous avons plusieurs exemples, en cette Capitale, que des artistes, d'ailleurs très-éclairés, ont été obligés d'abandonner l'établissement de tels travaux, à cause de la cherté des matieres, des impôts sur l'en-trée des matériaux, de la solde excessive des ouvriers & de la situation peu commóde du local.

Lorsqu'on a dessein de réduire la mine de zinc, pour en obtenir seulement la substance demi-métallique, il faut avoir d'abord un fourneau peu épais & construit de briques, à l'exception de la par-tie antérieure qui est ouverte, mais qu'on bouche, au besoin, avec des tables de pierres minces, & également en état de soutenir l'action du feu : cette précaution de construire le four-neau peu épais, est afin que, dans l'instant de la fonte, il puisse être rafraîchi plus facilement par le contact de l'air extérieur & d'un peu d'eau, pour réprimer, au besoin, l'augmentation de la chaleur qui, sans cela, pourroit dissiper le zinc, & rendroit l'opération infructueuse. On jette de la mine déja grillée à tra-vers les charbons allumés dans ce fourneau, dont la chaleur est excitée & entretenue, par des soufflets, pendant l'espace de douze heures ou environ. Dans cet intervalle de tems né-cessaire à chaque fonte, le zinc s'est dégagé de sa mine, & fondu avec le plomb qui s'y trouve toujours ; ensuite il se résout en fleurs ou en vapeurs, dont une partie considérable s'atache aux pa-rois postérieures du fourneau, sous la forme d'un enduit cellu-laire, ou fistuleux ou terreux : c'est la vraie cadmie du zinc, dont on est obligé de retirer de tems en tems une certaine

il suffira de lire dans Lemery l'histoire de la pierre
calaminaire, où l'on verra, qu'aux confins du

quantité, pour empêcher que toute la capacité du fourneau
ne s'obstrue. Il s'attache, en outre, au mur antérieur du fourneau une autre matiere croûteuse de cadmie, dans laquelle s'en-
gage une substance semblable à du plomb ou à de l'étain fondu :
c'est proprement le zinc qu'on a soin de ramasser à chaque
fusion, en éloignant les charbons ardens de cet endroit. On a,
dans le pays où l'on fond le zinc, un foyer moyen de cendres
& de poussiere de charbon, dans lequel on fait tomber, à petits coups de marteau, le zinc fondu, qui paroît alors embrasé
& tout brillant d'une flamme blanche & luisante ; par ce moyen,
on le garantit de la trop grande action du feu qui le dissipe-
roit sous la forme de fleurs blanchâtres, cendrées & legeres. Il
prend, en se refroidissant, la forme demi-métallique qui lui
est naturelle ; on le sépare ensuite d'avec les charbons. Le zinc
s'appelle, en cet état, *rauli* ; on le fond de nouveau à une
douce chaleur, telle que pour la fusion de l'étain, & on le jette
tout fondu dans des moules qui font des quarrés longs & fort
évasés à leur ouverture : ce zinc étant ainsi purifié & refroidi,
on le retire, pour l'envoyer dans les pays étrangers. Il est en
pains ternes à l'extérieur, & qui pesent depuis cinquante jusqu'à
soixante-dix livres : les mineurs l'appellent *zinc arco*, & les marchands, *zinc en navettes*.

On voit, par le detail de cette opération, que le zinc est un
demi-métal particulier & difficile à extraire de son minérai,
puisqu'il ne se tire point de sa mine par la fusion & la précipitation en régule, comme les autres substances métalliques. La
raison qu'on en donne, est que ce minéral est trop volatil &
trop combustible, ainsi qu'on le remarque dans le traitement
qu'on fait de sa mine. Nous avons déja dit que M. Marggraf,
sçavant chymiste de l'académie de Berlin, a rendu public un
procédé dans les *Acta Pruss. T. II, p.* 49, pour tirer directement le
zinc & remédier à l'inconvénient de la précédente opération,
au moyen des vaisseaux fermés : telles font les retortes avec
leur récipient ; mais ce procédé, tout ingénieux qu'il est, ne peut
convenir qu'à faire des essais, & non dans les travaux en grand.

Le zinc qu'on nous envoie des Indes orientales, sous le
nom de *touttenague*, est formé en rouleaux ou en lingots ; il est
plus pur & plus tenace que celui d'Allemagne, d'une nuance
un peu plus bleue. Nous ignorons encore la méthode qu'on suit
dans ce pays, pour le traitement de ce zinc ; il très-estimé
des fondeurs & des potiers d'étain.

Les étaimiers (potiers d'étain,) se servent du zinc ordinaire,
pour décrasser & blanchir l'étain, en place de la limaille d'é-
pingles & de résine, qu'ils mettoient autrefois : ils en mettent
seulement une livre par six quintaux d'étain.

Le zinc entre encore dans la composition de la soudure des
fondeurs ; on en mele aussi avec le cuivre rouge & un peu de
curcuma, &c. pour donner la couleur d'or à ce métal, & pour

duché de Limbourg, est un pays d'environ vingt lieues à la ronde, connu sous le nom de *Calmine* (d'où l'on aura dit *Calamine*), qui est si rempli de pierre calaminaire, & qui contient tellement de substance métallique, que les grosses pierres dont on se sert pour paver, étant exposées au soleil, en laissent voir des parcelles brillantes : On en retire, dit-il, vingt-cinq livres par quintal, après qu'elle a été préalablement triée & calcinée.

GENRE XLVII.

V. Antimoine (a).

[*Antimonium Officinar. Stibium* LATIN. *Stibi* AGRIC. *Tetragonum* HIPPOCR. *Aitmad seu Atimed* ARABUM.

L'ANTIMOINE est un demi-métal pesant,

former le laiton, le similor & le tombac, ainsi que nous en ferons mention à la suite de l'histoire du cuivre.

(*a*) Furetiere dit qu'avant le douzieme siécle, l'antimoine n'étoit connu que pour entrer dans la composition du fard. Il étoit en effet d'un grand usage chez les anciens, pour peindre les sourcils en noir : c'est ainsi que, dans les Livres saints, *lib.* 4 *des Rois, chap.* 9, on lit que l'impie Jezabel voulant appaiser la colere du roi Jehu, s'étoit peint les yeux avec de l'antimoine, & que les prophetes reprennent les femmes Gréques, qui usoient du même artifice. Les Grecs appelloient l'antimoine γυναικειον parce que les dames l'employoient pour paroître plus belles, & πλατυοφθαλμον, parce qu'il servoit à dilater leurs yeux.

Basile Valentin, moine Allemand, qui vivoit au douzieme siécle, fit un livre intitulé *Currus Antimonii triumphalis,* où il soutint que ce demi-métal étoit un remede à toutes sortes de maux. Malgré l'autorité de cet alchymiste, l'antimoine eut peu de prosélytes : il tomba dans l'oubli, pendant trois cens ans; & Paracelse tenta alors inutilement de le remettre en vogue, puisque le parlement en condamna l'usage, par un arrêt qu'il rendit en 1566,

rempli de foufre fort aigre , nullement ductile ni malléable, mais au contraire fi caffant, qu'il fe brife auffi-tôt qu'on le frape avec le marteau , & fe réduit en une poudre noire : fa couleur eft cependant blanchâtre, argentine & brillante ; fon tiffu eft ftrié ou difpofé en aiguilles paralleles & larges, & qui s'entre-croifent quelquefois, en maniere d'écailles : ce demi-métal , quoique pefant , fe volatilife entiérement au feu , & communique, ainfi que le zinc , cette propriété aux autres métaux ; il eft fi fufible, que la flamme d'une bougie fuffit pour le mettre en fufion , fur-tout quand il eft chargé de foufre : car étant pur, il ne fe fond pas fi facilement ; lorfqu'il entre en fufion, il fume , devient rouge & exhale une vapeur de couleur bleue ; mais fi on l'a préalablement calciné , il eft alors fufceptible de vitrification & de fe changer en un verre d'un brun rougeâtre,

auquel un nommé Befnier, médecin, ayant contrevenu en 1609, il fut exclus de la faculté. A peine vingt à trente années s'écoulerent encore , que l'on recommença à préconifer l'excellence de l'antimoine ; & l'autorité publique le fit recevoir au nombre des remédes purgatifs. En 1637 & en 1650 , on fupprima l'arrêt de 1566 : la faculté le fit mettre au nombre des remedes purgatifs, dans l'Antidotaire imprimé par fon ordre, en 1637 : (. Voyez *MATHIOLE* ;) & elle obtint enfin un arrêt, le 29 Mars 1668 , qui permettoit au public de s'en fervir, en requérant l'avis des médecins. Le mot d'*antimoine* , pourfuit Furetiere, vient de ce que ce même Bafile Valentin , qui cherchoit la pierre philofophale , ayant jetté aux pourceaux de l'antimoine, dont il fe fervoit pour accélerer la fonte des métaux, s'apperçut que les animaux qui en avoient mangé, furent purgés très-violemment, mais auffi qu'ils en devinrent bien plus gros & plus gras. Ce phénomene lui fit imaginer une étrange comparaifon qu'il mit feulement une fois en pratique. Il s'avifa de purger fecrettement tous fes confreres, avec cette forte d'antimoine, afin de leur donner de l'embonpoint, un air de fanté , en un mot, qu'ils fiffent honneur à la cuifine du couvent ; mais cet effai eut un fuccès fi contraire , qu'ils en périrent tous : c'eft de cette malheureufe tentative, que notre étymologifte fait dériver le nom d'*antimoine*, & qui eft compofé du mot *anti* contre, *monium* moine , comme qui diroit *métal contraire aux moines*. L'anecdote paffe pour fabuleufe.

couleur d'hyacinthe; c'eſt par ſa partie ſulfureuſe
qu'il s'unit ſi facilement avec tous les métaux,
excepté l'or : car il ne s'unit avec ce dernier métal, que par ſa partie réguline; & Wallerius dit
que par cette raiſon l'antimoine ſert aux orfevres
& aux raffineurs, pour purifier l'or, & pour le
dégager des autres métaux qui peuvent être alliés
avec lui, même pour lui rendre ſa couleur naturelle, ou l'aviver : cependant pluſieurs perſonnes
prétendent que cette purification ne s'opere que
par le moyen du ſoufre qui eſt toujours contenu
dans l'antimoine. Voyez *ibid.* *WALLER. Obſ. IV*,
pag. 436. L'antimoine ne peut être mis en diſſolution par l'eau forte; mais il ſe diſſout très-bien
dans l'eſprit de ſel & dans l'eau régale. Henckel,
de Appropriat. pag. 106, donne un moyen pour
parvenir à amalgamer ce demi-métal avec le
mercure; & il regarde le régule d'antimoine comme
une ſubſtance qui a ceſſé d'être mercure, & qui
commence à devenir métal (*a*). Le phénomene
le plus étrange que nous préſente l'antimoine,
eſt l'antipathie qu'il a avec l'aimant : en effet, ſi

(*a*) L'antimoine eſt une des ſubſtances métalliques, ſur laquelle les chymiſtes, & notamment les alchymiſtes, ont le plus
travaillé : chacun d'entre ces derniers s'eſt fait un honneur d'en
former une nouvelle préparation & d'y donner une nomenclature ſouvent analogue au but de leur travail : les uns l'ont d'abord
regardé comme une marcaſſite de plomb noir ; Pline l'avoit
appellé *lapis ſpumæ candidæ aut argenti nitentis, non tamenque
tranſlucentis*, & l'a diſtingué en mâle & femelle ; d'autres auteurs l'ont nommé *loup* ou *ſaturne des philoſophes*, corrigeant
ſes ſatellites ; le Plomb de ſapience ; la Magnéſie de Saturne ; le
Bain ſolaire. Glauber dit que ce demi-métal eſt le ſoleil de
faveur, & le ſoleil lépreux, le premier être ſolaire, le lion rouge ;
enfin on l'a regardé comme le métal triomphant, le principe
ſulfureux & panaceutique ; auſſi Paracelſe l'avoit-il adopté pour
ſon enfant. Il ſuffit de dire que c'eſt avec l'antimoine, que l'on
fait la terre ſainte de Ruland, la magnéſie opaline, le ſoufre
alchymique ou l'embryon ſulfureux, le centaure minéral de
Cardilucius, & un nombre infini d'autres préparations qu'on
trouve décrites dans Glauber, Hoffmann, Silvius, Scroder,
Junker & Paracelſe, &c.

E iv

on le mêle avec du fer, il l'empêchera d'en ref-
fentir les impreffions magnétiques.

Il eft rare de trouver de l'antimoine pur ; il
eft toujours mélangé, ou allié à d'autres métaux,
ou pénétré par des filons quartzeux & brillans,
couvert de terre, tantôt blanchâtre, jaunâtre &
très - fulfureufe, tantôt noirâtre ou bleuâtre &
arfenicale, d'une figure fouvent indéterminée :
on le rencontre encore communément allié avec
l'argent ou l'or, tel qu'on l'obferve dans la mine
d'Hongrie, de Nayla, & quelquefois dans celle
de Brunfdorf en Saxe.

On trouve l'antimóine toujours en filons, non
feulement dans fes mines propres & particulieres,
telles qu'en Perfe, en Hongrie, en Tranfylvanie,
en Suéde, en Italie, en France & en Efpagne,
mais encore dans celles d'or, d'argent, de fer
& de plomb : quelquefois il eft uni au cinnabre
& à quelques mines arfenicales ; on le diftingue
facilement des mines qui, par le tiffu & tout
l'extérieur, ont une reffemblance commune avec
lui, en ce qu'il a la propriété d'entrer en fufion
à la flamme d'une bougie ; tandis que les autres
mines, qui font ordinairement du zinc ou du fer
minéralifés par l'arfenic, font par conféquent réfractaires au feu le plus violent, ou au moins
la plûpart.

ESPECE CCXLVII.

I. Antimoine vierge.

[Antimonium purum, nativum. Antimonii re-
gulus nativus, WALL.]

ON lit dans l'hiftoire de l'académie royale de

Suéde, *Acta Holmienf.* 1748, pag. 99, &c.
qu'Antoine Swab eft le premier qui ait fait la découverte d'antimone pur ; avant ce tems, on n'a-
voit point encore vu cette fubftance fous fa forme
réguline & demi - métallique qui lui eft propre :
il l'a trouvée en Suéde, dans la mine de Salberg ;
elle reffemble affez à la pyrite blanche arfenicale,
ou mifpikkel : fes côtés font irréguliers, & fes
facéttes plus ou moins grandes.

ESPECE CCXLVIII.

II. Mine d'antimoine ftriée.

[*Minera antimonii ftriata, aut vulgaris. Anti-*
monium fulphure mineralifatum, ftriatum, WALL.
Antimonium mineralifatum, ftriatum, ftriis
grifeo-albis, nitidis, craffiufculis, CARTH.]

SES ftries font plus ou moins fines, ou grof-
fieres & régulieres, communément brillantes &
friables : la couleur en eft d'un gris bleuâtre ;
elle entre en fufion à la flamme d'une bougie :
mife fur les charbons ardens, elle y répand une
fumée blanchâtre.

On a,

1. La mine d'antimoine à ftries paralleles. [*Mi-*
nera antimonii ftriata, ftriis parallelis, WALL.
& CARTH.]
Elle eft compofée de particules filamenteufes,
ou de ftries qui font paralleles les unes aux autres. On en trouve dans la mine de cuivre de
Stripofen, dans le diftrict de Norbaërg en Wef-
termanie.

2. La mine d'antimoine à ftries irrégulieres.
[*Minera antimonii ftriata, ftriis fparfis inordi-*

natis vel decuſſantibus, WALL. Antimonium mineraliſatum, ſtriis inordinatè diſpoſitis, CARTHEUSER.]

Elle eſt compoſée de filets, qui ſont comme autant de faiſceaux diſpoſés en épis, & répandus dans la mine; ces deux ſtries ſe croiſent, & ſe coupent les unes & les autres: ſa couleur eſt griſâtre; on en trouve abondamment dans les montagnes qui deſcendent de Presbourg, ville capitale de la baſſe Hongrie.

P. Pomet dit que chaque livre de cet antimoine purifié contient deux onces de mercure, plus beau que celui d'Epagne; mais il n'eſt point encore décidé ſi le régule d'antimoine contient du mercure, comme quelques auteurs le prétendent. On nous envoie l'antimoine d'Hongrie, purifié & en petits pains coniques, du poids de quatre à cinq livres: c'eſt le plus bel antimoine du commerce.

3. La mine d'antimoine à ſtries étoilées. [*Minera antimonii radiata. Minera antimonii ſtriata, ſtriis ſtellatis, WALL. Antimonium albo-griſeum, ſplendens, radiatum, WOLTERSD, Antimonium mineraliſatum, ſtriis ex centro divergentibus, CARTH.*]]

Elle reſſemble aſſez à la précédente; ſes ſtries ſont diſpoſées de maniere qu'elles forment des étoiles, ou des rayons: ſa couleur eſt griſâtre, argentine: on en trouve en Eſpagne.

4. La mine d'antimoine ſtriée écailleuſe, ou galêne d'antimoine. [*Minera antimonii, ſtriato-ſquammoſa. Galena ſtibii. Minera antimonii ſtriata, ſtriis in ſquammulas concretis, WALL.*]

Elle eſt écailleuſe, & reſſemble, au premier coup d'œil, à la galêne, ou mine de plomb cubique; mais on diſtingue, dans ces écailles, des

filets ou ſtries, les unes larges, & les autres ſi
déliées, qu'on ne peut guères les diſcerner : cette
ſorte de mine ne differe des précédentes, que
par le tiſſu ; ſa couleur eſt, ou griſâtre, ou noirâtre : on en trouve à Saalfeld, près de Nayla
en Saxe.

ESPECE CCXLIX.

III. La Mine d'antimoine en plume.

[*Minera antimonii plumoſa. Antimoniun magnâ
copiâ ſulphuris mineraliſatum, lanæ inſtar,
fibris capillaribus ſeparatis,* WALL. *Antimonium
plumoſum, ſtellatum, griſeum,* WOLTERSD.
*Antimonium mineraliſatum, ſtriatum, ſtriis
albis, nitidis, friabilibus, ſubtiliſſimis,*
CARTH.]

L'ARRANGEMENT des fibres de cette
eſpece de mine la rend fort ſemblable à l'alun
de plume ; ſes filamens ſont très-diſtingués les
uns des autres, & entrent auſſi facilement en
fuſion à la flamme d'une bougie, que le ſoufre
pur.

ESPECE CCL.

IV. Mine d'antimoine ſolide.

[*Minera antimonii ſolida. Antimonium ſulphure
mineraliſatum, minerâ difformi, ſolidâ, livido-
fuſcâ,* WALL. *Antimonium ſtriato punctatum,*
WOLTERSD.]

ELLE eſt en quelque ſorte la mine d'antimoine la plus ordinaire ; quoique tout-à-fait ſolide,
compacte en apparence, & comme ſemblable à

du fer ou à du plomb poli, cependant on diftingue toujours, dans la fracture, des manieres d'écailles ou de ftries : elle entre en fufion à la flamme d'une bougie, en répandant une fumée blanche, pâle : on en trouve dans l'Auvergne, dans le Bourbonnois & dans le Poitou, & en quelques autres lieux de la France.

ESPECE CCLI.

V. Mine d'antimoine cryftallifée.

[*Minera antimonii cryftallifata. Antimonium fulphure mineralifatum, cryftallifatum,* WALL.)

ELLE reffemble extérieurement à un nombre de cryftaux ; différemment grouppés & configurés, elle eft intérieurement ftriée, ou compofée d'aiguilles très-longues, brillantes & éclatantes fa couleur eft grisâtre, bleuâtre. Wurffbain, *Ephem. nat. cur. pag.* 301, *T. X,* eft, pour ainfi dire, le premier qui ait parlé de cette efpece de mine.

On a,

1. La mine d'antimoine cryftallifée en pyramides. [*Minera antimonii cryftallifata, turriformis,* WALL.]

2. La mine d'antimoine cryftallifée en tubercules, [*Minera antimonii cryftallifata, tuberofa & nodofa,* WALL.]

3. La mine d'antimoine cryftallifée, d'une figure indéterminée. [*Minera antimonii cryftallifata, figuræ incertæ,* WALL.]

E s p e c e CCLII.

VI. Mine d'antimoine colorée.

[Minera antimonii colorata. Antimonium sulphure & arsenico mineralisatum , rubrum , WALL. Antimonium rubrum plumosum , WOLTERSD. Antimonium mineralisatum , striatum , striis obscurè rubris , nitidis , friabilibus , subtilissimis , CARTH.]

CETTE mine differe des précédentes especes par son tissu, par sa composition, & par sa couleur : elle est toujours composée de petites lames ou de fleurs , comme soyeuses , très-déliées , & disposées en stries : elle contient abondamment du soufre & de l'arsenic ; on prétend même, que c'est ce mélange qui lui donne la couleur rouge ou jaune qu'elle a ordinairement : il y en a qui se décompose aisément à l'air ; elle est toujours placée dans la terre, sur la surface de la mine d'antimoine noire.

On a ,

1. La mine d'antimoine, d'une couleur pâle. *[Minera antimonii colorata pallida , WALL. Minera antimonii rubra , striis ferè parallelis , CARTH.]*

2. La mine d'antimoine d'un rouge jaunâtre. *[Minera antimonii colorata ex rubro flava , WALL. Minera antimonii rubra , striis inordinatè dispersis , CARTH.]* Elle tire un peu sur le violet.

3. La mine d'antimoine rouge. [*Minera antimonii colorata rubra , WALL. Minera antimonii rubra , striis è centro divergentibus , CARTH. (a)]*

(a) OBSERVATION. L'antimoine que l'on trouve chez les droguistes & les apothicaires , & qui est si communément

II. SOUS-DIVISION.

Demi-métal fluïde. [*Semi-metallüm fluidum.*]

ON comprend, dans cette fous-divifion, la fub-
employé dans les arts & métiers, a été fondu & purifié fur le
lieu où il naît : on lui donne improprement le nom d'*antimoine crud*, puifqu'il a été fondu & qu'il ne peut être féparé
de fa mine, que par la fufion. Pour y procéder, on prend une
certaine quantité de mine d'antimoine, qu'on réduit en petits
morceaux, & dont on fépare par le triage, &c. la plus grande
partie des corps terreux ou pierreux, & autres matieres hétérogenes : on en remplit un creufet non vernifé & percé par le
fond, de plufieurs petits trous, d'environ deux lignes de dia-
mètre ; on fait entrer le fond de ce creufet, ainfi difpofé, dans un
autre creufet, de maniere qu'ils doivent s'adapter exactement l'un
dans l'autre ; fans quoi, il faudroit enduire de lut toutes les ouvertures, afin de garantir la mine, en quelque forte, des impreffions
de l'air & du feu : on met ce creufet dans une efpece de fourneau, qui fe conftruit à fait & à mefure qu'on en a befoin,
avec des briques qu'on arrange les unes fur les autres ; par ce
moyen, on peut écarter les parois d'un tel fourneau & en élever
les bords, felon l'exigence du cas. On a foin d'entretenir,
dans le fond de ce fourneau, un foyer de cendres chaudes, dans
lefquelles on enfonce feulement le creufet inférieur : le refte du
fourneau eft rempli de charbons allumés, qui environnent le
creufet fupérieur, dont on entretient la chaleur, avec un foufflet,
pendant un quart d'heure ou environ ; après ce tems, on retire
les vaiffeaux du fourneau, & l'on trouve la partie antimoniale
raffemblée au fond du creufet inférieur, fa fluidité & fa pefanteur l'ayant déterminé à paffer *per defcenfum*, par les trous
du creufet fupérieur, à l'exception des matieres hétérogenes ;
cet antimoine étant refroidi, on caffe ce pot ou creufet, &
l'on obtient l'antimoine purifié ou *crud*, & qui eft en pains plus
ou moins gros, tels que nous les voyons dans le commerce.

Comme dans les travaux en grand, l'on n'opere pas fi fcrupu-
leufement que dans les effais, néanmoins on eft obligé d'obferver à-peu-près la même méthode. On fe contente, dans les fonderies, de mettre feulement une efpece d'écumoire ou de plaque
trouée entre deux pots renverfés gueule contre gueule, dont le
fupérieur eft rempli d'antimoine, & l'opération réuffit comme
en la maniere précédente. Nous difons qu'on doit exactement
obferver que les vaiffeaux fe rapportent avec toute la jufteffe
poffible, parce que l'antimoine eft des plus volatils, & qu'il
fe diffiperoit facilement. C'eft encore, à raifon de cette même

stancé demi-métallique , qu'on trouve toujours
fluide , ou liquide , à moins qu'elle ne soit miné-

propriété & de sa grande fusibilité, que l'on doit ménager les
degrés du feu , au moyen de la cendre qui est, comme l'on
sçait, celui des intermedes solides qui transmet le moins de chaleur. Cet antimoine fondu est une substance demi-métallique ,
solide, pesante, luisante, comme crystalline, réguline, disposée
en aiguilles longues, blanches , brillantes & droites, appliquées
les unes aux autres dans celui qui nous vient d'Hongrie, entrelacées dans celui du Poitou & du Bourbonnois, mais absolument confondues ou irrégulieres dans celui de l'Auvergne: l'in-
terstice des stries est tout-à-fait noirâtre.

On prétend que la propriété qu'a l'antimoine fondu d'être
aigre ou cassant, est dûe à l'abondance du soufre qu'il contient
naturellement, & qui le rend en même tems si fusible & si brillant : l'on peut augmenter son éclat & sa pureté, en le fondant
de nouveau. Quelques personnes disent aussi que l'antimoine
est composé d'une partie demi-métallique, unie avec environ
égale partie de son poids de soufre, qui sert à le minéraliser.

L'antimoine sert à fondre & à purifier les métaux, à faciliter
leur régulisation & à retirer l'aigreur de l'or. Les Anglois en
mettent dans leur étain pauvre, pour le rendre sonore, argentin ou brillant comme le bel étain de Cornouailles. Les fondeurs de cloches, en lettres d'imprimerie & de miroirs métalliques, s'en servent aussi pour la même raison : on peut aussi
augmenter la dureté du plomb , par son alliage avec ce métal.

Ce que l'on nomme *régule d'antimoine* , est la partie la plus
pure & qui donne à l'antimoine l'état de demi-métal; il est
volatil, d'une couleur blanche assez éclatante, brillante, opaque,
fort dure, pesante, nullement malléable, mais très-friable ou
cassant. Il est le résultat d'un mélange de seize parties d'antimoine crud, de douze de tartre brut & de six de salpêtre, dont
on fait la projection dans un creuset rougi par l'action du feu :
tout ce mélange ayant détonné, on augmente le feu, jusqu'à
ce que la matiere entre en fusion; alors on la jette dans un
cone ou un mortier de fer graissé de suif : c'est ainsi qu'on obtient ce régule en gâteaux, sur la base ou surface duquel, quand
l'opération a réussi & que le régule est pur, on remarque l'empreinte d'une étoile brillante à facettes , laquelle n'est autre
chose qu'un arrangement particulier des parties d'antimoine,
non-seulement à la surface supérieure, mais encore dans tout
l'intérieur de la masse réguline.

Le *crocus metallorum* ou foie d'antimoine, tel qu'il se débite
dans le commerce, est une demi-vitrification qui s'opere par
un mélange d'antimoine & de nître à doses égales, qu'on fait
détonner, par l'action du feu, dans des especes de fours disposés de maniere à recevoir plusieurs creusets à la fois. Si l'on
fait subir à ce *crocus* ou même à de l'antimoine crud, legérement calciné & privé de son phlogistique , une plus grande
violence de feu, il en résultera un verre clair, demi-transparent,

ralifée, & qui ne mouille point les mains ni d'autres
corps, comme font les fluides en général.

GENRE XLVIII.

I. Mercure, ou Vif-argent.

[*Mercurius* CHYMICOR. *Argentum vivum*
Officin. Hydrargyrus GRÆCOR. *Liquor*
æternalis PLINII. *Zaibar aut Zabach*
ARABUM. *Argentum mobile vomica non-*
nullor. ἄργυρος χίνιτον ARISTOT. *Argy-*
ricum xitum THEOPHR.

LE vif-argent (qu'il foit confidéré comme métal, ou comme demi-métal,) eft la feule, de
toutes les fubftances demi-métalliques & métalliques qui foit entiérement fluide & coulante
comme l'eau, fans cependant mouiller (*a*). Il eft

d'un jaune rougeâtre d'hyacinthe, qu'on jette fur une pierre
polie & échauffée, pour le laiffer refroidir doucement : ce
verre, ainfi que celui du plomb, a la propriété de faciliter la vitrification des matieres qu'on veut fcorifier : toutes ces préparations d'antimoine font très-friables, caffantes, & fervent, en
médecine, d'*émétique minéral*. On peut les reffufciter fous leur
forme réguline, en les recombinant avec un phlogiftique de
flux noir, &c.

(*a*) La propriété qu'a le mercure d'être amalgamable &
très-pefant, le diftingue d'avec les demi-métaux ; mais la ductilité, la malléabilité & la fixité qui lui manquent, le diftinguent
encore davantage des vrais métaux ; d'où l'on peut conclure
que le mercure eft un demi-métal. Nous avons cependant la
fameufe expérience de Pétersbourg, qui tendroit à prouver que
le mercure n'eft fluide que par la préfence de la chaleur ; mais
comme les autres demi-métaux & métaux font folides en tout tems,
ce feroit vouloir mettre le mercure dans le cas de l'eau qui ne devient concrete que par la température de l'atmofphere. L'académie
royale des fciences a reçu du fieur *Grifchow*, l'un de fes corref-
pondans à Pétersbourg, des détails particuliers, concernant le

en outre divifible au moindre effort, en un nombre de particules également fluides, globuleufes
& fphériques : lorfqu'il eft totalement pur, il
coule fans faire de traînée fur le papier ; fa couleur eft blanche, brillante, argentine, éclatante,
& d'une belle eau, entiérement opaque, le plus
pefant des demi-métaux, & même des métaux,
après l'or, puifqu'un pied cube de mercure pefe
947 livres ; il eft néanmoins très-volatil, puifqu'il
fe diffipe dans le feu, & même au degré de
chaleur de l'eau bouillante, en une vapeur très-pénétrante, & qui étant reçue dans un vafe, s'y
raffemble en gouttelettes ou globules : il eft, de
tous les fluides, celui qui eft le plus froid à l'air,
& en même tems, celui qui, fur le feu, devient
le plus chaud de tous les corps liquides : il s'a-
malgame très-facilement avec prefque tous les
métaux, & d'une telle maniere, qu'il femble les attirer & comme les diffoudre : l'or & l'argent font
les premiers métaux fur lefquels il produife ce
phénomene (*a*), enfuite le plomb, l'étain, le

froid exceffif qu'on y a éprouvé, & l'expérience du profeffeur
Braun. Nous avons cru que nos lecteurs ne les trouveroient
pas déplacés. "Le 6 Janvier 1760, le mercure defcendit à un
» degré du thermometre du fieur *Delifle*, équivalent au 11⅔
» de celui de *Reaumur*. Ce même jour, le froid artificiel fut
» pouffé jufqu'au 186ᵉ degré & deux tiers de la divifion de
» *Reaumur*. Le thermometre ayant été rompu, on trouva le
» mercure réduit en forme folide : on l'expofa au marteau,
» & il parut malléable, & à-peu-près mou comme le plomb. »
On produit ce froid fi étrange, au moyen d'une neige très-
froide & de l'efprit de nître fumant.

(*a*) Le mercure étant volatil fur le feu, & amalgamable avec
l'or & l'agent, qui font deux métaux fixes, il eft aifé de donner
une idée de l'art de dorer & d'argenter, qui ne confifte qu'à appliquer l'or amalgamé avec le mercure fur du cuivre, enfuite
à expofer l'ouvrage fur le feu qui fait diffiper le mercure, tandis
que les métaux reftent étroitement unis enfemble. On verra,
dans l'hiftoire de l'or & de l'argent, de quelle utilité eft le
mercure, pour s'amalgamer avec ces deux métaux : cette voie
commode & facile fert pour les retirer des terres, des fables &

zinc, le bifmuth ; il s'attache plus difficilement au cuivre, ne s'unit point au fer fans intermede, ni avec le cobalt & l'arfenic, ni avec le régule d'antimoine : il leur donne à tous une confiftance molle, & même fluide, fuivant la proportion du mélange, qui fe durcit bientôt au froid, & s'amollit à la chaleur. Le mercure eft encore la feule des fubftances métalliques qui, fixée par l'amalgame, ou déguifée fous un nombre infini d'autres formes, ait la propriété de reprendre fon premier état fluide & argentin, qui lui paroît être naturel, fans le fecours d'aucune addition, que par le moyen du feu (a) ; fi on expofe le mercure fur un feu doux & modéré, il prendra différentes couleurs noirâtres, rougeâtres, à un degré plus fort, tel que pour la diftillation ; il paroît comme une vapeur, ou fumée blanchâtre : au feu de cuifine, il ne fe calcine, ni ne fe vitrifie point ; cependant Geofroi, *Materia medica, T. I, pag.* 250, dit que, lorfque ce demi-métal a été calciné par lui-même, on peut encore le vitrifier par le miroir ardent : fi on le mêle avec du foufre, il formera d'abord une poudre appellée *æthiops*, laquelle fe fublime fur le feu en une maffe de couleur rouge comme le cinnabre ; c'eft ce qu'on appelle *mercure minéralifé*, ou *cinnabre factice :* le mercure fe diffout dans l'eau régale, dans l'eau forte ou l'efprit de nître, & communique toujours quelque chofe de fa

de tous les autres corps étrangers, avec lefquels ils font ou mêlés ou attachés dans leurs minieres.

(*a*) La difpofition qu'a le mercure de reprendre toujours fa premiere forme, l'a fait regarder des alchymiftes comme la vraie pierre philofophale. Ils prétendent un jour le fixer, le rendre folide & malléable par le feu, en un mot, le faire changer de nature : ils l'appellent *efprit minéral* & le *prothée des métaux*. Voyez Bafile Valentin, *in Tract. de rebus nat. & fupernat. fub cit. de Spirit. Mercur.* & le *Recueil de Breflau.*

nature à l'eau bouillante : on nous apporte le mercure de l'Italie, de la Hongrie, de l'Iſtrie, du Frioul, d'Almaden en Eſpagne, & de pluſieurs autres lieux de l'Europe, même de la Chine, &c. où il ſe trouve des mines de vif-argent (*a*).

(*a*) On lit, dans les *Aĉt. Litt. Suecc. T. I, p.* 33, qu'Elric Odhelſtein ſoutint à Reims une diſſertation ſur la naiſſance & les effluences métalliques : Le vif argent, dit-il, a ſes mines. Il eſt rare qu'on le trouve joint à d'autres métaux, ſur-tout à l'or & à l'argent ; Matheſius dit cependant que, dans la ville de Saint-Laurent & de Sainte-Dorothée proche *Schottembourg*, on a trouvé une mine de mercure, & que, de Plana, ville de Boheme, on envoyoit, des mines d'argent, des morceaux qu'on croyoit d'argent rouge, & qui n'étoient que du cinnabre. Alphonſe Barba rapporte qu'au Potoſe la mine de Chalatiri en a fourni une très-grande quantité. En Suéde, en 1660, près de Salsbourg, on avoit trouvé une ſorte de terre bleue qui contenoit du mercure. En 1689, dans la même mine, les pierres fracaſſées par une chute des voûtes, étoient parſemées de vif argent : cette mine eſt la ſeule de Suéde qui ait du vif-argent. Il y avoit une fibre déliée comme de l'amyanthe, qui diviſoit la pierre en deux : cette fibre diſtilloit au bout un liqueur laiteuſe, qu'on appelle *guhr*, & qui contenoit de l'argent. A quoi ſert ce *guhr*? Ce mercure n'eſt-il pas néceſſaire à la production des métaux? La qualité de la pierre ne ſert-elle pas à produire, avec le mercure, telle ou telle eſpece de mine, ou ſi les parties ſulfureuſes peuvent les altérer différemment? Ce mercure vierge differe-t-il du commun & de celui des métaux? Enfin ne pourroit-on pas trouver de forts argumens, pour démontrer la génération des métaux, contre ceux qui prétendent qu'ils ont été ainſi créés dès le commencement du monde, & qui y perſiſtent? On lit encore, dans les *Ephem. nat. cur. T. XXI, p* 69, *obſ.* 59, une Lettre écrite de Baſle, par Cloſius à Rizelius, qu'en été il avoit mis des abricots ſur une planche, pour en tirer les noyaux mûrs, & que la peau, au bout de quelques ſemaines, étoit devenue brune & remplie de gouttes de mercure. Manfredi, dans les *Aĉtes d'Oldenbourg, n° 7, c.* 5, dit que, dans la vallée de Lancy proche Tours, il y a une plante, comme le doronic, à la racine de laquelle on trouve du mercure coulant. Beguin dit en avoir trouvé en Pologne, aux racines de chiendent ; & Major avoit un morceau de bois, dont les pores étoient pleins de mercure. Hannemann donne auſſi, dans les *Ephem. nat. cur. T. IX, p.* 175, un moyen de tirer du mercure très-pur de la pierre hæmatite.

ESPECE CCLIII.

I. Mercure vierge.

[Mercurius purus nativus. Hydrargyrum nativum, WALL. Hydrargyrum purum nativum , aut Mercurius virgineus, WOLT. Mercurius nudus fluidus , CARTH.]

ON nomme ainsi le vif-argent , qui est pur & sans mélange , & que l'on trouve tout fluide & coulant dans une matrice terreuse ou pierreuse , mais dont on peut le séparer , par le moyen de l'eau, ou par des égouttoirs faits exprès, ou par le feu : il est aisé de reconnoître le mercure à son entiere fluidité ; car s'il étoit minéralisé par le soufre , il seroit rouge & solide , & ne pourroit être degagé dans le feu, sans un intermede dont nous donnerons des exemples , en parlant du cinnabre.

On a ,

1. Le mercure vierge pur. [*Hydrargyrum nativum purum , WALL. Mercurius solitarius purus , CARTH.*]

C'est celui que l'on trouve tout pur , tout coulant , & sans aucun mélange, rassemblé dans le fond de sa miniere , & qu'on peut ramasser aisément , sans le faire passer par le feu : il n'est pas rare d'en trouver assez abondamment dans les mines d'Hydria en Esclavonie & en Amérique , selon le temoignage d'Alonso Barba.

2. Le mercure vierge mêlé à de la terre. [*Mercurius terræ immixtus. Hydrargyrum nativum impurum , WALL. Mercurius terris insperfus , CARTH.*]

Il est en globules tellement divisés , & mélangés avec une terre calcaire , tendre, blanchâtre

ou argilleuse, feuilletée & brunâtre, qu'à peine est-
il coulant & qu'on en distingue difficilement,
même avec le microscope, la figure globuleuse ;
telle est pour l'ordinaire la mine d'Hydria en Esclavonie : on en degage le mercure, par le moyen
du feu ; quelquefois la terre du haut de cette
mine & de la plûpart de celles de mercure en
général, a une couleur rouge foncée & non feuilletée : alors c'est un indice constant du mercure qui a
été minéralisé par le soufre, & déguisé en cinnabre,
par l'action de la chaleur souterreine ; telle est notamment la mine d'Almaden en Espagne.

3. Le mercure vierge mêlé à de la pierre. [*Mercurius lapidi immixtus. Hydrargyrum nativum lapidi immixtum , WALL. Hydrargyrum amorphum
petrâ variâ vestitum , aut minera mercurialis ,
WOLT. Mercurius lapidibus insperfus, CARTH.*]

Ce mercure est communément pur ; il est pour
l'ordinaire si abondant, si peu divisé, & en même
tems si peu adhérent à la pierre dans laquelle il
se trouve, que le moindre choc l'en fait sortir : on
l'y voit en petites globules brillantes & sphériques ;
l'on peut s'en convaincre, avec la pointe d'une aiguille qui les perce facilement & les fait couler,
à cause de leur fluidité (*a*) ; tel est le mercure
de la mine quartzeuse de Toscane.

4. Mine de mercure striée. [*Hydrargyrus striatus.*]

Elle est composée de particules fort semblables à l'antimoine du Poitou ; c'est une galène à
grandes stries, qui contient beaucoup de globules

____

(*a*) Quand on doute de l'existence du mercure, on peut
s'en assurer, en faisant rougir une brique, qu'on couvre d'une
demi-ligne d'épaisseur de limaille d'acier : on pose la pierre ou
le minéral sur cette limaille, & on couvre le tout d'un verre
à boire renversé ; dès que la mine a reçu une chaleur suffisante, le mercure, s'il y en a , s'éleve & s'attache au verre en
gouttelettes.

mercurielles , extrêmement divisés : l'on diroit
que c'est un guhr de vif - argent.

(a) Observation. Lemery dit que le mercure naît
ordinairement fous des montagnes couvertes de pierres tendres
& blanches comme de la chaux, & que les plantes qui croiffent
fur ces montagnes, paroiffent hautes & vertes comme par-tout
ailleurs. Les mines de ce métal fe trouvent le plus ordinairement par filons ; elles font communément en maffes & toujours très-profondes : de-là vient qu'on n'en rencontre guères à
la furface de la miniere. Les indices les plus conftans & en
même tems les plus remarquables, qui décelent la préfence
d'une mine de mercure, dans quelque lieu que ce foit, eft que
l'on trouve beaucoup d'eau aux environs de ces mines, qui
en contiennent des globules, & qu'il eft néceffaire de puifer par
le pied de la montagne, avant que de travailler à retirer le
demi-métal de fa miniere. Comme le mercure eft un corps
fluide, on a plus de peine à l'obtenir que les autres métaux ;
car il s'infiltre facilement & en peu de tems dans les fentes des
terres & des pierres ; enforte qu'on le perd fouvent de vue,
quand on croit être en état de le retirer entiérement. Nous
avons dit ci-deffus, que la plûpart du mercure fe trouvoit toujours
embarraffé dans de la terre ou de la pierre : on le retire de
fes mines qui ont quelquefois jufqu'à fix à fept cent toifes de profondeur ; (telle eft celle de Frioul proche Corenthia,) en la maniere ufitée dans quelques mines de cuivre , c'eft-à-dire, que
l'on monte la mine détachée, dans des mannequins ; enfuite on la commine groffiérement, puis on la faffe dans un
crible à tringle de laiton, & on la porte auffi-tôt au lavoir,
qui eft un ruiffeau d'eau courante; par ce moyen, la partie
terreufe en eft dégagée & emportée, & le mercure fe précipite au fond du ruiffeau. Malgré cette précaution, il refte encore quelquefois des pierres extrêmement chargées ; alors on
les écrafe de nouveau, & l'on fe fert enfuite pour dégager entiérement le mercure de fa mine, du même appareil que pour
l'antimoine : on purifie ce métal de la pouffiere, en le paffant
par la peau de chamois ; & on le dégraiffe, en le lavant dans
l'eau de favon ou dans une leffive femblable à celle dont fe fervent les favonniers ; mais s'il eft mêlé avec des métaux, il le
faut diftiller. On obferve que le mercure purifié ne doit point
faire de traînée, quand on en verfe fur un plan incliné ; autrement il feroit allié ou à l'étain, ou au bifmuth, ou au plomb :
il ne doit point être couvert de pellicules à fa furface ; expofé
fur le feu dans une cuiller de fer, il ne doit ni pétiller ni décrépi-
ter. On nous envoie le mercure, par la voie d'Hollande & de Marfeille dans des facs nommés *bouillons*, de cent foixante à cent quatre-vingt livres chaoun : ces bouillons font faits de cuirs doubles
de mouton, liés & enfermés dans des barils de bois, dont les
interftices font remplis de fon & de fcieures de bois ou de
pailles hachées menu. Quelques perfonnes, pour s'affurer de
la pureté du mercure, le diftillent de nouveau dans une

E S P E C E *CCLIV.*

II. Cinnabre , ou Mine de mercure rouge.

[*Cinnabaris nativa , Officinarum. Cinnabaris foffilis. Hydrargyrum fulphure mineralifatum , WALL. Mercurius mineralifatus , ftriatus ruber , ftriis longitudinalibus fplendentibus , CARTH. Hydrargyrum rude minerali alio mixtum , WOLT. Minera rubra mercurii , ἀμμίον vete-rum GRÆCOR. Anthrax VITRUVII.]*

Le cinnabre est en quelque forte la mine de mercure, la plus connue (a); c'eft une mine de

ᴵétorte de fer, dont le bec foit trempé dans un récipient remp'i aux deux tiers d'eau, ou bien en le combinant avec le foutre, pour en former du cinnabre, puis réduifent ce cinnabre en mercure, en le combinant avec un intermede, &c. Le pied cube d'un mercure ainfi purifié, pefe neuf cent quarante-fept livres. Un pareil volume de vif-argent, mis dans un vafe folide, peut fupporter un volume de fer plus confidérable d'un tiers, fans qu'il s'y précipite : il pefe quatorze fois plus que l'eau & huit cent quarante fois plus que l'air. Geller dit, avec raifon, que de toutes les fubftances métalliques, c'eft le mercure qu'on a jufqu'à préfent trouvé en moindre quantité dans la nature : il dit même que, par le calcul, il fe retire plus d'or que de mercure, du fein de la terre, foit que la nature ait eu égard au nombre des ufages de ce métal, foit le peu de foin que l'on a de la recherche de ce métal, de fon exploitation & des travaux qu'on en fait en grand. L'on ne fçait point encore la raifon pourquoi ce demi-métal eft fi peu abondant : l'on pourroit donc avoir tort de le regarder comme la bafe des métaux.

Le mercure fert aux miroitiers, pour mettre les glaces au tain ; il fert auffi aux doreurs & aux fourbiffeurs : on l'emploie en médecine, pour purifier la maffe du fang & pour guérir les perfonnes attaquées du mal vénérien. Pomet & Lemery difent que les ouvriers qui travaillent à retirer le mercure de fes mines, ne vivent pas long-tems & qu'ils font bientôt paralytiques, & meurent tous hectiques. On en attribue la raifon aux vapeurs mercurielles, qui excitent des convulfions dans le genre nerveux ; heureufement que l'on ne condamne aujourd'hui aux travaux de ces fortes de mines, que des criminels.

(a) Cette mine marque de la prédilection pour l'or, comme on le voit par un grand nombre de morceaux qui viennent d'Hongrie & du Japon, fur lefquels on trouve de l'or en quan-

vif-argent , accidentellement mineralifée par le foufre, & fublimée par les feux fouterreins, aux parois & aux voûtes des mines., où ce demi-métal fe trouve : il eft d'un tiffu écailleux ou ftrié, pefant, brillant, dur, compacte, d'un rouge plus ou moins vif ou foncé , d'une figure cryftalline , communément opaque, tantôt plus & tantôt moins pur. Wallerius prétend que le cinnabre., quand il eft pur, contient un feptieme de foufre, & fix parties ou même plus de mercure : en effet la proportion du foufre dans le cinnabre naturel, eft à celle du mercure comme 1 eft à 3, lorfqu'on met le cinnabre en poudre ; il acquiert une couleur entre celle du carmin & de la cochenille : le cinnabre, en raifon des matieres qui le conftituent , eft plus volatil au feu , que les autres minéraux ; on le trouve dans tous les lieux où il y a des mines de mercure, en Hongrie, en Siléfie , au Rifemberg ou Mont des Géants , au Japon : on en a quelquefois rencontré en Saxe près de Zorge, dans le pays de Blankembourg ; mais la mine la plus abondante eft à Almaden en Efpagne : il eft bien rare que le cinnabre naturel, foit auffi pur que le cinnabre artificiel, qu'on emploie, en peinture, fous le nom de *vermillon* , parce qu'en fe fublimant dans les voûtes fouterreines, il s'y interpofe toujours quelques molécules terreufes qui en alterent la pefanteur fpécifique, la pureté & la beauté (*a*).

tité. Il eft rare de trouver d'autres métaux avec cette forte de mine ; cependant Swedenborg parle d'une mine de fer jointe avec du cinnabre, trouvée à Neudal en Hongrie ; mais plufieurs perfonnes croient le contraire.

(*a*) Le cinnabre artificiel eft fait avec trois parties de mercure & une de foufre mêlés enfemble , jufqu'à ce que le tout foit réduit en une poudre noire , que l'on appelle *æthiops* : on met ce mélange à fublimer dans des pots fublimatoires , fur un feu gradué. Ce cinnabre eft en maffes compofées d'aiguilles ou de ftries longues , brillantes, argentines , fort pefantes, compactes, friables & plus hautes en couleur que ne l'eft ordi-

On a,

1. Le cinnabre ſtrié de forme ſphérique. [*Cin-nabaris ſtriata , figuræ ſphericæ , WALL. Hydrar-gyrum rubrum , purum , tinctorium , aut Cinnabaris montana , WOLTERSD. Cinnabaris nativa ſtriata , CARTH.*]

Il eſt intérieurement compoſé de particules ſtriées & d'une figure ronde à l'extérieur ; ſa couleur eſt en-tiérement rouge : il eſt quelquefois d'une figure indé-terminée , alors on dit , *figuræ incertæ* ; c'eſt le

nairement le cinnabre naturel , parce que celui-ci contient beau-coup moins de mercure. Quand on réduit le cinnabre artifi-ciel en poudre , il acquiert encore une couleur rouge infini-ment plus éclatante : cette poudre eſt connue , en peinture , ſous le nom de *vermillon* ; on s'en ſert encore pour rougir la cire d'Eſpagne , quelquefois auſſi pour ſuppléer au nakarat ou au carmin , dont on ſe ſert ſi généralement en Europe , & notam-ment en France , pour rehauſſer l'éclat du teint. Il arrive ſou-vent que le cinnabre en poudre eſt pâle ; alors on doit ſe met-tre en garde & examiner ſi cette couleur n'eſt pas dûe au minium que des marchands de mauvaiſe foi y ont mélangé. Pierre Pomet aſſure qu'il eſt cependant d'une néceſſité abſolue de mélanger ainſi le vermillon , afin de le faire ſécher , parce qu'on eſt obligé de le broyer avec de l'urine ou de l'eau de la mer , & un peu de ſafran & de gomme-gutte , pour l'empêcher de noicir ; mais ceci a beſoin de confirmation. Ce que cet au-teur nous dit de la maniere dont le cinnabre ſe travaille en grand, en Hollande , mérite plus d'attention. Certains ouvriers , dit-il , font un mélange de trois cent livres de mercure avec cent livres de ſoufre , qu'ils font ſublimer vingt-cinq livres par vingt-cinq livres à la fois , & ainſi alternativement , juſqu'à ce que toute la matiere ſoit ſublimée ou que le vaiſſeau ſoit plein. Cette maniere d'opérer eſt , pourſuit Pomet , afin que les maſſes de cinnabre puiſſent ſe diſpoſer lit par lit : Il y a , dit-il , des villages particuliers , où les ouvriers ſont tenus de préparer le cinnabre , à cauſe du danger des vapeurs & du feu ; leurs vaiſ-ſeaux ſont faits d'une terre capable de réſiſter à l'action du feu : le vaiſſeau ſuperieur eſt percé d'un trou , par lequel paſſe une maniere de verge ou de bâton , qui a le diametre & une longueur ſuffiſante , pour en ſonder la capacité ; de ſorte qu'à chaque ſublimation , ils retirent ce bâton & ajoûtent vingt-cinq livres de mélange : voilà , dit il , la maniere de travailler le cinnabre , de le former par couches , & de ſonder quand le vaiſſeau eſt-peu-près plein , afin de ceſſer l'opération : les pains ſublimés peſent juſqu'à quatre cent livres.

plus pefant, le plus net, le plus brillant, le plus haut en couleur, & par conféquent le plus riche de tous les cinnabres ; il fe trouve dans les mines d'Almaden (a), des Philippines, & dans les montagnes

(a) La mine de cinnabre d'Almaden en Efpagne, eft non-feulement la plus brillante & la plus belle de toutes les mines de mercure : (car elle porte également ce nom ;) mais elle eft encore la plus ancienne & la plus riche. « Cette mine , dit M. Macquer, » a cela de fingulier, que nonobftant que le mercure qui s'y trouve, y foit uni avec du foufre & fous la forme de cinnabre : il n'eft cependant point néceffaire d'y mêler aucun intermede , pour faire la féparation des deux fubftances , » ainfi qu'on fait , pour la remétallifation de tous les cinnabres des autres mines , même des cinnabres artificiels ; tels font les alcalis fixes, les abforbans terreux , comme la chaux, &c. ou la limaille de fer : la matiere terreufe, pierreufe & calcaire, dont font entre-mêlés les morceaux de mine , eft elle-même un excellent abforbant ou un intermede affez fixe & puiffant, pour contracter une union avec le foufre , & permettre au mercure de s'en dégager, de fe volatilifer & paffer dans des récipiens, fous la forme fluide , qui lui eft particuliere & naturelle.

» On ne fe fert point de cornues, reprend M. Macquer, » dans le travail en grand, qui fe fait à cette mine : on place les » morceaux de mine fur une grille de fer, laquelle eft immé- » diatement au-deffus du fourneau. Les fourneaux qui fervent » à cette opération, font fermés , dans leur partie fupérieure, » par une efpece de dôme, derriere lequel eft un tuyau de » cheminée qui communique avec le foyer, & fert à donner » iffue à la fumée ; les fourneaux font percés à leur partie an- » térieure de feize ouvertures, à chacune defquelles eft luté » horizontalement un aludel qui communique à une longue » fuite d'autres aludels placés dans la même fituation, lefquels , » par leur affemblage, forment un long tuyau ou canal qui va » s'ouvrir par fon autre extrémité dans une chambre deftinée » à recevoir & à raffembler toutes les vapeurs mercurielles. Ces » canaux d'aludels (qui ont une direction fort déclive) font fou- » tenus dans leur longueur par une terraffe qui s'étend , depuis » le corps du bâtiment dans lequel font établis les fourneaux, » jufqu'à celui ou font les chambres qui fervent de récipient.

» Cette difpofition eft très-ingénieufe, & épargne beaucoup » de travail, de dépenfe & d'embarras, qui feroient inévitables, » s'il falloit employer des retortes.

» L'endroit du fourneau qui contient les morceaux de mine , eft » comme le corps de la cornue. Le tuyau d'aludels, en eft le col ; » & les petites chambres dans lefquelles aboutiffent ces tuyaux , » font des vrais récipiens. La terraffe de communication , qui va » d'un bâtiment à l'autre, eft formée de deux plans inclinés, » qui fe joignent enfemble, par leur partie la plus baffe, dans

de Sierra-Morena : il eſt dans une matrice, tantôt de terre glaiſe, & tantôt de quartz, rarement de pierre à chaux.

2. Le cinnabre d'un rouge jaunâtre. [*Cinnabaris colore rubro flaveſcens. Cinnabaris compacta, colore croci metallorum, ſeu flavo rubente, WALL.*]

Il eſt compacte, ſerré, fort peſant, impur & d'une couleur jaune.

3. Le cinnabre compacte d'un rouge foncé. [*Cinnabaris ſolida obſcurè rubra. Cinnabaris compacta ex rubro-nigra, WALL.*]

“ le milieu de la terraſſe, & s'élevent de -là inſenſiblement, l'un
“ juſqu'au bâtiment des fourneaux, & l'autre juſqu'à celui des
“ chambres ſervant de récipient. Par ce moyen, lorſqu'il s'échappe
“ du mercure à travers les jointures des aludels, il eſt déterminé
“ à couler, en ſuivant la pente des plans inclinés, & ſe raſſem-
“ ble au milieu de la terraſſe, qui étant la partie la plus baſſe
“ de ces plans, forme une eſpece de rigole dans laquelle il eſt
“ facile de le ramaſſer. “ M. Macquer, dit qu'il tient la deſcription
de ce travail de l'illuſtre M. de Juſſieu le jeune, qui a fait autrefois
un voyage à cette mine.

“ Si le cinnabre dont on a retiré le mercure, eſt bon, on
“ obtient ordinairement les ſept huitiemes de ſon poids de mer-
“ cure coulant ; “ mais il eſt très-rare d'en obtenir cette quantité
dans le travail en grand & ſur-tout du cinnabre naturel ; il n'y a
guères que celui qui eſt artificiel qui en rende ſi abondamment,
encore faut-il l'en retirer par la retorte, parce que le mercure
eſt ſi volatil, qu'il s'en diſſipe une grande partie ; alors on eſt
obligé d'y joindre un intermede avec lequel le ſoufre qui miné-
raliſe le mercure a plus d'affinité, ſoit une ſubſtance calcaire ou
un alcali fixe, ou la limaille de fer.

Cette opération par la retorte conſiſte à prendre du cinnabre
artificiel & de la limaille non rouillée, à parties égales ; d'en faire
le mélange dans une cornue de fer, dont on remplit la capacité, juſqu'aux deux tiers : on place la cornue dans un bain de
ſable : on y adapte un recipient moitié plein d'eau, enſorte que le
col de la retorte entre dans l'eau, environ d'un demi-pouce ; par
ce moyen, le mercure étant volatiliſé par l'action du feu, ſe con-
denſe en gouttelettes dans l'eau.

Cinnabaris, eſt un mot indien & africain, qui ſignifie *ſang
de dragon & d'éléphant*. Quelques auteurs le dérivent du mot grec
κιννάβρα, qui ſignifie *odeur de bouc*, parce que quand on car-
roie le cinnabre, on rencontre des libages ou veines de terre
d'une odeur inſupportable.

Le nom de *cinnabre* a été ſucceſſivement donné par les anciens
au *ſang de dragon*, à la *ſandaraque minérale* ou *minium*, à la *pierre
hæmatite*, au *chalcitis*, enfin au *mercure minéraliſé*.

Il eſt uni & compacte intérieurement, ſa couleur tire ſur le noir ; on y remarque ſouvent du mercure fluide, qui n'eſt point combiné ou minéraliſé avec du ſoufre : ce cinnabre n'eſt pas bien pur. Voyez *Bruckmann*, *T. I, pag.* 67. L'on trouve près d'Oſterode une terre mercurielle, dont la couleur eſt communément pourpre ou d'un rouge foncé ; elle eſt graſſe au toucher & contient preſque trois quarts de mercure.

4. Le cinnabre d'un brun foncé. [*Cinnabaris obſcura, ſolida nativa. Cinnabaris compacto colore ſpadiceo*, W*ALL. Mercurius mineraliſatus, continuus, ruber, ſplendens, CARTH.*]

Sa couleur reſſemble à celle de la ſanguine ; il eſt parſemé, comme la précédente, de mercure non minéraliſé : il n'eſt point ſtrié ; ſa ſurface eſt compacte, ſolide, il eſt très-peſant, & donne d'abord un beau rouge brillant, quand on l'écraſe ſur une pierre, mais qui ternit bientôt, & devient brun : il eſt tellement dur, qu'on pourroit le polir. Bruckmann, *in Epiſt. Itin.* parle auſſi d'un cinnabre ſuſceptible d'un poli, comme le marbre, & qu'on peut travailler au tour.

5. Le cinnabre marbré ou mélangé de pierre. [*Cinnabaris variegata lapidoſa. Hydrargyrum rubrum, petrâ veſtitum*, WOLT.]

Tel eſt celui qu'on tiroit autrefois de S. Lo en Normandie.

VIII· CLASSE·
MÉTAUX. [*METALLA.*]

INDEPÉNDAMMENT de ce que nous avons dit dans la définition des demi-métaux , sur les caracteres qui les diftinguent d'avec les métaux proprement dits , nous croyons qu'il eft à propos de rappeller ici , que ces derniers different effentiellement des demi-métaux , en ce qu'ils font ductiles, malléables en tout fens , & amalgamables ; propriétés qu'ils contractent encore prefque tous les uns avec les autres , & qui les diftinguent aifément des demi-métaux : ils font opaques , folides , durs , & les corps naturels , les plus pefans , les plus fixes au feu , les plus fufceptibles d'une fufion conftante & d'une parfaite régulifation. Ils different entr'eux , moins peut-être par le goût , l'odeur , l'abondance, l'utilité & la valeur, que par leur couleur, le brillant ou l'éclat , le fon , la pefanteur & la fufibilité.

Le nombre des métaux n'eft pas moins étendu que celui des demi-métaux ; on en compte vulgairement fix , fçavoir le plomb , l'étain , le fer , le cuivre , l'argent, & l'or.

On diftingue ces fubftances en deux ordres ou divifions principales : la premiere contient les métaux imparfaits , fçavoir, le plomb , l'étain , le fer , & le cuivre ; puis on les foudivife en métaux qui fe laiffent travailler fous le marteau & qui font durs , & en ceux qui ne le font pas, qui ont peu de malléabilité , de dureté , qui fe calcinent faci-

lement dans le feu, au point d'y perdre leur éclat
& leur propriété métallique : on appelle encore ces
quatre métaux, *ignobles*, à cause de leur vil prix.

La seconde division (mais que nous traiterons
comme troisieme sous-division)est composée des deux
derniers métaux, l'or & l'argent ; on les appelle métaux nobles & parfaits, à cause de leur grand prix,
qu'ils sont souples, traitables sous le marteau, &
très-ductiles, qu'ils ne souffrent point de perte à
l'épreuve du feu, puisqu'ils y demeurent fixes, sans
se calciner.

Les naturalistes & les chymistes sont assez d'accord sur cet ordre des métaux, dans l'exposition
historique, &c. Mais l'ordre de leur dureté n'est
pas tout-à-fait le même ; par exemple, le fer est
le premier des métaux pour la dureté, ensuite le
cuivre, puis l'argent, l'or, l'étain, & immediate-
ment après, le plomb.

Les métaux peuvent être aussi distribués selon
leur pesanteur spécifique, c'est-à-dire, si on les con-
sidere dans leur poids, respectif, à volume
égal ; par exemple, un pied cubique d'étain pese
532 livres; de fer, 576 livres; de cuivre, 648 livres;
d'argent, 744 livres ; de plomb, 828 livres ; &
d'or, 1368 livres.

On pourroit encore ajoûter ici la division
qu'ont faite quelques auteurs, des métaux, d'après
leur plus ou moins grande facilité à entrer en fusion, c'est-à-dire, en raison de leur fixité, dont voici
le rang ; 1° l'or ; 2° ; l'argent ; 3° le fer ; 4° le
cuivre ; 5° l'étain ; 6° enfin le plomb, qui est au dernier rang ; mais nous avons mieux aimé dis-
tribuer les métaux en trois sous-divisions. La premiere comprend les métaux mols & faciles à fondre; la seconde, les métaux durs & difficiles à fondre;
& la troisieme, les métaux parfaits & qui sont fixes
dans le feu.

PREMIERE SOUS-DIVISION

Métaux mols & faciles à fondre.

[*Metalla molliora , ante ignitionem liquefcentia ,
WALL. Metalla fubvolatilia , flexilia , CARTH.*]

ON comprend fous cette définition le plomb &
l'étain : ces métaux font fi mols , qu'on peut aifément les plier & les couper avec le couteau, &
leur faire changer de forme, à coups de marteau ;
ils fe fondent dans le feu, avant que d'y rougir,
enfuite y fument ; & ayant perdu une partie de
leur phlogiftique , ils fe calcinent & fe changent
en verre ; mais ils fe réduifent toujours , quand
on veut , à leur premier état.

GENRE XLIX.

I. Plomb.

[*Plumbum Officin. Saturnus CHYMIC.
Plumbum nigrum PLINII. Rafas
ARABUM.*

LE plomb eft un métal qui, eu égard à toutes
fes propriétés, eft le moins eftimé & le moins
précieux des métaux : il eft très-pliant, peu tenace , ou coriace , & après le mercure , le plus mol
des métaux & même des demi-métaux, au point
qu'on peut le travailler, le tailler, le laminer &
le plier fans peine ; quoique plus ductile que l'é-
tain, il eft celui qui eft le moins élaftique ou qui a

le moins de reffort de tous les métaux ; auffi n'eft
il que peu ou point fonore (*a*) : il eft d'une figure
cubique, prifmatique, dans fa fracture ; les côtés
de ces cubes ou facettes font égaux, polis & doux
au toucher : fa couleur eft d'un bleu blanchâtre,
brillante, mais qui noircit facilement les mains ;
expofé à l'air ou dans l'eau, il y acquiert une couleur obfcure, livide, & noirâtre, comme farineufe : fa pefanteur fpécifique, excepté le mercure, approche le plus de celle de l'or, puifqu'un
pied cube de plomb donne 828 livres ; celui de
mercure, 947 livres ; & celui de l'or 1368 livres. Le
plomb entre plus promptement en fufion au feu,
qu'un volume égal de cire ou de beurre : il forme
à fa furface une maniere d'écume, ornée de toutes
les couleurs de l'iris ; il ne foutient pas long-tems
l'action du feu, fans qu'une partie paroiffe fe
diffiper en une fumée, fort dangereufe à la refpi-
ration, tandis que l'autre fe diffipe en une chaux
d'abord grife, enfuite jaune & rouge, enfin produit un verre jaune dont le tiffu eft feuilleté &
brillant comme du talc ; mais un phénomene étrange
qui fe remarque alors, c'eft que plus on le calcine
au feu, plus il fume, plus il diminue de volume
& acquiert de l'intenfité dans les différentes couleurs fous lefquelles il paroît, & cependant
il augmente de poids dans fon total ; il a la propriété
de procurer une prompte fufion aux terres &
aux pierres réfractaires, de réduire en vapeurs, de
volatilifer, de vitrifier & de fcorifier les autres
métaux, à l'exception de l'or, de l'argent & du
fer : il s'amalgame plus aifément avec le mercure
qu'avec l'étain ; il s'allie avec tous les métaux,
excepté le fer : on lui attribue encore une pro-

____

(*a*) On a remarqué que moins un métal eft fonore, plus il
eft fufceptible de la vitrification : le plomb en eft un exemple.

priété

priété finguliere , c'eft d'augmenter la quantité des métaux imparfaits & de diminuer dans le mélange la proportion des métaux parfaits : on prétend que toutes les mines de plomb , & notamment celles dont les cubes font à gros grains, contiennent particuliérement de l'argent, en plus ou moins grande quantité : l'acide du vinaigre ronge & diffout le plomb , fous la forme d'une poudre blanche, douce & ftyptique au goût , & qui s'unit facilement avec l'huile. de térébenthine , & les huiles par expreffion ; ce qui eft d'abord démontré par l'opération de la cerufe, enfuite par la préparation du baume de faturne : on fait, avec le plomb , une multitude d'opérations propres aux arts & aux métiers dont nous parlerons, immédiatement après avoir décrit la maniere de réduire les différentes mines de plomb.

Le plomb naît en beaucoup de pays, en Efpagne , en France , en Italie, en Allemagne, dans les états , du Nord & prefque dans toute l'Angleterre , &c. Il s'y trouve dans toutes fortes de matrices , & toujours dans des mines très-profondes ; il eft rarement pur, communément mélangé avec de la terre & de la pierre, ou allié à d'autres métaux, tels que le cuivre, l'argent, la pyrite , &c. On le rencontre fous tant de figures différentes, & qui exiftent réellement, que quelques-uns ont cru pouvoir en augmenter le nombre, en imaginant des efpeces qui n'exiftent pas : il fuffira de s'arrêter aux efpeces & aux varietés qu'on va décrire.

ESPECE CCLV.

I. Plomb vierge natif.

[*Plumbum nativum* AUCTOR.]

Quoique pur , il eft peu malléable , & aigre.

Partie II.   G

On a,

1. Le plomb natif folide. [*Plumbum nativum folidum*, WALL.]

On lit dans le catalogue du *Muf. Spenerian. p.* 103. qu'on trouve du plomb vierge en rameaux, *plumbum nudum ramofum*, près de Schneeberg : il eſt environné d'une fubſtance pierreuſe jaunâtre : on en trouve auſſi à Vilach, dans d'autre plomb mineraliſé.

2. Le plomb natif en grains. [*Plumbum nativum in granulis*, WALL. *Plumbum cæſio-granulatum*, WOLT. *Plumbum nudum granulatum*, CARTH.]

M. Wallerius dit qu'il s'en trouve de cette eſpece à Maſſel en Saxe, dans une butte de fable : Ces grains font, dit-il, environnés d'un peu de ceruſe, ce qui leur donne une belle couleur blanche : Hermann, *Maſlograph. Part. II, cap.* 4, *p.* 494, 195 ; & *Tab.* 8, *Fig.* 6, dit auſſi que les grains de cette forte de plomb font plus gros que des pois, fans figure déterminée, couverts d'une matiere douce comme du fucre ; on les rencontre dans des monticules de fables, près Maſſel, dans le duché de Siléſie, *in ducatu Silefiæ Œlnenſi*, après de gros vents & de grandes pluies ; mais M. Lehmann, *Tom. III*, *p.* 376, doute fort qu'il y ait du plomb natif.

ESPECE CCLVI.

II. Galêne, ou Mine de plomb en cubes.

[*Galena. Galena teſſulata. Plumbum ſulphure & argento mineraliſatum, minera teſſulis minoribus vel majoribus, vel granulis micante*, WALL. *Plumbago metallica. Plumbum cæſio-nigrum, ſplendens, teſſulatum*, WOLT. *Plumbum mineraliſatum, partibus cubicis, ex albo cærulefcen-*

tibus nitidis , CARTH. Alquifoulx Officina-
rum.]

La Galêne eſt la mine de plomb la plus ordinaire des naturaliſtes qui la nomment auſſi *mine*
de plomb à facettes ; les ouvriers & les commerçans l'appellent *Alquifoulx :* elle eſt en cubes
plus ou moins grands & réguliers ; ils ſont
équilatéraux ou formés par un aſſemblage de
parallélipipedes oblongs : ces cubes ou parallélipipedes ſont compoſés de lames ou feuillets très-
minces , très-unis , très-brillans , & quelquefois
ſtriés : ſa couleur paroît foncée & bleuâtre à l'ombre , & d'un gris clair très-luiſant au grand jour :
cette eſpece de mine eſt fort peſante , tendre , facile à
couper , & à tailler , peu compacte & caiſante : on
diroit ſouvent que c'eſt un plomb natif tout pur ;
mais elle contient toujours une grande quantité de
ſoufre pyriteux , ce qui la rend ſi aigre , qu'elle
paroît communément compoſée de grains dans
ſa caſſeure : elle ſert aux potiers de terre pour
verniſſer leurs poteries.

On a ,

1. La galêne à grands cubes. [*Galena teſſulis*
majoribus micans, WALL. *Galena cubis diſtinctis*
majoribus, CARTH.]

Plus les cubes ou dés dont elle eſt compoſée
ſont gros , plus la mine eſt riche en plomb : il y en a
à Salberg & en d'autres endroits , & notamment à
Baudy près de Château - Lambert en Franche-
Comté , où la mine qui y eſt en rognons , ſe trouve
entrelacée d'un fluor verd & vitreux : on en
trouve encore à Saint-Julien en Vivarais , à Sainte-
Marie-aux-Mines.

2. La galene à petits cubes. [*Galena teſſu-*

G ij

lis minoribus micans , WALL. Galena particulis minoribus , imbricatis , CARTH.]

Cette mine eſt compoſée de cubes très-petits, & qui ſe ſéparent ſi facilement les uns des autres, qu'elle paroît comme grainelée : on en trouve dans les mêmes endroits que la précédente.

3. La galêne à grandes facettes. [*Galena areis majoribus micans ; non diſtinctâ figurâ teſſulari, WALL. Plumbum mineraliſatum , ſubcontinuum, cæruleo-griſeum , ſplendens, CARTH.]*

On a de la peine à en diſtinguer les cubes, à cauſe de l'irrégularité de ſes facettes brillantes, auſſi n'a-t-elle preſque pas de figure déterminée : elle paroît ne point ſe diviſer en cubes; mais quand on vient à la conſidérer au microſcope , on reconnoît que toutes ſes parties ont une forme cubique qui eſt commune ou plutôt qui paroît naturelle à toutes les galênes, mais qui eſt irréguliere dans celle-ci: elle eſt cependant brillante ou mouchetée comme les autres galênes. Il y en a dans les mines de Halleforſen en Suéde , & près de Moulins en Bourbonnois.

4. La galêne à petites facettes. [*Galena areis minoribus , micans, non diſtincta, figura teſſulari, WALL.]*

Elle ne differe de la précédente, qu'en ce que ſes particules ſont infiniment plus petites, qu'elle a moins de taches , ou de particules luiſantes : on en trouve à Kornberg en Suéde , & dans le canton de Berne: celle-ci contient beaucoup d'argent, de même que celle de Clauſdal & de Pompéan.

5. La galêne à gros grains. [*Galena particulis majoribus micans , WALL.]*

Elle reſſemble, au premier coup d'œil, à la galêne, ou mine de plomb à grands cubes ; mais quand on l'examine avec attention, on reconnoît qu'elle est composée de grains brillans & grossiers de figure irréguliere, & si adhérens les uns aux autres, qu'il est difficile & même impossible de les séparer les uns des autres.

6. La galêne à petits grains. [*Galena particulis minoribus micans*, WALL. *Galena particulis cubicis, exiguis, granulatis*, CARTH.]

Elle est composée de grains, ou de facettes si petites, qu'on n'en peut point distinguer la figure, à la simple vûe ; ils ont au moins la même tenacité des précédens : on remarque seulement qu'elle est brillante comme du fer rompu, dans l'endroit de la fracture. On en trouve à Blutenburg, &c.

7. La galêne chatoyante, à gros grains. [*Galena particulis majoribus obliquè resplendens*, WALL.]

Son effet est assez singulier ; à mesure qu'on tourne cette mine de différens côtés, on reconnoît que les grands cubes dont elle est composée, quoique brillans, font ombre les uns sur les autres, & affoiblissent réciproquement leur éclat : cette mine ressemble en cela aux pierres chatoyantes, taillées en prismes, qui, selon le jour auquel on les expose, tantôt paroissent d'une couleur obscure, & tantôt réfléchissent des couleurs brillantes & éclatantes.

8. La galêne chatoyante à petits grains. [*Galena particulis minoribus obliquè resplendens*, WALL.]

Elle fait ombre, & chatoye comme la précédente ; elle est seulement composée de parties plus petites : on en trouve à Servade en Auvergne.

9. La galêne de plomb compacte comme de l'acier. [*Galena plumbi texturæ chalybeæ*, WALL.]

Elle a la dureté, la couleur, & le tissu si analogue à l'acier, que plusieurs personnes la nomment *galêne, mine d'acier* : on en trouve à Fahlun en Suéde.

10. Galêne striée. [*Galena striata*, AUCTOR.

Plumbum cæsio-radiatum, WOLTERSDORF.]

Elle eſt d'un tiſſu ſtrié : les fibres en ſont plus ou moins longues, déliées & brillantes ; c'eſt pourquoi on la nomme auſſi *galéne aiguë* : il s'en trouve à Salberg en Suéde.

ESPECE CCLVII.

III. Galêne de plomb mineraliſée, ou Mine de galêne.

[*Galena mineraliſata. Plumbi minera galenica, lapidi inſenſibiliter immixta, vario colore, WALL.*]

CETTE galêne eſt, pour ainſi dire, la mine de plomb en cubes, décrite cy-deſſus, *Eſp. CCLVI* ; mais elle eſt minéraliſée par de la terre ou de la pierre, dans laquelle elle eſt contenue : elle eſt tellement embarraſſée & confondue dans la miniere, qu'elle y eſt entiérement cachée & comme inviſible : on peut à peine en diſcerner les particules, au moyen du microſcope ; cette mine eſt très-peſante, quoique fort pauvre : ſa couleur tire tantôt ſur le plomb foncé, & tantôt, mais bien plus rarement, ſur celle des terres ou pierres qui la contiennent.

On a,

1. La galêne minéraliſée griſe. [*Galena mineraliſata lapide griſeo, WALL.*]

Sa couleur eſt griſe, plus ou moins foncée : on la trouve dans ſes minieres, environnée de pierres calcaires ; tel qu'on le remarque près de Salberg en Suéde.

2. La galêne minéraliſée bleue. [*Galena mineraliſata lapide cæruleo, WALL.*]

3. La galêne minéraliſée brune. [*Galena mineraliſata lapide fuſco, WALL.*]

Schlutter dans son *Traité de la Fonderie*, *p.* 234, dit qu'il s'en trouve près de Goslar.

4. La galêne minéralisée dans du grais blanc. [*Galena mineralisata lapide arenaceo albo*, WALL.]

M. Wallerius dit qu'on en trouve de cette espece près de Baubach, & dont on peut discerner les particules métalliques, au moyen du microscope. Nous en avons rencontré à Barbaco, près le Pont Gibault.

5. La galêne minéralisée dans l'asbeste. [*Galena mineralisata asbesto colore ferreo*, WALL.]

Elle est d'un tissu semblable à l'asbeste grossier, ou à l'antimoine de Hongrie, dont les fibres ou aiguilles seroient enduites d'une terrre, ou rougeâtre, ou jaunâtre : elle est brillante, fort pesante, couleur de plomb. Quoiqu'on n'y puisse pas distinguer, même par le secours du microscope, aucunes parties de la galêne de plomb, elle ne laisse pas cependant que de produire du métal par le moyen du feu, & sans qu'il soit besoin d'aucune addition ou fondant : on peut présumer que la matiere rouge, ou jaune, blanchâtre, dans laquelle elle est interposée, lui sert de flux ou de fondant en cette occasion : on en trouve dans les montagnes de Geneve.

On trouve aussi de la galêne minéralisée par couches, comme un schiste, & fort semblable à du charbon. [*Galena tenuis per strata collocata, schistum referens.*] On en trouve en Suéde.

ESPECE CCLVIII.

IV. Mine de plomb sulfureuse & arsenicale.

[*Bleyschweiff* GERMANOR. *Plumbum sulphureo & arsenico mineralisatum, minerâ pinguiori ferè malleabili,* WALL. *Plumbum mineralisa-*

*tum , continuum , ex albo cærulefcens , nitens ,
CARTH. Plumbago nonnullor.]*

CETTE efpece de mine eft fi molle, qu'elle
eft prefque malléable en cet état , graffe &
douce au toucher, comme une galêne : elle reffemble intérieurement à du plomb vierge ; elle
eft extérieurement un peu jaunâtre , & contient
plus ou moins de foufre & d'arfenic. Voyez
HENCKEL

On a,

1. La mine de plomb arfenicale écailleufe.
[*Plumbago fquammofa , WALL.*]
Elle entre fi facilement en fufion, qu'il fuffit
de l'expofer à la flamme d'une bougie, pour en
tirer le métal : elle contient très-peu de foufre
& d'arfenic , encore y font-ils feulement inter-
pofés , fans y former d'alliage ; c'eft pourquoi
le métal fe fond fi facilement.

2. La mine de plomb arfenicale, de couleur
foncée. [*Plumbago folida colore plumbeo , WALL.*]
On en trouve en Angleterre, dont le tiffu
reffemble affez à du crayon : elle n'eft que peu
ou point du tout ftriée. Voyez *BRUCKMANN.
Epift. Itin. XLII , p.* 49.

3. La mine de plomb arfenicale, à taches noirâtres. [*Plumbago lutea maculis nigrefcentibus,
WALL. Plumbum cæfio-punctatum , WOLT.*]
Elle eft graffe au toucher, comme parfemée
de raies , ou taches noires & grifes , fur un
fond jaune affez pur : quelquefois ces raies font
ftriées, & ont une couleur de fer : on en trouve
près de Freyberg en Saxe : la plûpart d'entre
ces trois fortes de mines , font rapaces dans le
feu, c'eft-à-dire, qu'elles entraînent & volatilifent
avec elles le peu de métal qu'elles contiennent,

ESPECE CCLIX.

V. La mine de plomb noire cryſtalliſée.

[*Plumbum nigrum cryſtalliſatum. Plumbum mineraliſatum, cryſtallinum, cryſtallis irregularibus nigris,* CARTH.]

Sa couleur eſt noirâtre, & tire ſur celle du plomb; ſes cryſtaux ſont friables, & ſi tendres, qu'on peut les couper avec le couteau : on en trouve beaucoup en Angleterre.

ESPECE CCLX.

VI. Mine de plomb blanche ſphatique.

[*Minera plumbi ſpathacea. Plumbum arſenico mineraliſatum, minerâ ſpathi-formi albâ, vel griſeâ,* WALL. *Plumbum ſpathoſum album,* WOLT. *Plumbum mineraliſatum, ſubdiaphanum album,* CARTH.]

CETTE mine n'a extérieurement aucun caractere métallique ; elle eſt fort peſante, & peu compacte : on peut la travailler avec le couteau ; ſa couleur eſt tantôt blanche, tantôt griſe, & tantôt jaune : elle eſt d'un tiſſu lamelleux, ſemblable à du ſpath, ou à de la ſélénite : elle pétille dans le feu, mais ne ſe diſſout point dans l'eau forte.

On a,

1. La mine de plomb ſpathique ; feuilletée. [*Minera plumbi ſpathacea fiſſilis,* WALL. *Minera plumbi alba, partibus lamelloſis, ſpathaceis,* CARTH.]
Elle reſſemble au ſpath feuilleté ; quelques naturaliſtes l'appellent auſſi *ardoiſe de plomb.*

2. La mine de plomb ſpathique rameuſe. [*Minera*

plumbi spathacea, ramosa, WALL. Minera plumbi alba tubulosa, CARTH.]

3. La mine de plomb spathique rhomboïdale. [*Minera plumbi spathacea rhomboïdalis, WALL. Minera plumbi alba, cyrstallina, CARTH.*]

Elle a une grande conformité avec la sélénite ou avec le spath rhomboïdal, &c. Telle est celle qu'on trouve à Roya en Auvergne ; elle a la transparence d'un spath vitreux ordinaire : celle que l'on trouve dans l'Isle des Ours est brune ou grisâtre, à peine transparente : son tissu ressemble quelquefois à celui de la galêne ordinaire.

4. La mine de plomb spathique en petits grains. [*Minera plumbi spathacea, lapillis minutis, WALL. Minera plumbi alba figura indeterminata, CARTH.*]

5. La mine de plomb sphatique & transparente. [*Minera plumbi spathacea pellucens, WALL.*]

Elle ressemble beaucoup à une sélénite exaëdre transparente ; elle chatoye un peu : sa couleur est communément d'un blanc jaunâtre ou rougeâtre ; on en trouve de cette sorte dans plusieurs endroits, qui est comme striée, (rougeâtre, vitreuse, & parsemée de galêne, en cubes plus ou moins grands, *Minera plumbi spathacea, striata, vitrea, rubescens, & Galenâ tessulatâ mixta.* Sa pesanteur est considérable ; elle rend beaucoup à la fonte, & n'est pas d'une difficile fusion.

ESPECE CCLXI.

VII. Mine de plomb verte.

[*Minera plumbi viridis. Plumbum arsenico mineralisatum, minerâ solidâ vel crystallisatâ viridi, WALL. Plumbum viride plerumque prismaticum, WOLTERSD. Crystallus plumbifera, aut*

plumbum mineralifatum, cryftallinum, cryftal-
lis oblongis, columnaribus, hexaëdricis, utrin-
què obtufis, dilutè viridibus, CARTH.]

CETTE mine eft très-pefante, peu compacte, &
fi riche, qu'elle rend à la fonte, depuis foixante,
jufqu'à quatre-vingt livres par quintal : elle reffemble quelquefois à la mine blanche fpathique ; mais
elle eft plus communément d'une figure prifmatique hexagone ; fa couleur eft, ou totalement
verdâtre, ou d'un fond jaune, mêlé de verd.
M. Wallerius dit que cette mine expofée au feu,
perd d'abord fa couleur, & que fi on continue
de la faire rougir, non feulement elle la reprend,
mais que cette couleur même en devient plus belle &
plus vive : on ne voit guères cette efpéce de
mine de plomb, ainfi que celles qui font cryftallifées, ou qui font pures, que dans les cabinets
des curieux.

On a,

1. La mine de plomb verte folide. [*Minera plumbi
viridis folida, WALL.*]

Sa couleur eft tantôt d'un verd clair, & tantôt
foncée : il y en a près de Tfchoppau & de Freyberg en Saxe ; elle eft comme formée en mammelons. M. Wallerius dit qu'on en tire une huile,
ou une matiere graffe, en la mettant en diftillation.

2. La mine de plomb verte rameufe. [*Minera
plumbi viridis ramofa, WALL.*]

La mine verte qui fe trouve dans le duché de
Zuey-Bruck ou Deux-Ponts, eft à-peu-près de
cette efpece ; elle eft un peu ftriée, caverneufe,
pénétrée d'une terre ochracée, brunâtre, & d'un
fpath à feuillets vitreux.

3. La mine de plomb verte, opaque, & cryf-

tallifée. [*Minera plumbi viridis, opaca, cryftal-lifata, WALL.*]

Ce font des cryftaux oblongs, hexaëdres, opaques, plus ou moins réguliers, formés à la furface de la mine, lefquels contiennent abondamment du métal.

4. La mine de plomb verte à cryftaux tranf-parens. [*Minera plumbi viridis, cryftallifata, pel-lucens, WALL.*]

Elle eft, de même que la précédente, compo-fée de cryftaux verdâtres, hexaëdres & oblongs, tranfparens, & plus ou moins déliés : on la trouve dans une galêne, ou mine de plomb à petits cubes, près de Hoëgfors en Suéde. Nous en avons rencontré dans la mine de plomb qui eft près de Fribourg en Brifgaw ; elle étoit compofée de petits cryftaux tranfparens, hexaëdres, & d'un verd plus ou moins foncé : ces cryftaux tapiffoient une argille de plomb, tantôt blanchâtre & feuilletée, tantôt rougeâtre & caverneufe, & en maffes de différentes groffeurs, dans lefquelles fe trouve, en maniere de noyau, de la galêne très-bril-lante, à facettes, mais tellement difpofée, que toutes fes parties femblent tendre à un centre com-mun : les mineurs vendent très-cher de pareils mórceaux de mines.

ESPECE CCLXII.

VIII. Mine de plomb terreufe.

[*Terra plumbaria. Plumbi minera galenica mi-neralifata, terra infenfibiliter immixta colore albo vel rubefcente, WALL. Plumbum amot-phum petrâ variâ veftitum, aut Lapis plumbi-fer, WOLTERSD.*]

ELLE eft fort pefante, & contient ordinaire-ment beaucoup de plomb ; il femble que ce foit une galêne de plomb effleurie ou décompofée, qui s'eſt accidentellement interpofée dans les molécules terreuſes. Il y a auffi quelques autres mines terreuſes, qui, à l'inſpection, ne repréſentent pas mal un mélange de cubes de galêne, & quelquefois de blende, avec du ſpath, &c. *Spathum galenâ cubicâ aut teſſulatâ mixtum.*

On a,

1. La mine de plomb terreuſe blanche. [*Terra plumbaria alba,* WALL.]

Ce ſont des petits grains de galêne qui ſe trouvent tellement atténués & diſperſés dans une argille plus ou moins finé & blanche, qu'on a de la peine à les appercevoir, même avec le microſcope : lorſque cette terre reſſemble, par la couleur & le tiſſu, à de la marne, elle produit pour l'ordinaire un mouvement d'effervefcence avec les acides ; on en trouve près de Marlenherm : celle du Vougtland eſt un peu différente.

2. La mine de plomb terreuſe jaune (*a*). [*Terra plumbaria citrina,* WALL. *Bley-ocher* GERMANORUM.]

Quoique poreuſe, elle eſt aſſez dure, & très-pefante ; ſa couleur eſt citrine, griſe extérieurement, & blanchâtre en dedans. On en trouve à Wallag.

3. La mine de plomb terreuſe rouge (*b*). [*Terra plumbaria rubra,* WALL.] Elle eſt diſperſée dans une terre d'ochre rouge,

(*a*) La terre jaune qui contient du plomb eſt ordinairement une eſpece de pierre calaminaire.

(*b*) Il faut prendre garde de confondre la mine de plomb rouge & terreuſe avec de la litharge que l'on trouve quelquefois au Hartz ; encore cette litharge n'eſt-elle pas naturelle. L'on préſume au moins, que c'eſt de la litharge ordinaire qu'on avoit jettée autrefois avec les ſcories de plomb retirées de la fonderie, qui étoit en cet endroit.

martiale, ou dans une terre argilleufe, graffe, pleine de rouille. On en trouve auffi de noire en Heffe.

M. Gmelin dans la *Relation de fon voyage en Siberie, Vol. II, pag, 59*, dit avoir rencontré une ochre de plomb, mêlée avec de l'argent & de l'or ; elle eft fort rare : on l'appelle *plumbum terreftre ochraceum , argento & auro mixtum.*

Nous avons reçu de cette même contrée une efpece de mine de plomb en cubes, d'une grandeur médiocre : une partie de ces cubes eft de la galêne réfractaire, comme le *Wolfram ;* & les autres cubes font de la mine de plomb verte très-riche : on y remarque des feuillets de fpath vitreux.

(*a*) OBSERVATION. Indépendamment des mines de plomb que nous venons de citer : on trouve encore de la galêne dans quelques efpeces de zinc, de blendes rouges, & quelquefois dans le cuivre & divers autres métaux : on foupçonne même que la molybdène en contient auffi ; quelques perfonnes la regardent comme une biende ; & Wolterfdorf la range avec le fer, fous l'épithete de *ferrum nigricans, fplendens, unctuofum, inquinans, aut Molybdæna nigrica, fabrilis.* Voyez ce que nous en avons dit, pag. 124 & 12; de la première Partie.

Les mines de plomb font plus ou moins difficiles à exploiter, à pulvérifer, à fondre, & à fe purifier felon qu'elles font plus ou moins mélangées avec des corps qui les minéralifent, les rendent réfractaires, ou leur facilitent la fufion. Nous avons deja infinué que le plomb eft un métal deftructible & réductible ; qu'il entre très-promptement en fufion à une chaleur fort modérée ; qu'il a la propriété de fe vitrifier & de paffer par degres au moyen de la calcination ou de l'incinération, à un nombre infini de nuances fous la forme de chaux métallique ; qu'il s'allie facilement avec tous les métaux, excepté le fer : ce font autant d'objets que nous nous propofons de décrire ici.

Comme toutes les mines de plomb abondent en foufre ; ce qui les rend en quelque forte minéralifées & plus difficiles à reduire ; on eft obligé, dans les effais qu'on en fait, de commencer par les torréfier legèrement dans des fourneaux de grillages ; le régime du feu eft, dans cette opération, un article effentiel : on les mêle à des fondans ou intermedes avec lefquels le foufre & fon acide ont beaucoup d'affinité ; (car ils ne peuvent contracter d'union avec le plomb) alors on procede à la fufion dans un fourneau à vent, le plomb fe dégage des fubftances qui le minéralifoient, prend fa forme métallique fans être aucunement impur. On fent de refte, que cette méthode

GENRE L.

II. Etain.

Stannum LATINOR. & Officinar. Jupiter CHYMICOR. Plumbum album PLINII. Diabolum metallorum. Olanoc feu Ala-ferub ARABUM. χασφήτερον GRÆCOR.]

L'ÉTAIN eft, après le plomb, 1° de tous les métaux deviendroit trop difpendieufe pour la réduction générale des mines de plomb , fur-tout dans les travaux en grand ; voici celle qu'on emploie ordinairement en France , en Angleterre, & principalement dans la province d'Erby , où font les mines de Péack : on commence par allumer , dans des grands four-neaux de fufion faits exprès, un lit de charbon : on y met un lit de mine comminuée, mais non grillée , à moins qu'elle ne foit trop minéralifée , puis un lit de charbon, & ainfi de fuite , en obfervant que la derniere conche foit également de charbon, comme la premiere : on laiffe d'abord agir le feu à fon gré , enfuite on en augmente la violence par le moyen d'un bon foufflet à deux vents, qui fait l'effet d'une forge ; c'eft en cet inftant que la mine fe fond : la terre du plomb fe joint au phlogiftique des charbons & fe réduit en métal, lequel coule à travers les lits de charbon & tombe au fond du fourneau, par des canaux, dans des moules ou des grands vaiffeaux de terre, qu'on a foin d'emplir de poudre de charbon , afin que le plomb qui y féjourne demeure intact & ne foit point expofé à fe calciner, cette poudre lui fourniffant continuellement du phlogiftique qui l'entretient dans fon état métallique : il y a même des en-droits où l'on ne fe fert que de poudre de fable , ou de terre aride un peu fableufe : par cette méthode qui eft affez celle de l'exploitation de la plûpart des métaux, les matieres hétéro-genes fe font fcorifiées à-peu-près de même que par la voie docimaftique : on obferve feulement, que lorfque la mine eft minéralifée par des terres & pierres , & fur-minéralifée par le foufre & l'arfenic, d'y joindre, au moment de la fufion, un peu de fiel de verre & de poix ; ces additions facilitent la fu-fion de la matiere ; & ces fondans fe réduifent en *fcories* , ou en une efpece de *matte* appellée *lettier* : c'eft ainfi que l'on fond la mine de plomb qui ne contient point d'autres métaux qu'on pourroit en féparer avec profit : car lorfqu'elle en contient, on

imparfaits, le plus malléable & le plus mol, comme
on le voit par les feuilles minces où il se réduit,

est obligé de pousser plus loin les travaux docimastiques,
comme on le verra en parlant de chacun de ces métaux;
nous citerons seulement ici la maniere de réduire & de séparer
la mine de plomb mélangée de cuivre : on en met une quantité, réduite en poudre par le bocard, &c. dans des vaisseaux
plats & évasés   dont le fond va en pente vers sa partie antérieure,
vers laquelle on a ménagé une petite rigole qui communique
avec un autre vaisseau de même nature, placé près du premier
& un peu plus bas; on allume du feu doucement & lentement
sous le vaisseau supérieur; on le pousse à un degré capable de
fondre le plomb, mais incapable de fondre le cuivre; aussi-tôt ce
métal coule du vaisseau supérieur dans l'intérieur, où il se refroi-
dit au milieu de la poudre de charbon, comme ci-dessus.
Voyez *Schluter*, *Traité de la Fonderie*. Pour purifier ce métal
fondu (ainsi que le précédent) des hétérogénéités qui se sont
interposées dans ses parties, à l'instant où il couloit, il suffit de
le fondre de nouveau, & d'y joindre un phlogistique quelconque, afin qu'il forme une écume qu'on retire sous la forme
d'une pellicule noiratre, poudreuse, que l'on appelle *cendre de
plomb*, laquelle est d'un grand usage dans les poteries de terre,
& qui, si elle restoit avec le plomb, le rendroit aigre & cassant. On fait couler ce plomb fondu dans des moules faits en
quarrés longs que l'on appelle *navettes*, comme ceux du zinc.
Quelquefois ces moules sont concaves ou demi-sphériques, &
fort longs ; alors ils donnent à la fonte une surface plane en
la superficie, & convexe par la partie opposée : on appelle en
Angleterre ces derniers moulages *plomb en saumons*.

Si ce plomb fondu a été coulé en statue, & qu'on la frote
immédiatement après (c'est-à-dire étant encore chaude) avec
du soufre & de l'huile de lin, elle acquerra dès l'instant la couleur du bronze antique. On lime le plomb fondu, parce que
sa limaille produit des effets fort singuliers dans les feux d'artifices, étant mêlée avec de la limaille d'acier. Voici la maniere
de procéder à différentes opérations chymiques, qui sont d'un
usage familier dans les besoins & agrémens de la vie. 1° Le
plomb se calcine, en le mettant dans un vaisseau de terre
plat, après l'avoir divisé en un grand nombre de parcelles, afin de multiplier ses surfaces ; il se convertit sur le feu
en une poudre grise noirâtre, connue sous le nom de *chaux de
plomb*, & qui sert aux potiers de terre pour vernir leurs poteries, &c. 2° Le plomb brûlé est le résultat d'une cémentation
de deux parties de plomb fondu avec une de soufre qu'on fait
brûler ensemble dans un pot, le soufre étant dissipé, ainsi que
le phlogistique du plomb, on en obtient une poudre noirâtre
appellée *plumbum ustum* des Latins, & κεχάμεϛος par les Grecs :
on s'en sert quelquefois en peinture, mais plus fréquemment
dans l'art de la verrerie. 3° Si on se contente de pousser à un
feu modéré, pendant un certain temps, du plomb pur calciné,

dans

dans l'étamage, & par la propriété qu'il a de céder
facilement à l'impreſſion des corps moyennement

de maniere que la flamme ſe réfléchiſſe deſſus, la matiere deviendra, de noirâtre qu'elle étoit, d'un blanc ou gris ſale, tirant
ſur le citrin, & aura augmenté de deux livres par quintal : on la
nomme alors *maſſicot blanc.* 4° Si on continue cette même calcination, la couleur augmentera d'intenſité & paroîtra d'un
beau jaune : elle aura encore augmenté de deux à trois livres ;
c'eſt ce que l'on nomme *Maſſicot jaune.* 5° Enfin ſi on pouſſe
plus loin la calcination, la matiere acquerra la couleur d'un
beau rouge, & aura encore augmenté de cinq livres au moins ;
c'eſt ce que l'on appelle, dans le commerce, *Minium, Sandix,*
Maſſicot rouge, ou *gros Vermillon* : on prend quelquefois, pour
faire toutes ces opérations, de la galêne ordinaire, parce
qu'elle contient deja aſſez de ſoufre pour la minéraliſer d'une
part & de l'autre pour abſorber ou détruire le phlogiſtique du
métal ; d'ailleurs les couleurs de ces préparations en ſont plus
vives, & elles deviennent elles - mêmes alors moins diſpen-
dieuſes : elles ſervent en pharmacie, en peinture & aux potiers
de terre ; on les fait en Angleterre, en Hollande, en Suede &
en Allemagne.

Les chymiſtes, & ſur-tout les phyſiciens, qui imaginent tant de
ſyſtêmes ingénieux, ne peuvent abſolument rendre compte de
cette augmentation de poids, qui eſt des plus réelle, & qui
paroît, aux yeux de tout le monde, d'autant plus incroyable,
que ces matieres perdent au feu conſidérablement de leur ſubſtance, ſoit par la diſſipation du phlogiſtique, ſoit même parce
qu'une partie du métal s'exhale en vapeurs : nous ne connoiſſons
que Urbain Hiærn. *Tentamin. Chemic.* qui prétende en donner
la raiſon la plus probable. L'expérience nous apprend encore
que les métaux & les minéraux ſulfureux ſont ſuſceptibles de
cette augmentation, même au feu de charbon : le régule d'antimoine expoſé au foyer du miroir ardent, diſſipe beaucoup
de vapeurs blanches & épaiſſes, & cependant il augmente également d'un dixieme de poids : ceci eſt encore un phénomene
des plus inouïs.

La litharge eſt un plomb réduit en une eſpece de chaux ſcorifiée,
écailleuſe, demi-vitrifiée & douce au toucher ; elle ſe peut faire de
différentes manieres, en tenant du plomb en fuſion, à un degré
de feu aſſez fort, parce qu'alors, à meſure que ſa ſuperficie ſe
calcine, elle tend à la fuſion & à la vitrification ; mais la plus
grande quantité de litharge qui ſe diſtribue dans le commerce,
eſt produite par le plomb dont on s'eſt ſervi dans les travaux
en grand, pour purifier & ſcorifier des métaux plus difficiles
à fondre & en même tems plus précieux, tels que l'or, l'argent, & le cuivre ; c'eſt notamment dans la réduction de ce
dernier métal qu'on veut convertir en cuivre roſette, qu'il s'en
forme la plus grande quantité : quant à la différente couleur
de la litharge qui eſt tantôt jaune, & tantôt blanche, tout ne
dépend que des différens degrés de feu qu'elle a éprouvé, &

Partie II.   H

durs : 2° il eſt peu ductile ; & quand on le plie
en différens ſens, il fait une eſpece de cri ou de

des différentes ſubſtances métalliques qui ſe ſont vitrifiées avec
elle : on appelle *Litharge d'argent* : celle qui eſt blanche, *Lithar-*
gyrium argenti, *ſeu Argyrites à* λιθος *lapis &* άργυρος, *argentum*
comme qui diroit pierre d'argent, de même qu'on nomme litharge d'or, celle qui eſt jaune, *lithargyrium auri ſeu chryſitis*
de χρυσὸς *aurum aut celauritis*, &c. Toutes les litharges ſe ſont en
grand en Pologne, en Allemagne, en Suéde, en Danemarck, & en
Angleterre : le plus gros commerce s'en fait à Dantzick : on s'en
ſert dans la groſſe peinture, comme de *ſécatif* ; les galéniſtes,
les teinturiers, les pelletiers, les fabricans de toiles cirées, s'en
ſervent auſſi pour leurs préparations diverſes ; les potiers de terres
l'emploient pour vernir leurs poteries en couleur de bronze.

Comme les chaux de plomb ſont, de toutes les chaux métalliques, celles qui ſe vitrifient le plus facilement, il ſuffit de leur
faire ſubir un degré de feu convenable ; alors on en obtient un
verre de couleur ſuccinée, qui, étant taillé & monté en bague,
n'imite pas mal la topaze : on en facilite la fuſion, au moyen
d'un ſable ou d'un flux de borax, ce qui préſerve en même tems
le creuſet d'être rongé, ou pénétré dans les premiers inſtans
par le plomb qui devient des plus ſubtils ; ce ſable rend auſſi la
préparation moins chere : on en fait des chapelets & pluſieurs
autres bijoux que l'on appelle *rocailles*.

Toutes ces chaux de plomb ſont très-utiles dans les arts ;
elles ſont la baſe des couvertes de fayance : ces couvertes ſe
préparent avec les ſables purifiés par le lavage, & des ſels, tels
que la ſoude ou la potaſſe ou le ſel commun, la chaux d'é-
tain, (laquelle, en ſon particulier, eſt compoſée d'un mélange
de trois parties de plomb & une d'étain,) les cendres de
plomb & la litharge. L'on peut facilement remétalliſer toutes ces
préparations du plomb, par le moyen d'un phlogiſtique ; & le
métal qui en réſulte, n'en paroît encore que meilleur.

En examinant le nombre des figures & couleurs que reçoit
le plomb expoſé au feu, il n'eſt pas étonnant que les anciens
l'ayent regardé comme de l'argent qui n'eſt point parvenu à maturité, & ayent cru qu'il eſt ſuſceptible de cette tranſmutation.
M. Wallerius dit, *Obſ. 3*, *p. 542*, « que ſi on enleve au plomb
» quelque choſe de ſon principe mercuriel, & qu'on y joigne
» un peu de terre vitreſcible & inflammable, il ſe convertira,
» pour la plus grande partie, en argent. » On peut voir une expérience de cette nature dans le Traité *de Appropriatione*, de
Henckel, à l'endroit où cet auteur parle de la mine d'argent
rouge.

La chymie nous donne encore d'autres moyens de déguiſer
le plomb ſous pluſieurs autres figures, tels ſont le ſel de ſaturne, la ceruſe & le blanc de plomb.

La ceruſe eſt une matiere fort blanche & peſante, qui eſt le
réſultat d'un plomb réduit en petits morceaux, pénétré & diſſous
par l'acide du vinaigre, dont on a rempli des pots de terre expoſés

cliquetis, de même que quand on le mord : 3° il
est plus tenace & plus élastique que le plomb ;
cependant il l'est moins que tous les autres métaux :
4° il n'est pas fort sonore par lui-même ; mais
lorsqu'on l'allie avec d'autres métaux ou demi-
métaux , il les rend sonores & alors il acquiert
également cette même propriété : c'est donc une
erreur de croire que plus l'étain est pur & plus il est,
sonore, puisqu'il n'a cette propriété que par l'alliage:

ou au soleil ou au bain de fumier, ou à l'étuve, pendant un
mois ou environ. Cette manière d'ochre ou de rouille de
plomb est la vraie ceruse des anciens, c'est-à-dire, le Φυμμυτρὸν ou
κερῦσα des Grecs, l'*affidhegi* ou *affidagi* , des Arabes, le *cerusa* ,
des Latins , tiré du mot grec κηρός *cera* , parce que la ceruse
est douce & blanche comme la cire. On prépare cette ceruse
à Venise, en Hollande, en Angleterre , &c. Lorsqu'on s'est
servi de feuilles de plomb, au lieu de plomb morcelé par des
ciseaux, on obtient ordinairement une ceruse plus fine ; c'est ce
que l'on appelle *blanc de plomb de Liége* , dans lequel on joint
quelquefois un peu de craie, pour le rendre plus friable : on
réduit en pâte très-fine la ceruse, puis on en forme des petits pains
pyramidaux, du poids de deux livres, qu'on fait sécher & qu'on
enveloppe ensuite dans du papier bleu , pour la faire paroître
plus blanche : on s'en sert quelquefois en médecine, mais très-
communément en peinture : on la broye à l'eau & à l'huile,
& elle sert de base aux autres couleurs ou au moins à les
étendre.

Ceux qui broyent les préparations de plomb, sont, ainsi que
tous ceux qui travaillent long-tems sur ce métal, attaqués
d'une maladie très-dangereuse, connue sous le nom de *colique
de plomb* ou *des peintres*. Pour terminer l'histoire des préparations
les plus ordinaires, qui se font avec le plomb, nous citerons
encore le sel de saturne, qui résulte de la dissolution du plomb ,
par l'acide du vinaigre , & crystallisée en un sel métallique disposé
en aiguilles blanches, brillantes & entrelacées, d'une saveur
douce & sucrée, d'où lui est venu le nom de *sucre de saturne*.
Cette préparation qui se fait aussi en Hollande, est estimée en
médecine , propre pour l'esquinancie : on en fait entrer quelquefois dans le lait virginal, pour blanchir la peau; mais M. Wallerius condamne l'usage des cosmétiques faits avec les préparations de plomb, parce que les personnes qui s'en servent, parviennent, dit-il, à la longue, à se noircir le teint, à rendre la
peau inégale & pleine de rides.

Le plomb n'est appellé *saturne* que des alchymistes & des
astrologues, qui prétendent que ce métal reçoit des influences
de la planette de ce nom.

H ij

5° sa couleur est blanche, brillante, comme celle de l'argent : 6° un des premiers phénomenes les plus singuliers que nous présente ce métal, est qu'étant pur ou vierge, il est le plus leger de tous, les métaux, tandis qu'étant dans sa mine & minéralisé, il est, à volume égal, le plus pesant & le plus dur de tous ; on soupçonne que la cause en est dûe à la privation ou à l'existence de l'arsenic qu'il contient ordinairement ; sa pesanteur spécifique varie, ainsi que celle du plomb, c'est-à-dire que l'étain d'Angleterre est plus pesant que celui des autres pays, &c : 7° l'étain ne laisse pas cependant que d'avoir des propriétés qui le rapprochent du plomb ; il entre facilement en fusion & à une chaleur modérée : on observe qu'après la fusion, une partie se convertit promptement en vapeurs ou fumée d'une odeur d'ail ; l'autre se calcine ou se change en une cendre blanchâtre ou chaux grise, enfin se vitrifie, à proportion des degrés de chaleur, & paroît alors d'une couleur laiteuse, opaline, presque opaque : la partie arsenicale qui est cachée dans l'étain, est la seule cause qu'un atôme de ce métal rend une grande quantité d'or aigre & cassant, de la même maniere que le fer devient aigre dans la forge des serruriers, pour peu qu'on en approche du cuivre de trop près : 8° l'étain ne rougit au feu, qu'après y être entré en fusion ; encore faut-il que le degré du feu soit violent : 9° ce métal réduit en limaille, & jetté dans la flamme d'une chandelle ou d'une bougie, donne une couleur bleue à la flamme d'où il exhale aussi-tôt une odeur de soufre & d'arsenic ; mêlée avec le nître, elle détonne dans le feu, & alcalise ce sel : 10° l'eau & l'air n'ont pas sur l'étain la même action que sur le fer & sur le cuivre, ce qui est cause qu'il n'est pas susceptible de rouille comme eux ; cependant, quelque pur qu'il foit, fa fuperficie ne laiffe pas que d'éprouver une altération remarquable & prompte, puifqu'elle y perd fon poli & fon éclat : 11° il fe diffout dans l'huile de vitriol, dans l'efprit de fel, &c. & colore auffi-tôt ces menftrues : 12° il s'amalgame très-facilement avec le mercure & les autres métaux, comme il fe voit dans la compofition du bronze ou airain, dans l'étamage, & fur-tout dans la maniere de mettre les glaces au tain c'eft-à-dire à l'étain, où il fuffit de pofer des lames d'étain d'Angleterre, battues bien minces, fur du vif-argent bien pur; l'étain augmente alors & le vif-argent diminue de poids.

Nous difons que l'étain s'allie facilement avec tous les métaux; mais il n'y en a aucun auquel il n'enleve la ductilité & la malléabilité, excepté le plomb. Tous les métallurgiftes modernes, ainfi que les artifans, remarquent que l'étain poffede, même à un degré fi éminent, cette propriété de rendre les métaux fragiles, aigres & caffans fous le marteau comme du verre; que fa feule vapeur, lorfqu'il eft en fufion, eft capable de produire cet effet fur eux; ce qu'il y a encore de plus fingulier, c'eft que les métaux les plus ductiles, tels que l'or, l'argent & le cuivre, font ceux qu'il altere le plus facilement & le plus confidérablement à cet égard, au point qu'un grain d'étain fuffit pour ôter la malléabilité à un marc d'or : M. Wallerius dit que fi on met du fer dans de l'étain fondu, ces deux métaux s'allient enfemble, mais que fi on met de l'étain dans du fer fondu, ils fe convertiffent auffi-tôt l'un & l'autre en petits globules qui crevent & font explofion comme des grenades.

L'étain a fes mines particulieres : il naît ordinairement dans les endroits fablonneux des montagne à filons ou à couches, & en maffes plus ou moins

confidérables, comme on le remarque en Allemagne,
en Boheme , en Saxe , dans l'archevêché de Saltz-
bourg, en Pologne près de Cracovie , en Suéde ,
à Siam, à Malacca dans les Indes orientales & notamment à Devonie dans la province de Cornouailles ;
en Angleterre, où il y a un terroir qui abonde tant
en ce metal, qu'on lui en a donné le nom d'*Ifle
d'étain :* il s'en rencontre encore en plufieurs autres
endroits, même en Bretagne, mais en petite quantité.

L'étain ne reçoit rien d'étranger dant fa mixtion;
il eft, ainfi que le plomb , rarement mêlé ou minéralifé avec d'autres fubftances minétales ; il n'y a
que le fer , ou le foufre , ou la pyrite blanche ,
avec lefquels il fe trouve prefque toujours interpofé dans fa mine , quelquefois avec les fluors
fpathiques ; car il eft également bien rare de le
rencontrer tout pur : la figure ordinaire de fa mine
eft en cryftaux polyëdres ; on n'en trouve que peu
ou point fans figure anguleufe : nous donnerons la
maniere de faire la réduction des mines d'étain,
après avoir donné l'hiftoire des différentes efpeces de ce métal.

ESPECE CCLXIII.

I. Etain vierge.

[*Stannum nativum.* **AUCTOR.**]

CETTE efpece d'étain eft fort rare : il s'en
rencontre quelquefois près de Mukkenberg en Saxe
& de Schlakenwalde. Voyez *le neuvieme Sermon
de la Sarepta de* MATHESIUS. Plufieurs perfonnes
atteftent qu'on en a trouvé dans la mine de Got-
tefgabe , près de Joachimftal en Boheme , dans
un marais. Voyez *TALLIUS Epift. Itin. pag.* 69.
Albinus prétend auffi qu'il a trouvé de l'étain natif

en Saxe. Voyez fa *Chronique des mines de Mifnie*, *Tit.* 16, *pag.* 130 ; mais Agricola en doute fort. Voyez le *Traité de métallique* de cet auteur. L'on voit affez fouvent, dans les cabinets des naturaliftes, divers morceaux d'étain, auffi purs que s'ils avoient été fondus ; ils ont une figure de ftalactite, non cylindrique, mais comme ondulée ou bouillonnée & argentine : on prétend que cette forte d'étain fe trouve dans la prefqu'ifle de Malacca, aux Indes orientales. Voyez le *Mufæum Richter. p.* 75. Nous croyons fort que s'il n'y a point d'autre efpece d'étain natif que celui qui eft en ftalactite, en ce cas, il n'en exifte point ; car cet étain paroît au moins avoir été fondu par un feu fouterrein.

ESPECE CCLXIV.

II. Cryftaux d'Etain.

[*Cryftalli minerales ftanni. Stannum ferro & arfenico mineralifatum, minera cryftallifata figuræ polyedrica, diverfo colore,* WALL. *Stannum mineralifatum, cryftallinum, cryftallis ponderofis, pyramidatis, irregularibus duris,* CARTH. *Zinn-graupen* GERMANORUM.]

CES cryftaux font polyëdres, & d'une figure, non-feulement irréguliere, mais fouvent indéterminée ; leurs facettes font ou égales ou ftriées ; & leurs extremités ou angles font tronqués pour la plûpart ; leur tiffu intérieur femble feuilleté ; ils font brillans à la furface, & de différentes couleurs, opaques ou tranfparens, peu durs, plus pefans qu'aucune autre efpece de mine, prenant une couleur rouge à la comminution : alors fi on en jette fubitement une portion fur une pelle rouge, ce qui fera mine d'étain fe brifera ou fe gercera, mais ne pétillera ni n'éclatera point, comme il arrive aux autres métaux ou aux autres substances dans lesquelles elle se trouve, elle reste sur la pelle & paroît extérieurement blanchâtre ou grisâtre, ou rougeâtre, & couverte d'un enduit farineux arsenical dont elle a une forte odeur : les crystaux d'étain ne se fondent point sans addition, ainsi que les autres mines suivantes : ce n'est encore qu'à l'aide du feu, qu'on peut separer l'étain de sa mine ; car l'air & l'eau n'y peuvent rien. Les Allemands disent que ces sortes de crystaux sont la mine d'étain la plus riche : en effet ils donnent à la fusion près de 70 liv. à 80 liv. de métal par cent pesant.

On a,

1. Les crystaux d'étain blancs. [*Crystalli stanni albo grisea* , *crystalli minerales stanni albescentes* , *WALL.*]

Ils abondent tellement en arsenic, qu'ils sont comme réfractaires au feu ; on les trouve toujours dans les pyrites arsenicales, c'est la mine d'étain la plus rare.

2. Les crystaux d'étain d'un jaune d'or. [*Crystalli stanni flavescentes* , *crystalli minerales stanni aurea* , *WALL.*]

On les rencontre encore rarement, sinon en Hesse.

3. Les crystaux d'étain rougeâtres. [*Crystalli stanni rubicundæ. Crystalli minerales stanni rubescentes* , *WALL.*]

Leur couleur tire communément sur celle du spath rose ou du petit rubis : ils sont, pour l'ordinaire, un peu transparens.

4. Les crystaux d'étain transparens. [*Crystalli stanni colore violaceo vix pellucidæ. Crystalli minerales stanni pellucentes* , *WALL.*]

Leur couleur est ordinairement violette , &
ils produisent abondamment dans la fonte : on en
trouve en Hongrie , dont la figure est presque
cubique , & accompagnée quelquefois de pyrite
sulfureuse.

5. Les crystaux d'étain bruns. [*Crystalli stanni
colore fusco. Crystalli minerales stanni granatico
colore,* WALL.]

Ils ont souvent une figure fort bizarre : leur
couleur est assez semblable à celle des grenats
bruts ordinaires.

6. Les crystaux d'étain verds. [*Crystalli stanni
virescentes.*]

Ces crystaux n'ont pas une pesanteur si considérable que les précédens ; cependant ils rendent
beaucoup à la fonte : ils forment des especes de
quilles à huit pans, d'un brun noirâtre en dehors,
fort durs , & d'un verd chatoyant intérieurement
comme le spath vitreux & écailleux.

7. Les crystaux d'étain noirs. [*Crystalli stanni
nigrescentes, crystalli minerales stanni nigræ.*]

Ce sont les plus riches en étain , & les moins
rares de tous. On en trouve dans l'Isle d'étain.

ESPECE CCLXV.

III. Mine d'étain cryftallifée.

[*Minera cryftallorum ftanni. Zwitter* GERMA-
NOR. *Stannum ferro & arfenico mineralifatum , minera irregulari , cryftallis minerali-
bus ftanni minimis ac lapide compofita,* WALL.
*Stannum polyædrum , irregulare , plerumque ni-
grum.* WOLT. *Stannum mineralifatum ponderofum , cryftallis arctè aggregatis compofitum,*
CARTH.]

C'EST la mine d'étain cryftallifée ordinaire :

elle est composée d'un assemblage de cryftaux
d'étain qui font répandus ou comme enveloppés
dans une matrice ou miniere, d'une nature tout-à-
fait différente, & fort variée ; c'est pourquoi elle ne
contient pas autant de métal que les cryftaux d'é-
tain : la figure de cette mine eft polyèdre irréguliere ; souvent fes cryftaux font très-gros, *cryftallis
majoribus*, en outre brillans comme ceux de l'efpece précédente ; quelquefois ils font fi petits, qu'on
ne peut les difcerner que par le moyen du microf-
cope, *cryftallis minoribus fæpè vix diftinguendis,*
CARTH. Cependant lorfqu'on vient à les dega-
ger de leur pierre, ils paroiffent plus purs que les
gros cryftaux & rendent davantage à la fonte : le
tiffu intérieur de cette efpece de mine eft ou poreux, ou ftrié, ou grainu ; leur couleur n'eft pas plus
conftante, puifqu'ils font tantôt rouges, jaunes ou
bruns, & tantôt noirs ou marbrés ; la plus ordinaire d'entre celles de cette efpece de mine d'étain, eft
affez femblable à une mine de fer rouillée ou
d'une couleur rougeâtre foncée ; elle eft fort pefante, fans être extrêmement dure : écrafée, elle
donne une odeur arfenicale, & rougit dans le feu ;
il n'eft pas rare d'y rencontrer du cuivre & du
mica : on en trouve en Boheme, en Saxe, à Cornouailles, &c.

ESPECE CCLXVI.

IV. Etain minéralifé dans de la pierre,
ou Pierre d'étain.

[*Minera ftanni faxofa, vulgaris. Lapides ftanni-
feri. Stannum ferro & arfenico mineralifatum,
minerâ lapideâ, lapidibus fimplicioribus fimili,
WALL. Stannum amorphum petrâ variâ vef-*

titum , WOLT. *Zinn-spath* GERMANO-
RUM.]

Cette mine n'a point de figure déterminée :
elle ressemble à une pierre ordinaire ; elle est pesante, devient rouge au feu, & y exhale une vapeur arsenicale.

On a,

1. L'étain minéralisé dans le spath, en parallélipipedes. [*Minera stanni mineralisatum in spatho
parallelipipedeo. Lapides spathacei stanniferi ,*
WALL. *Stannum mineralisatum, spathaceum,
ponderosum , subdiaphanum, album ,* CARTH.]

Cette mine est rare : elle ressemble beaucoup
par l'exterieur à du spath blanc ; elle est fort pesante & communément demi-transparente : on en
trouve à un demi-mille de Toplitz en Boheme :
on rencontre quelquefois dans cette mine des crystaux également blancs & pesans , demi-transparens, d'une figure polygone indéterminée, comme
celle de l'étain , extérieurement semblable à du
spath : ils contiennent très-peu d'étain , mais beaucoup de fer.

2. L'étain minéralisé & strié. [*Stannum mineralisatum amyanto simile.*]

Cette sorte d'étain est la plus pesante de toutes;
elle est blanche, vitreuse ou luisante dans l'endroit
de la fracture, striée comme de l'asbeste, & enveloppée d'une terre marneuse : on la trouve en
Siberie ; elle est fort riche.

ESPECE CCLXVII.

V. Les Grenats d'étain.

[*Granatus stannifer. Lapides stanniferi granatici,*
WALL. *Stannum mineralisatum , crystallinum ,*

cryſtallis polyædris, teſſulatis, obſcurè rubentibus;
duris, CARTH. Zinn-granat GERMAN.]

ILS ſont ou opaques & noirs, ou demi-tranſ-
parens, & d'une couleur rougeâtre & claire, les uns
& les autres, à pluſieurs côtés. Quand on vient à
les écraſer, ils donnent une poudre blanche, &
deviennent au feu, d'une belle couleur rouge. On
en trouve en Hongrie, & quelquefois en Suéde, &
rarement à Devonie.

ESPECE CCLXVIII.

VI. Sable d'étain.

[*Arena ſtannea. Schoads ANGLORUM. Stannî*
minera arenâ vel terrâ mixta, WALL.

Il eſt compoſé de particules d'étain, ordinairement noirâtres, & diſperſées accidentellement dans
de la terre ou du ſable. Voyez KENTMANN.
Nomenclat. foſſil. & *AGRICOL. de Re metallic.*
L. II, pag. 19.

Cette mine eſt appellée *mine de tranſport ;*
parce qu'elle eſt formée des fragmens des dé-
bris de la mine d'étain cryſtalliſée, que des eaux
ont détachés de leur miniere, & que les paillo-
teurs retirent par le lavage, avec la ſebille, ſur
le bord des rivieres. On ne doit ranger ici ce
ſable, qu'autant qu'il contient une quantité ſuffiſante de particules métalliques pour mériter d'être
exploité avec profit ; autrement il appartiendroit
au genre des ſables métalliques, dont nous avons
parlé (*a*).

(*a*) OBSERVATION. On trouve encore de l'étain dans
la roche de corne cryſtalliſée, ou *ſchorl*, dans la mine de fer
arſenicale réfractaire & rapace, appellée *ſpuma lupi aut wol-*
fram. On nomme *mondick* une mine d'étain pauvre, dont les

II. SOUS-DIVISION.

Métaux difficiles à fondre.

[Metalla dura poſt ignitionem liqueſcentia, WALL.
Metalla ſubvolatilia dura, CARTH.]

ILS ſont très-durs, ſolides & ſonores; on peut particules métalliques ſont tellement atténuées, minéraliſées & mélangées dans une terre ou pierre réfractaire, qu'elle ne mérite preſque pas la peine d'être exploitée : on en trouve de l'un & de l'autre à Beccarn en Suéde. Il eſt néceſſaire de faire obſerver que quelquefois la mine d'étain eſt dans ſa miniere en grandes maſſes & dans un rocher ſi dur, qu'on eſt obligé de mettre le feu dans le ſouterrein, avec pluſieurs cordes de bois, afin d'y produire des gerçures ou écailles, par leſquels la ſonde ou les barres de fer, c'eſt-à-dire, les leviers ou les pics puiſſent entrer, pour la détacher.

Les appareilleurs ſéparent l'étain de ſa mine, ſuivant la méthode uſitée en Angleterre, où il ſe trouve le plus abondamment des mines de ce métal : on ſépare d'abord, de la maniere qui ſuit, autant que l'on peut, la mine de la pierre inutile & des autres eſpeces de mines qui peuvent être mélées avec elle : on la torréfie à un degré de feu aſſez fort, juſquà ce qu'il ne s'en éleve plus aucune vapeur arſenicale, & qu'une lame de fer expoſée au-deſſus, ne blanchiſſe point : on préſente auſſi, quand la torréfaction eſt finie, une pierre d'aimant, pour éprouver s'il n'y a point de mine de fer confondue avec celle de l'étain ; ce qui la rendroit réfractaire : on la pile enſuite dans des mortiers de fer, qui ſont continuellement arroſés d'eau ; de ſorte que les parties de terre & de ſable ſoient ſans ceſſe emportées, & que les parties métalliques qui ſont plus peſantes, aillent au fond de l'eau ; on retire enſuite la mine comminuée, pour la faire ſécher ; & comme elle eſt encore trop groſſiere, on la broie de nouveau, & pendant long-tems, ſous des meules de pierre, parce qu'elle eſt très-dure & qu'elle ne ſe réduit point en poudre fine, auſſi facilement que les autres mines, à moins qu'elle ne ſoit ſeulement accompagnée d'une terre legere & tendre, auquel cas, il ſuffiroit de la laver. On nomme la mine ainſi purifiée *pierre d'étain ;* elle rend, en cet état, deux tiers de ſon poids ; on la mêle enſuite avec du charbon de bois ; on la jette dans le fourneau de fonderie : on commence par lui faire ſubir un feu modéré & lent ; enſuite on en augmente la violence ſubitement & rapidement, par le moyen des ſoufflets ; la matiere ſe fond auſſi-tôt & ſe

bien les travailler & les plier avec le marteau ; mais
ce n’eſt pas ſans beaucoup de peine : ils n’entrent

ramaſſe au fond du fourneau, d’où les fondeurs ayant ouvert
la porte, laiſſent couler le métal dans quelques formes ou
moules faits de ſable : c’eſt ainſi qu’on le met en groſſes maſſes.
Un phénomene aſſez ſingulier, eſt que la partie ſupérieure de
la maſſe d’étain, eſt ſi molle & ſi flexible, que l’on ne peut pas
la travailler ſeule, ſans y mêler du cuivre, au poids de trois
livres ſur cent livres d’étain : on ne met que deux livres de
cuivre avec la couche du milieu ; mais ce qui eſt au fond eſt
ſi fragile & ſi intraitable, que l’on eſt obligé de mettre dix-
huit livres de cuivre, quelquefois, mais rarement du plomb,
ſur cent livres de cette matiere. Voyez *GEOFROI*, *Mat. medical,*
T. I, p. 282. L’on prétend que cette maniere de remédier
au peu de conſiſtance de l’étain, eſt ce qui rend celui d’Angleterre ſi ſonore, & qui l’empêche de ſe ternir.

L’on obtient, par cette premiere fuſion, trois ſortes d’étain
qui ont trois propriétés toutes différentes : on les fond une ſeconde fois, chacun ſéparément, & on les fait couler dans des
moules ſemblables à ceux du plomb en ſaumons.

On diſtingue encore de trois ſortes différentes d’étain dans le
commerce, ſçavoir, 1° *l’étain plané* ou *l’étain de marais* : c’eſt
le véritable étain ; il eſt tel qu’il ſort de ſa mine & ſans aucun
mélange : ſa couleur eſt blanche ; il n’eſt point ſonore, parce
qu’il eſt trop mollaſſe & trop pliant. L’étain plané s’appelle
auſſi chez les commerçans, *étain d’Angleterre, étain de Cor-*
nouailles, étain cryſtallin, étain à la roſe.

2° *L’étain commun* eſt un alliage d’étain plané, de plomb, &
quelquefois de cuivre jaune : cette ſorte d’étain eſt celui que
l’on trouve chez tous les potiers d’étain.

3° *L’étain ſonnant* ; c’eſt un mélange de biſmuth, de cuivre,
de roſette & de zinc, qu’on a joint à l’étain plané, pour lui
conſerver ſon éclat, le rendre ſonore, & pour pouvoir l’ou-
vrager.

On eſt encore dans l’uſage de mêler du régule d’antimoine
avec l’étain, pour en augmenter la dureté ; & comme ce demi-
métal n’eſt point diſſoluble par les acides foibles, il eſt meilleur
pour la ſanté & pour la durée du métal, d’allier l’étain à ce
régule, qu’à d’autres ſubſtances, quand il s’agit de faire de la
vaiſſelle ou des uſtenſiles de ménage : on l’appelle alors *étain*
d’antimoine.

Quelques artiſans mêlent une partie de cuivre ſur vingt parties d’étain plané : cet alliage rend les ouvrages qui en ſont faits
beaucoup plus ſolides que ſi c’étoit de l’étain pur ; & la maſſe
qui en réſulte, conſerve encore aſſez de ductilité : c’eſt à
raiſon de la propriété qu’a l’étain de rendre les métaux
caſſans, que ſi on ajoûte une partie de ce métal ſur dix de
cuivre, en y mêlant un peu de zinc, il réſulte de cet alliage
un compoſé métallique d’une aſſez grande dureté, caſſant, aigre, très-ſonore, & dont on ſe ſert, pour faire des cloches,
des canons, &c.

en fufion, que long-tems après avoir été expofés
à l'action d'un feu violent, enfuite s'y détruifent

On reconnoît le mélange de l'étain, en le mordant ; car plus
il eft pur, & plus il crie fous les dents. Voyez cette remarque de M. *G. Brand*, *dans les Mémoires de l'académie
royale de Suéde*, ann. 1744, *p.* 215. On fçait que la pierre de
touche des potiers d'étain, pour connoître la pureté de ce
métal, confifte à prendre une lingotiere de grandeur déterminée, & qui eft faite avec de la craie blanche de Bourgogne, dans
laquelle ils verfent de l'étain fondu : le métal refroidi, on con-
fidere fon tiffu, on le pefe ; & plus il eft leger, & plus le titre
en eft fin & pur. M. Wallerius dit que l'étain, quand il a été
mis en œuvre, doit avoir deux ou trois marques, pour en
conftater la qualité dans le commerce : l'étain mélangé avec
un tiers de plomb, a deux marques ou controlles. On ne permet pas aux potiers d'étain d'en travailler de moindre aloi :
l'étain de trois marques eft compofé de quatre-vingt-quatre
parties d'étain & de dix-fept parties de plomb, ou d'environ
cinq parties d'étain contre une de plomb ; enfin celui qui a quatre marques, contient quatre-vingt-dix-fept parties d'étain
contre trois de plomb : on le nomme, dans le commerce,
étain d'Angleterre ; quand bien même on le tireroit d'Allemagne,
il differe peu de l'étain plané.

Indépendamment de toutes ces fortes d'étain fondu, il y en a
encore quelques autres qui n'en different pas effentiellement par
la qualité, mais par la feule nomenclature qu'on leur a donnée,
du lieu où ils ont été ou purifiés ou contre-marqués ; tels font
ceux de Siam & de Malacca : ce font des étains fort doux, peu
mélangés, qui nous viennent en lingots ou en maniere de
cubes ; ce qui les fait appeller par les marchands *étain en chapeau :*
on les nomme à Paris *étain à l'agneau*, parce qu'ils portent
l'empreinte de la figure d'un agneau, qui eft la marque & l'ar-
moirie de la ville de Rouen. Cette contre-marque qu'on leur
donne en cette ville, leur fert de paffe-port pour tout le royaume,
comme étant reconnus de bonne qualité & ayant fatisfait aux
droits d'entrée. Il en eft de même pour l'étain appellé *étain
d'Allemagne*, & fur-tout pour celui d'Hambourg, qui eft nommé
étain de brique, à caufe de fa contre-marque.

Toutes ces fortes d'étain, mifes en fufion, fe terniffent promptement à leur furface : il s'y forme, de même que fur le
plomb, une pellicule brune & poudreufe, qui n'eft autre chofe
qu'une chaux d'étain, également fufceptible de la remétallifation, au moyen du phlogiftique que le métal a perdu dans la
calcination : c'eft auffi pour empêcher une grande partie du contact de l'air, qui accélere toujours la calcination des fubftances
métalliques, qu'on la confond, pour la réduire, avec le charbon de bois ; par ce moyen, on lui fournit toujours le phlogiftique néceffaire à fa condition métallique.

Ce que l'on appelle en Angleterre *mere d'étain*, eft un
étain allié au plomb, & diffous par l'eau forte, étendus enfuite

aſſez promptement en fumant, mais en ſe réduiſant
à leurs principes.

dans de l'eau bouillante, qu'on fait évaporer juſqu'à ſiccité.
Il reſte une maſſe qu'on met à fondre dans un creuſet; par
ce moyen, l'on obtient un étain doux, beau, ſonnant, &
qui, en petite quantité, donne à une grande quantité d'autre
étain du ſon & de l'éclat.

L'étain entre dans la compoſition des miroirs métalliques,
qui ſe font, en mettant fondre enſemble un mélange de trois
livres d'étain ſonnant de Cornouailles, une livre de cuivre pur,
ſix onces de tartre calciné, ſept gros de ſalpêtre, deux gros
d'alun & deux onces d'arſenic : la matiere étant refroidie, on
la dégroſſit à la roue; on en uſe les inégalités avec la pierre
ponce; on la polit avec l'émeril, & on l'adoucit enſuite avec
le *puty*, qui eſt la *potée d'étain*. Voyez l'*Art de la verrerie de
Neri*, *avec les notes de Merret & de Kunckel*. Si l'on
fait un mélange d'étain, de ſoufre, de vif-argent, de ſel ammoniac & de biſmuth, & qu'on l'expoſe au feu, on obtiendra
un compoſé propre à colorer le verre, à enluminer les eſtampes
& le papier marbré; c'eſt ce que l'on appelle *aurum muſivum* :
ſi au contraire, on ne mélangeoit enſemble que de l'étain,
du biſmuth & du mercure, on feroit l'*argentum muſivum*. Voyez
l'*Art de la verrerie*, *ibid. Part. II* ; & *Pott de Wiſmutho*, *p. 15.*

La *potée d'étain* ou *puty*, ſe fait, en prenant une quantité de
ce métal pur qu'on réduit en limaille, ou qu'on diviſe au moins
en beaucoup de parties, afin que préſentant un grand nombre
de ſurfaces à l'air , il puiſſe plutôt ſe convertir en une chaux
griſe, au moyen d'une calcination lente & d'un degré de feu
aſſez foible, pour ne la pas faire entrer en fuſion. Cette chaux
ſert aux potiers d'étain, pour froter leurs marteaux, & à d'autres ouvriers, pour polir les miroirs d'acier , &c. Les ouvriers
en fayance s'en ſervent, pour faire le beau vernis ou l'émail qui
eſt ſur la fayance; quelquefois ils le colorent en jaune ; avec
l'antimoine & le plomb, à parties égales. Les ouvriers varient
ces émaux avec le minium, la poudre de briques rouges, la
cendre de plomb, le ſable, l'ochre, le verre blanc battu, le
mache-fer moulu, la limaille de fer, la litharge, le ſafran de
mars aſtringent, le ſilex noir, &c. Ils font auſſi verdir toutes
ces couleurs, au moyen du verd-de-gris, du verd de montagne:
ces préparations, qui ſervent auſſi aux peintres ſur verre, ſont
fort en uſage en Hollande, dans les manufactures de fayance.
Quand l'étain eſt une fois calciné en potée, cette chaux peut
réſiſter au feu le plus violent; elle ne peut entrer en vitrification, qu'en la mêlant avec une ſubſtance aiſée à vitrifier; encore
n'en réſulte-t-il pas un beau verre; il n'en a pas la tranſparence,
en ce qu'il eſt blanc, couleur d'opale : on nomme cette eſpece
de vitrification de la chaux d'étain *émail* ; on en varie la couleur, en y ajoûtant différentes ſortes de chaux métalliques.

On peut réduire l'étain en feuilles minces, comme on en
fait de l'or. Si on expoſe ces feuilles ſur du mercure, elles ſe

GENRE

GENRE LI.

III. Fer.

[*Ferrum* LATINOR. *Mars* CHYMICOR. Συδερὸς *GRÆCOR.*]

LE fer eſt un métal peu malléable, mais très-compacte, ſolide, le plus dur, & le plus élaſtique des métaux, comme on le peut remarquer, 1° dans le fer converti en acier, qui ſouffre un beau poli, & dont on fabrique divers outils propres à limer, à cou-

chargerent auſſi-tôt d'une portion de ce demi-métal; c'eſt alors qu'elles peuvent réfléchir les objets au travers du verre, ainſi qu'on en connoît la propriété dans l'uſage des miroirs ou glaces de verre.

On nomme *appeau* un étain que les Hollandois réduiſent également en feuilles minces, mais qu'ils peignent d'un côté, au moyen d'un vernis, dont la couleur eſt tantôt jaune, rouge ou aurore, & tantôt blanche ou noire, en un mot, elle qu'on la deſire. Ces feuilles qui ſont belles, unies, entieres & bien vernies, nous parviennent ordinairement roulées par douzaines dans des boëtes qui en contiennent une *groſſe*, c'eſt-à-dire, douze douzaines. Ces feuilles étoient autrefois fort en uſage chez les ciriers, qui les mettoient aux torches & autres ouvrages de cire : on ne s'en ſert plus préſentement, qu'à faire des armoiries de deuil, ou pour *faux-argenter* des décorations d'artifice ou de théatre; on en fait auſſi l'*aventurine blanche*.

L'étain a encore la propriété de donner beaucoup d'éclat aux couleurs rouges : c'eſt pourquoi on s'en ſert dans la teinture, pour faire la belle écarlate, & l'on choiſit, par préférence, l'étain d'Angleterre, parce qu'il eſt le moins chargé de parties de fer. Les teinturiers ſont, en général, dans l'uſage de faire fabriquer leurs chaudieres, avec de l'étain fin, préférablement aux autres métaux : (car celles de fer, de cuivre & de laiton ſont trop ſujettes à tacher ;) & ils emploient de l'eau forte, empreinte d'étain, pour des couleurs fines, de grand ou bon teint, qu'ils veulent relever ou changer.

On a nommé l'étain *Jupiter*, parce que les aſtrologues & les alchymiſtes croient que ce métal reçoit des influences de la planette de ce nom.

Partie II. I

per & à étendre tous les autres métaux ; 2° par l'emploi qu'on en fait dans les reſſorts, les ſerrures, les horloges, les fuſils, les arcs, &c. 3° Il eſt ſonore, peu ductile, & après l'or, le plus tenace des métaux ; on lui reconnoît encore ces trois propriétés dans les cordes de clavecin, qui en ſont formées, par la forte extenſion qu'elles ſouffrent, & par le ſon qu'elles rendent. 4° La couleur du fer eſt d'un gris lugubre, tirant un peu ſur le noir, mais brillant & argentin dans l'endroit de la fracture. 5° Il eſt, après l'étain, le plus leger de tous les métaux. 6° On peut aiſément faire rougir ce métal de deux manieres différentes, premiérement par l'action du feu, ſecondement, par la violence des coups de marteau redoublés, ou par un frotement violent & rapide, comme on l'obſerve ſouvent, lorſque les machines des moulins ou l'eſſieu des roues éprouvent des frotemens d'une trop longue durée, ou encore quand les roues des voitures ſont *enrayées*, c'eſt-à-dire, fixées, de ſorte qu'elles ont ſeulement à froter l'eſpace de quatre minutes ſur le pavé ; alors la bande de fer rougit à un tel point, que ſi on ne la rafraîchiſſoit pas promptement avec de l'eau, toute la roue prendroit feu. 7° Le fer eſt encore ſuſceptible d'un phénomene qui lui eſt particulier, même étant purifié ; lorſqu'on l'échauffe vivement & très-fortement dans le feu, il commence par pétiller & jetter de longues étincelles, y demeure fixe & bleu, & en ſoutient long-tems la violence, avant que de ſe fondre ; enſuite il s'y détruit ou laiſſe une ſcorie, dont la couleur eſt tantôt bleuâtre, & tantôt brune noirâtre : quelquefois il ſe diſſipe avec les vapeurs ſulfureuſes, comme on le remarque dans les grandes forges, & les atteliers des ouvriers en fer. 8° Il ſe détruit

de même à la longue ; étant expofé à l'air ou
dans l'eau , il s'y convertit en une rouille ou
une ochre de différentes couleurs, brunes, jaunes ,
& d'un rouge plus ou moins foncé : nous avons
déja eu occafion de voir, à l'article des fels, que
ce métal prenoit également une couleur verte dans
l'acide vitriolique ; il devient jaune dans l'acide
du fel marin, & rouge dans l'acide nîtreux. Sous
la forme de vitriol , il fournit, au moyen de
l'alcali fixe, calciné avec le fang , une couleur
bleue, connue fous le nom de *bleu de Pruffe*.
9° Le fer a encore deux propriétés effentielles ,
qui le caractérifent particuliérement ; c'eft , pre=
miérement , l'antipathie qu'il a avec le mercure ,
puifqu'il ne peut s'y amalgamer qu'avec beaucoup
de peine & d'art ; fecondement, la fimpathie, ou
l'affinité que ce métal montre avec l'aimant , qui
lui-même eft une mine de fer : il eft la feule fub=
ftance métallique , qui en eft attirée , & qui
l'attire réciproquement ; phénoméne, qui fert par
conféquent à le faire reconnoître par-tout où il
eft fous fa forme métallique ; il fuffit de dire
que le fer eft fufceptible d'un nombre infini d'au=
tres propriétés que nous décrirons dans la fuite de
l'hiftoire fur ce métal , & où l'on verra que ,
quoique le fer ait été mis au rang des métaux
ignobles, parce qu'il eft le métal le plus commun
& le plus abondamment répandu dans toute la
nature , puifqu'il fert de *tectum* à toutes les mines ,
quelque riches qu'elles foient , qu'il eft de vil
prix , & qu'il déchoit beaucoup dans la fonte, il
doit cependant être regardé comme le métal le
plus utile au genre humain, par l'emploi qu'on
en fait.

Le fer, comme les autres métaux , a fes mines
propres & particulieres ; mais elles fe reproduifent

bien plus fenfiblement. Voyez *SWEDENB. Oper. Minéral.* pag. 294. Elles naiffent communément dans l'Europe, en Efpagne, en Allemagne, en Suéde, & notamment en France, dans la Lorraine, dans la Champagne, dans la Bourgogne, dans le Berry, dans la Normandie, & dans toutes les autres provinces de ce royaume : la miniere de ce métal eft peu profonde ; elle a depuis huit, jufqu'à douze & cinquante pieds au plus de profondeur : les bords en font noirâtres, enfuite raboteux & fort fecs ; la mine y eft toujours difpofée par lits ou par couches, femblablement à ceux d'où l'on tire les pierres de taille : cependant on la trouve auffi par morceaux, répandue dans la premiere couche de la terre, fous différentes groffeurs, formes & couleurs.

ESPECE CCLXIX.

I. Fer natif ou vierge.

[*Ferrum nativum*, AUCTOR. *Ferrum nudum malleabile*, CARTH.]

QUOIQUE ce fer ne foit pas abfolument pur, il l'eft cependant plus que le fer de fonte : il fe laiffe travailler au marteau.

On a,

1. Le fer vierge cubique. [*Ferrum nativum cubicum.*]

Sa figure eft cubique & octogone : on en trouve des roches entieres aux environs de la riviere du Senégal ; on en voit un très-beau morceau dans le cabinet de M. Rouelle ; nous en avons auffi un morceau de deux onces & demie, qui a été trouvé en Suiffe : Aldrovande, *Muf. m, p.* 155, parle d'une mine de vrai acier, qui se trouve en Canada, dans les montagnes de la ville de Craïman.

2. Le fer vierge en grains. [*Ferrum purum virgineum, granulosum. Ferrum nativum in granulis,* WALL. *Ferrum nativum,* CARTH.]

Ces grains s'applatissent pour l'ordinaire sous le marteau. M. - Marcgraff dit avoir une masse d'un tel fer, où l'on voit les deux lisieres du filon, & qu'il la trouva par hazard, dans la Misnie, près de Steinbach, entre les villes de Eybenstock & Johann-Georgenstadt : ce fer natif est composé de petits grains jaunes, brillans & polyèdres, très-attirables à l'aimant, & qui, par le poli dont ils sont susceptibles, prennent facilement la couleur & l'éclat naturel du fer. Voyez le *Magazin de Hambourg, IV Partie du VII Volume,* pag. 441 ; & *Observat. de M.* LEHMANN *, sur quelques parties de la science des mines,* pag. 79 & 55.

3. Le fer vierge, solide, irregulier. [*Ferrum virgineum, compactum, irregulatiùs. Ferrum nativum, solidum, informe,* WALL.]

On en rencontre communément dans les mines de fer en masses, du Nord.

ESPECE CCLXX.

II. Mine de fer cryftallifée.

[*Minera ferri cryftallifata. Ferrum cryftallifatum, mineralifatum,* WALL.]

SA couleur varie beaucoup ; cependant elle tire pour l'ordinaire sur la rouille : elle est composée de cryftaux cubiques, ou octaèdres, qui reffemblent beaucoup au fer vierge cubique, ou à la pyrite brune cubique, dont on a parlé, *p.* 16 ; mais elle en differe par les propriétés : elle eſt très riche en fer, non malléable, & non attirable à l'aimant, en ce qu'elle eſt minéraliſée.

On a,

1. La mine de fer cubique. [*Minera ferri teſſulata. Minera ferri cryſtalliſata cubica*, WALL.]

2. La mine de fer octaëdre. [*Minera ferri octaëdra*, WALL.]

ESPECE CCLXXI.

III. Mine de Fer blanche.

[*Minera ferri alba. Ferrum mineraliſatum album*, WALL.]

LA couleur blanche ou jaune qu'elle a, ne la feroit guères ſoupçonner pour une mine de fer : elle en contient cependant une très-grande quantité, puiſqu'elle en fournit quelquefois, depuis vingt-cinq livres, juſqu'à quatre-vingt & même quatre-vingt-dix livres par quintal, qui, à la vérité, n'eſt pas attirable à l'aimant.

On a,

1. La mine de fer blanche ramifiée (*a*). [*Ferrum album mineraliſatum, ramoſum. Minera*

(*a*) L'on voit, dans les cabinets des curieux de mines, quantité de concrétions ou de cryſtalliſations, rameuſes, très-jolies & blanches comme la neige : ce ſont, pour l'ordinaire, des ſtalactites de ſpath blanc, ſtriées du centre à la circonférence, & branchues : on les nomme *flos ferri* ou *flos martis*, fleur de fer ; mais elles ne contiennent, pour la plûpart, que peu ou point de fer, comme on le remarque dans cette eſpece que l'on nous apporte des Pyrénées, & qui reſſemble à la ſélénite cryſtalliſée du ſel marin, ſans en avoir les propriétés : celle que l'on trouve à Sainte-Marie-aux-Mines, eſt ſtryée, protubérancée & preſqu'entiérement calcaire : il n'y a que celle de Styrie, qui eſt d'un blanc de neige, très-branchue comme le *coralloïdes*, & fort peſante, laquelle contient ſouvent une très-grande quantité de fer.

ferri alba germinans, WALL. *Ferrum mineralifa-*
tum, ramofum, album, ramis erectis, acuminatis,
glabris, nitentibus, CARTH.]

C'est un fer déguifé, dont la couleur est très-
blanche, & qui est difpofé en rameaux : cette
mine est prefque auffi riche, à volume égal, que
le fer vierge, comme on le remarque, lorfqu'on
en fait la réduction, au moyen du charbon, ou
d'une autre matiere inflammable ; alors elle fe
réduit prefque toute en un fer très-pur, & privé
de fcories. M. Ohlm dit, dans les *Ephem. nat.*
cur. Tom. XIV, pag. 295, *obf.* 143, que les
diverfes expériences qu'on a faites fur cette mine
de fer, donnent à croire que c'est une pierre
hématite ou martiale, que le fuc pierreux a formée
ainfi en maniere de ftalactite à aiguilles.

2. La mine de fer blanche en cryftaux. [*Ferrum*
album cryftallorum congeriem referens. Minera
ferri alba drufica, WALL.]

LA figure des cryftaux de cette mine est des
plus finguliere ; tantôt elle est en forme de tubercules ; tantôt elle paroît poreufe comme une
éponge, ou comme du bois vermoulu ; & tantôt
elle imite du fucre candi : fa couleur est, ou
grife, ou d'un blanc fale.

3. La mine de fer reffemblante à du fpath.
[*Ferrum fpathum referens. Minera ferri alba*
fpathi-formis, WALL. *Ferrum fpathofum colore*
gilvo aut badio, WOLTERSD.]

Sa couleur est, ou blanche, ou grife, ou d'un
jaune clair ; elle est quelquefois demi-tranfparénte,
& affecte de prendre toujours différentes formes
propres au fpath : elle est tantôt compofée de petits
feuillets femblables à ceux de l'ardoife & de la
félénite, tantôt en cubes, ou en rhomboïdes,
comme le fpath de cette efpece : on l'appelle

quelquefois mine blanche ou jaune de fer ; &
l'on n'en tire que très-peu de bon fer : il ne faut
pas confondre cette sorte de fer avec la mine
spéculaire de fer , ou à facettes luisantes qui va
succéder : on trouve la mine dont nous venons
de parler , en Suéde , en Saxe , dans le Tirol ;
on en rencontre aussi à Champelite en Franche-
Comté , mais qui est bien moins belle , & qui a
une grande ressemblance avec de la marne.

4. La mine de fer blanche en grenats. [*Minera
ferri alba granatica*, WALL.]

Wallerius dit que cette mine ressemble beaucoup à celles des grenats, à l'exception de sa
couleur , qui est ou blanche, ou jaune.

ESPECE CCLXXII.

I V. La Mine de Fer spéculaire.

[*Minera ferri spicularis. Ferrum mineralisatum,
minerâ superficie nitente*, WALL. *Ferrum plumosum ferri nudi faciem præ se ferens*, WOL-
TERSD.]

L A couleur de cette mine n'est pas constante ; cependant elle est pour l'ordinaire d'un gris
tirant sur le noir : elle a toujours au moins un
côté , uni , brillant , ou luisant comme un miroir ;
c'est pourquoi on l'appelle *mine de fer à facettes :*
elle contient beaucoup de fer attirable à l'aimant ;
on la rencontre souvent mêlée avec de l'hématite.

On a,

1. La mine de fer spéculaire en lames, ou
feuilletée. [*Minera ferri spicularis lamellosa aut
foliacea*, WALL. 1 & 2.]

2. La mine de fer spéculaire contournée.

[*Minera ferri fpecularis contorta* , WALL.]

Elle eft compofée de feuillets minces, entortillés, & différemment contournés , fuivant la forme & figure des corps avec lefquels elle fe trouve accidentellement mêlée : on en rencontre dans la mine du Valdajo en Lorraine.

3. La mine de fer fpéculaire , quadrangulaire. [*Minera ferri fpecularis, quadriformis* , WALL.]

Elle reffemble beaucoup au fpath rhomboïdal ou cubique : frotée dans l'obfcurité , elle reluit un peu ; elle contient peu de fer : on en trouve dans les environs de Briftol , fans forme déterminée , & qui eft mêlée de quartz, de fpath vitreux, & d'un peu de cuivre.

ESPECE CCLXXIII.

V. Mine de fer d'un gris de cendre.

[*Minera ferri grifeâ. Ferrum mineralifatum, minerâ cinereâ magneti parum amicâ vel refractariâ.* WALL. *Ferrum mineralifatum , grifeum , fracturis albefcens,* CARTH.]

CETTE mine qui eft très-riche en fer, a différentes formes , & une couleur d'un gris cendré de différentes nuances , mais qui devient d'un blanc clair , immédiatement après avoir été brifée : cette couleur lui vient de la quantité des pierres , ou de l'antimoine, ou de l'arfenic qui s'y trouvent mêlés , & qui la minéralifent : c'eft fans doute par la même raifon que l'aimant ne l'attire pas fenfiblement : on nomme cette efpece de fer , *mine cendrée* , par oppofition aux couleurs des autres mines qui vont fuccéder , & fur-tout en comparaifon de la mine noire.

Les fondeurs la mettent au nombre des mines

féches. Voyez l'*explication de cette façon de parler*, *à la fin du fer.*

On a,

1. La mine de fer cendrée, folide. [*Minera ferri grifea folida*, WALL.]

Elle eft d'un grain fin, pefante, & fi compacte, qu'on a de la peine à difcerner les particules qui compofent fon tiffu.

2. La mine de fer cendrée, remplie de points brillans. [*Minera ferri grifea punctulis micans*, WALL.]

Elle eft intérieurement remplie de taches, ou de raies luifantes, quelquefois entre-mêlée de paillettes brillantes, qui varient pour la fineffe.

3. La mine de fer cendrée en grains. [*Minera ferri grifea granulata*, WALL.]

Elle eft compofée de grains de différentes groffeurs, tantôt femblables à des gros pois, & tantôt à du petit plomb, ou à des grains de poivre : elle eft peu pefante, peu compacte ; & les grains en font fi tendres ou fi peu unis les uns aux autres, qu'on peut aifément les féparer avec des coups legers de marteau : les mineurs l'appellent *mine de fer grainelée* ; on en trouve dans le duché de Brunfwick.

4. La mine de fer cendrée en cubes. [*Minera ferri grifea, teffulata*, WALL.]

On reconnoît facilement, par fes particules anguleufes & brillantes, qu'elle eft compofée d'un affemblage de grands & de petits cubes.

5. La mine de fer cendrée écailleufe. [*Minera ferri grifea, fquammofa*, WALL.]

Elle paroît compofée d'écailles arrangées les unes fur les autres, en différentes couches ; mais elle eft tellement compacte, qu'elle ne fe divife point felon l'arrangement de fes parties, quand on vient à la caffer.

6. La mine de fer cendrée, feuilletée. [*Minera ferri grifea, lamellofa*, *WALL.*]

Son tiffu eft feuilleté, ou compofé de lames très-vifibles, & faciles à diftinguer ; elle fe divife irréguliérement quand on vient à la brifer, & rarement felon l'arrangement des particules qui la compofent.

7. La mine de fer cendrée, ftriée. [*Minera ferri grifea, ftriata*, *WALL.*]

Elle eft compofée de ftries plus ou moins déliées, communément groffiere, & conformément aux particules d'antimoine, qui s'y trouvent mêlées.

ESPECE CCLXXIV.

VI. Mine de fer bleuâtre.

[*Minera ferri cærulefcens. Ferrum mineralifatum, minerâ cærulefcente, magneti parum amicâ vel refractariâ*, *WALL. Ferrum mineralifatum, fub-cæruleum fplendens*, *CARTH.*]

LES nuances bleues de cette mine font affez différentes entr'elles ; les unes tirent fur le rouge de l'hématite, fur-tout dans l'endroit de la fracture ; les autres font d'un bleu foncé ou grifâtre, brunâtre à l'extérieure, &c. fuivant les matieres qui entrent dans la compofition de cette mine, laquelle, quoique riche en fer, n'eft que peu ou point attirable à l'aimant : auffi trouve-t-on des variétés dans cette efpece de mine, dont les unes appartiennent aux mines aifées à fondre, & d'autres qui fe rapportent aux mines féches, ou difficiles à fondre : on en compte autant de fortes que dans l'efpece précédente, à l'exception qu'on n'en trouve point de ftriée, finon dans la mine

des Conches : on les rencontre toutes en Oftergyl-
len, & dans la Dalécarlie ; elles font fouvent
entre-mêlées d'un fpath vitreux & verdâtre, ou
de mica blanchâtre, ou de pyrites : telle eft celle
de Weddo en Suéde, & de quelques autres
endroits de ce royaume.

ESPECE CCLXXV.

VII. Mine de fer noirâtre (*a*).

[*Minera ferri nigricans. Ferrum mineralifatum,*
minerâ cinereo-nigrâ, magneti amicâ, WALL.
Ferrum amorphum nigricans, badium, rubrum;
Ferrum vulgare, WOLTERSD. *Ferrum mine-*
ralifatum, continuum, nigricans, fplendens,
CARTH.]

CETTE mine eft fort pefante, d'une couleur
un peu grisâtre, plus foncée que n'eft ordinairement la couleur du fer lui-même, femblable à
une maffe compacte de limaille d'acier : elle
contient fi prodigieufement de métal pur & attirable à l'aimant, qu'il n'eft pas rare de la voir rendre dans la fonte, depuis cinquante jufqu'à quatre-vingt livres par quintal ; cependant les fondeurs
la regardent comme une des principales mines
féches : on en compte autant de fortes que la
précédente, ou que la mine de fer d'un gris
cendré, à l'exception qu'on n'en rencontre point
de ftriée : l'on en trouve beaucoup dans la Nor-

____

(*a*) Lorfque la couleur de cette mine n'eft point trop foncée, on peut la regarder, en général, comme une des mines
de fer les plus abondantes, & celle qui fournit le meilleur métal, fur-tout quand elle eft peu ou point minéralifée, qu'elle
eft fortement attirée par l'aimant, qu'elle eft luifante dans l'endroit de fes fractures, qu'elle eft compofée d'un affemblage de
petits feuillets minces, & d'une couleur égale, en un mot, que
la difpofition de fes parties la rendent d'une figure indéterminée.

bile en Suéde, & près de Stockholm ; celle que
l'on rencontre à Mafveaux en Alface, eft comme
marbrée de noir, de brun, de bleu , de rouge.

E S P E C E CCLXXVI.

VIII. Pierre hématite , ou Ferret d'Efpagne ,
    ou Sanguine à brunir.

[*Hæmatites Officinar. Lapis fanguineus nonnullorum ; λίθος , αἷμα , GRÆCOR. Scedenegi ; aut
Sadenegi ARABUM. Ferrum fchiflofum. Ferrum
mineralifatum, minerâ figuratâ, rubrâ, aut triturâ
rubente , WALL. Ferrum rubrum , angulofum ex
centro ftriatum , WOLTERSD. Ferrum mineralifatum, informe , rubro-grifeum , ftriatum ftriis
è centro radiantibus, CARTH. Blutftein GERMA-
NORUM.*

Ce que l'on nomme *pierre hématite*, eft en quelque forte la mine de fer la plus riche : elle eft
formée ou en mammelons ou en écailles, plus
communément ftriée , ou comme cryftallifée ,
alors convexe par un de fes côtés, anguleufe &
rectiligne de l'autre : c'eft-à-dire que fes furfaces
qui fe réuniffent toutes en un point, forment intérieurement une pyramide irréguliere : on appelle
l'hématite *fer fciffile*, parce qu'on peut la divifer
par morceaux , & qu'elle montre intérieurement
un tiffu ftrié ou fibreux, comme l'alun de plume :
elle eft luifante à fa furface, brillante intérieurement , très-dure, compacte, pefante & rouge par
elle-même, ou tirant fur le rouge brun , & donnant
cette couleur, étant mife en poudre, aux corps
qu'on en frote ; elle n'eft point attirable par l'aimant ; le fer qu'elle fournit eft aigre & caffant,
au point que l'on ne peut le rendre malléable ,

qu'en le mêlant avec une mine de fer doux &
plus pauvre ; elle produit quelquefois , dans la
fufion , depuis quarante jufqu'à foixante, &
même quatre-vingt livres de bon fer par quintal : ce fer qui auparavant étoit réfractaire à l'aimant , lui devient alors très-attirable.

L'hématite fe tire de fa mine en morceaux
plus ou moins gros, couverts d'une terre jaunâtre ,
brunâtre , obfcure , environnée de petits cailloux
rougeâtres, comme l'eft le fer dans fa miniere ;
elle donne alors une legere faveur ftyptique , mais
qui fe paffe bientôt , pour peu qu'elle foit expofée
à l'air ou dans le feu. Les principales mines de
pierre hématite font en Efpagne dans la Galice ,
près de Compoftelle , ; elles reffemblent en tout à
celles de fer : les Efpagnols en font un affez
bon commerce , elle eft très-recherchée par la
propriété qu'elle a d'être pefante , & affez dure
pour polir le verre , l'or en feuilles, l'acier & les
autres métaux : les doreurs & les orfevres s'en
fervent pour brunir ; l'on trouve encore de l'hématite en d'autres endroits de l'Europe , ainfi que
l'hiftoire des différentes fortes que nous décrirons
ci-après le fera connoître.

On a ,

1. L'hématite rouge. [*Hæmatites ruber* , *WALL.*]
Cette efpece de mine eft intérieurement difpofée
en aiguilles d'une figure pyramidale : on y remat-
que un nombre de rayons ou de ftries, non in-
terrompus , qui femblent fe réunir dans un même
point ou centre : ces aiguilles font dures, pointues , longues, minces , brillantes , pures & de la
même couleur à-peu-près que l'exterieur de la
mine, d'un rouge brun, comme la limaille d'acier
rouillée , & acquerant une couleur plus rouge , à

mesure qu'on les met en poudre : cette hématite
se trouve en Espagne.

2. L'hématite pourpre. [*Hæmatites purpureus* ,
WALL.]

Sa couleur est d'un rouge brun entre - mêlé de
violet : elle est fort rare ; on n'en rencontre guères que dans le pays de Hesse. Il ne faut pas la
confondre avec la mine de fer rouge compacte ,
qu'on trouve dans le pays de Nassau.

3. L'hématite noirâtre. [*Hæmatites niger triturâ*
rubens , *WALL.*]

Elle est composée de particules , qui ont à-peu-
près la même figure que la précédente , ou l'hématite rouge ; mais elle est plus dure , & sa couleur est noire : cependant , quand on l'écrase , elle
donne une poudre rougeâtre ou jaunâtre : quelquefois aussi cette poudre est marbrée , c'est-
à-dire , de trois couleurs ou teintes différentes ,
noire , rouge & blanche ; & c'est ce qui l'a
fait appeller *trichrus* pas divers auteurs (*a*).

4. L'hématite demi-sphérique. *Hæmatites hemi-*
sphæricus , *WALL. Schistus martialis.*]

Elle est en morceaux demi-sphériques , ou en
croûtes , de l'épaisseur de trois à quatre lignes ,
ressemblant assez à la moitié de la boëte osseuse
du crâne ; elle est de différentes couleurs , tantôt
noire ou brune , & tantôt rouge : on en trouve
dans l'isle d'Ilva en Toscane.

5. L'hématite sphérique. [*Hæmatites globularis* ,
WALL. Ferrum rubrum globosum , extùs pucu-

(*a*) Pline , au rapport de Sotacus , a parlé de cinq especes
d'hématites ou de fer magnétique : *Æthiopicum ; Boëbeïda , in*
echio Beotiæ , circà Alexandriam Troadem & in Magnesiâ Asiæ ,
vulgò Macedoniâ. Ces fers qui étoient de diverses couleurs ,
n'etoient probablement qu'un *penchrus* , à moins qu'il n'eût
voulu décrire alors l'émeril , la manganaise , l'aimant & la
pierre du Périgueux.

latum, WOLT. *Ferrum mineralisatum globosum, aut semi-globosum extùs nigricans, splendens, tuberculatum, intùs rubro-griseum, striatum, striis è centro radiantibus,* CARTH.]

Elle ressemble assez aux pyrites en globules rondes, qui sont striées du centre à la circonférence, elle se forme ainsi dans sa matrice ou miniere, ou toute seule : elle est quelquefois grosse comme une aveline, & souvent comme un pois ; elle est luisante à sa superficie extérieure, & quelquefois vitreuse intérieuremenr : on en trouve dans le territoire de Brele en Lombardie.

6. L'hématite en grappes. [*Hæmatites botryites,* WALL.]

Elle est composée de grains ou mammelons, rarement striée comme l'espece précédente, plus communément composée de couches concentriques : ces lits se font apposés les uns sur les autres, de maniere à former un total qui imite assez bien une grappe de raisin, ou la pyrite botryite : on en trouve de cette espece à Zorge dans le pays de Blankembourg, & de Rothemberg en Saxe, à Gomorra en Hongrie, & dans la Forêt noire, en Allemagne. Voyez *les figures qu'Aldrovande & Ferrante Imperati ont données de ces différentes hématites.*

7. L'hématite en pyramides. [*Hæmatites pyramidalis. Hæmatites turritus,* WALL.]

Elle est disposée en pyramides en relief ou en pointes, c'est-à-dire que ses parties sont arrangées de maniere à faire saillie, comme celles d'un hérisson. Voyez WALL. *Fig.* 10.

8. L'hématite cellulaire. [*Hæmatites cellularis. Hæmatites bracteatus,* WALL.]

Elle paroît composée de feuillets minces & ferrés, disposés d'une telle maniere, qu'ils forment

ment des creux ou cavités à-peu-près semblables à celles d'un rayon de miel : on en trouve à Moftgrube en Norberg , & à Rautoive en Luleo , dans la Laponie Suédoife.

9. L'hématite en lames horizontales. [*Hæma-tites lamellis horifontalibus, & ftriis verticalibus.*]

Cette efpece d'hématite. eft rare ; elle paroît extérieurement compofée de ftries, qui, tantôt fe croifent, ou font perpendiculaires , ou divergent du centre de la maffe ; mais intérieurement elle eft compofée de lames ou de feuillets. Voyez *BRUCKMANN, Epift. XLI, n.* 32 (*a*).

ESPECE CCLXXVII.

IX. Aimant.

[*Magnes Officinar. Lapis Heracleontis. Lapis Syde-ritis aut Sydericus. Lapis nauticus. Lidialithos. Heraclealithos. Lithos magnetis, AVICENNÆ Calamita Rhafis & Italorum. Ferrum mine-ralifatum, minerâ ferrum trahente , & repel-lente, & polos oftendente, WALL. Ferrum amorphum , ferrum attrahens, WOLTERSD. Ferrum mineralifatum attractorium, CARTH.*]

C'EST une mine de fer non malléable, plus ou moins dure & compacte, plus pefante que le fer même, d'une couleur grife, brune, ou noire , &c. Sa figure eft indéterminée, fuivant les diffé-rens pays où elle naît ; ce n'eft que rarement qu'on la rencontre fous une figure octogone, ou

(*a*) OBSERVATION. M. Lehmann, *Minéralog. T. II,* p. 326 , prétend que l'hématite ne doit fa formation qu'au deffé-chement d'un guhr ferrugineux. En effet, dans certaines hémat-tites qui, dit-il, font en grappe de raifin, on voit très-diftinc-tement leur accrétion par les feuillets dont elles font compo-fées, & qui font couche fur couche.

Partie II. K

cubique : on ne réduit point ordinairement l'aimant
dans les fonderies, parce qu'il n'entre que très-
difficilemeut en fufion, & qu'il ne donne qu'une
petite quantité d'un affez mauvais fer; cette efpece
de fer étant pofée près de la limaille ou de quelques petits morceaux de fer, a la propriété de les
attirer & de marquer les poles : quelquefois il
femble repouffer le fer (*a*).

(*a*) On a remarqué que le fer & l'aimant ont une grande
conformité entr'eux : l'aimant peut fe convertir en fer très-
pur, fe rouiller, & le fer peut à la longue devenir un parfait
aimant. Voyez les *Mémoires de l'académie royale des fciences de
Paris, à l'occafion de plufieurs barres de fer, qui fe font trouvées fortement aimantées, & qui fervoient à affermir la charpente
des clochers de Chartres.* En un mot, le fer & l'aimant fe tranf-
mettent leurs propriétés réciproques & femblent devenir les
corps les plus homogenes de la nature; c'eft ce qui l'a fait
appeller *fer vivant.* Quoique tous les phénomenes finguliers
que préfente l'aimant, foient du reffort de la phyfique, nous
croyons cependant devoir dire quelque chofe de fes vertus. On
diftingue, dans l'aimant, deux poles, un axe & un équateur, c'eft dans les deux poles que réfident fa plus grande
vertu. On peut facilement les reconnoître, en approchant
cette efpece de fer à d'autres plus petits morceaux de fer, ou
même en la roulant dans de la limaille de fer, parce que les
deux pointes de l'aimant qui l'auront attirée avec plus de force
& en plus grande abondance, font les deux poles : l'axe de
l'aimant eft la ligne droite qui le traverfe d'une ligne à l'autre, enfin on entend par équateur, le plan perpendiculaire qui
le partage par le milieu de fon axe.
   Les propriétés effentielles à l'aimant, font d'être fufceptibles, 1° de l'attraction, 2° de la communication, 3° de la
direction, 4° de l'inclinaifon, 5° de la déclinaifon : on appelle
ces phénomenes *le jeu magique de l'aimant* ou *le jeu magnétique* :
par exemple, un morceau de fer ou d'acier libres, placés à
une certaine diftance, vont comme d'eux-mêmes s'attacher à
l'aimant; c'eft-là ce qu'on nomme *attraction*, & qui fert à faire
reconnoître le fer par-tout où il eft, fous la forme métallique. C'eft
d'après cette premiere vertu de l'aimant, qui eft connue depuis
long-tems, que l'on a fuppofé des chofes tout-à-fait merveilleufes
& extraordinaires. Pline dit que Dinocrates Alexandrin avoit
commencé à voûter d'aimant le temple d'Arfinoë, afin d'y faire
tenir fon image qui étoit toute de fer, fufpendue en l'air.
Pomet dit qu'on a fait accroire au peuple la même chofe de la voûte
du fépulcre de Mahomet, mais que ce font toutes fables.
M. Geller a fait voir jufqu'à quel point le fer pouvoit être allié
à d'autres fubftances métalliques, fans ceffer d'être attirable à

On trouve l'aimant en différens endroits de
la terre, dans les mines de fer, & quelquefois
l'aimant. On trouve une table que cet auteur a faite à ce sujet,
à la fin du *premier volume de sa Chymie métallurgique*, p. 280
de la traduction françoise.

Au moment de l'*attraction*, dont nous venons de parler,
l'aimant fait passer ses propriétés dans le fer ou dans l'acier, tel
que dans une lame de couteau, une aiguille, une boussole;
c'est-là ce qu'on nomme *communication* : dès ce moment, le
fer devient un véritable aimant.

La *direction* est quand une pierre d'aimant libre & suspendue par un fil, semble affecter de tourner ou de diriger toujours un de ses côtés vers le pole austral ou le nord : cette
propriété a des avantages réels, par rapport à la navigation,
& qui justifient assez le soin que les physiciens ont pris de travailler
à la construction & à la perfection de la boussole, pour nous
en procurer de plus grands encore. Nous ne parlerons point ici de
plusieurs petites particularités de la boussole, que l'on trouve
décrites dans tous les livres de physique; nous dirons seulement que les poëtes du douzieme siécle appelloient cette aiguille aimantée *marinette* : ceux de nos jours la nomment
boussole; & les Italiens, *bossola*. Ce fut dans le quatorzieme
siécle, après avoir déja fait usage de cet instrument, mais qui
étoit alors fort imparfait, qu'on imagina de poser l'aiguille aimantée sur un pivot monté au milieu d'un petit carton fort
leger, divisé en trois cent soixante degrés, & sur lequel on
traça fort industrieusement les quatre points cardinaux, dont le
polaire étoit distingué par une fleur de lys (armes de la France!)
ce fut de cette maniere qu'on perfectionna la boussole; on
découvrit ensuite le moyen de la suspendre dans une boëte, sur
un plan immobile; de maniere que, quelque mouvement qu'il
se fasse de la part du vaisseau, elle demeure toujours horizon-
tale; ensorte que la fleur de lys constamment dirigée vers le
nord, l'aiguille aimantée indique tous les autres points de la rose
ou rhombes de vents correspondans à ceux du monde qu'ils
désignent : voilà l'utilité de cette machine que l'on nomme
compas de mer : c'est sa *direction* qui nous a fait découvrir le
nouveau monde, & qui nous facilite tous les jours l'exporta-
tion comme l'importation des richesses des diverses contrées du
monde. On doit beaucoup aux recherches de M. Antheaume,
qui nous a procuré le moyen de donner à cette machine une
mobilité d'une justesse sans égale, & qui n'est point sujette à
ces oscillations si incommodes, qui rendoient l'aiguille volage.

On nomme *inclinaison* le mouvement par lequel l'aiguille aimantée baisse vers la terre sa pointe septentrionale, comme si
cette pointe étoit devenue plus lourde; ce qui oblige à charger un peu l'extrémité méridionale de l'aiguille, pour la tenir
suspendue horizontalement & dans un parfait équilibre. Jusqu'ici les phénomenes de l'aimant sont assez dépendans les uns
des autres: on remarque qu'aucune pierre d'aimant n'a une

dans celles de cuivre, en Espagne, dans la
Biscaye, à Capo-Verlichi dans la Natolie, dans

de ces propriétés, sans avoir les autres : il n'y a que la cinquieme & derniere propriété qui est moins sensible, c'est-à-dire,
la *déclinaison*.

La *déclinaison* est le mouvement par lequel l'aiguille fait un
angle, en s'écartant de quelques degres de la vraie ligne méridionale ou de l'ombre d'un style vertical à midi. Ce phénomene
est singulier : son inconstance dans les differens pays, son activité
& sa lenteur plus ou moins sensibles en diverses saisons, les
intervalles des tems qui s'observent inégalement, tous ces effets
ont des causes dont les physiciens ne peuvent encore rendre compte d'une maniere évidente ; & l'on en est encore au
mystere des tourbillons, à imaginer un flux & reflux simultané,
qui rend, par transmission, tous les corps ferrugineux, susceptibles de la *communication* & de l'*attraction*, & les oblige de se
diriger, en s'inclinant vers le nord ou le pole, lieu où l'on
suppose être le foyer de la masse magnétique. Quoi qu'il en soit,
les phénomenes connus de la magnéticité, tout merveilleux
qu'ils sont dans les expériences particulieres, ont sûrement un
usage moins borné & plus considérable dans le monde physique, (abstraction faite des propriétés ridicules qu'on lui attribue si gratuitement en médecine.) On travaille tous les jours
à perfectionner les propriétés de l'aimant : on l'arme de liens
de fer, & on le tient suspendu dans un lieu tempéré, en lui faisant tenir, par l'*attraction*, les deux tiers au moins de ce qu'il
peut porter en fer ou en acier. Lemery dit avoir vu une pierre
d'aimant grosse comme une pomme médiocre, attirer & suspendre un pilon qui pesoit vingt-deux livres : cette pierre avoit
été vendue cent pistoles. En 1702, on en montroit une en
Hollande, du poids de douze onces, & qui tenoit en suspen-
sion vingt-huit livres de fer, c'est-à-dire, plus de quarante fois
son poids; on la vouloit vendre cinq mille livres. Nous en
avons montré une pendant long-tems dans notre cabinet, qui
pesoit, avec son armure, trois gros & demi, laquelle enlevoit
facilement neuf onces & demie, c'est-à-dire, vingt-deux fois
son poids; ce qui est considérable, eu égard à sa petitesse.

On fait aujourd'hui des aimants artificiels avec des morceaux
d'acier très-durs, très-acérés, très-unis, & qui ont une force
extraordinaire. Il suffit d'assembler un certain nombre de barreaux d'acier d'Angleterre, de toute dureté, sur l'extrémité
desquels on pose & assujettit un pareil nombre d'autres barres
de fer, mais qui sont fortement aimantées & plus grandes;
ensorte cependant que le tout forme une seule régle, alors on
promene uniformément, le long de cet assemblage, l'armure
d'une bonne pierre d'aimant; on change les faces des barres,
afin qu'elles soient également aimantées par les quatre faces.
Par ces opérations réitérées, on parvient à donner aux barres
d'acier des forces magnétiques qui serviront à leur tour à changer les poles ou à augmenter la puissance des pierres d'aimant

l'Ethiopie , en France , dans l'Auvergne , en Savoye , dans le Piémont , en Allemagne , en Suéde , dans les lieux les plus reculés du Nord , & dans les deux Indes , à égales diſtances de la ligne méridionale : nous ne connoiſſons pas encore laquelle d'entre les différentes ſortes d'aimant , attire le mieux le fer : ſi c'eſt l'aimant rouge , ou l'aimant gris , &c. Voici la variété des aimants.

1. L'aimant blanchâtre. [*Magnes albicans.* *WALL.*

Il paroît que Théamede a bien connu cette ſorte d'aimant , lorſqu'il dit que cette pierre attire ordinairement d'un côté ſeul , & repouſſe toujours de l'autre : on conçoit aiſément l'attraction & la répulſion de cet aimant , lorſque l'on conſidere que deux aimants s'attirent réciproquement , & s'uniſſent avec force par les deux poles oppoſés , mais qu'ils ſe fuient au contraire , avec viteſſe , ſi on les place de maniere que le pole auſtral de l'un , (c'eſt-à-dire, celui qui indique le Nord ,) réponde au pole auſtral de l'autre : il faut donc qu'il ſe trouve dans une ſeule maſſe

foibles ou la force directive des aiguilles aimantées : ces barreaux attirent plus conſidérablement que l'aimant lui-même, pourvu que leurs armures ou contacts ſoient précis & bien ménagés : ils ſont, de même que l'aimant, ſuſceptibles de la perte & du rétabliſſement magnétiques, par la percuſſion.

Gaſſendi & le P. Fournier prétendent que le mot *aimant* vient de l'amour qu'a cette eſpece de métal pour le fer & pour le pole, *quia nil amantius quàm ut attrahere & retinere.* Ménage le fait dériver de *adamante,* ablatif d'*adamans,* dort on à uſé en cette ſignification : on l'appelle en latin *magnes, lapis Lydius aut Heraclius,* parce qu'on le trouvoit dans Héraclée qui eſt une ville de Magnéſie , province de la Lydie , ou du nom d'un berger nommé *Magnès.,* qui le découvrit le premier , avec ſa houlette & les cloux de ſes ſouliers , ſur le mont Ida , comme le témoigne Nicander : on l'appelle auſſi *pierre Herculienne,* à cauſe qu'elle montre les chemins dont Hercule étoit le dieu & le guide : c'eſt ainſi qu'elle eſt nommée dans Euripide : on l'appelle encore *ſyderitis, à σιδηρος ferrum,* parce qu'elle attire le fer , *lapis nauticus,* parce qu'elle guide les pilotes ſur mer, &c.

d'aimant les poles doublés , & qu'ils ne foient féparés les uns des autres, que par un filon très-mince, pour qu'un même aimant produife un tel effet, &c. c'eft-à-dire, pour qu'il fe dirige , tantôt vers le pole auftral, & tantôt vers le boréal.

2. L'aimant d'un gris de fer. [*Magnes colore ferreo compactus*, WALL.

Il eft un peu ftrié , & eft fujet à perdre fa vertu magnétique.

3. L'aimant de couleur de fer grainelé. [*Magnes colore ferreo granulatus*, WALL.]

Il n'attire pas un grand poids, étant par trop poreux : tel eft celui qu'on trouve en Auvergne.

4. L'aimant rempli de points brillans. [*Magnes colore ferreo particulis micantibus*, WALL.]

Il reffemble en quelque forte à la mine de fer réfractaire, que l'on appelle *Wolfram ;* il attire à peine la limaille de fer.

5. L'aimant bleuâtre. [*Magnes cærulefcens*, WALL.]

C'eft celui qui attire ordinairement le mieux ; il eft d'un grain égal, dur & d'un bleu noirâtre, brillant.

6. L'aimant brun ou rougeâtre. [*Magnes colore fufco vel rubente*, WALL.]

C'eft celui qui contient le plus de fer : il ref-femble un peu à la pierre hématite ; il n'attire que des petits cloux.

7. L'aimant compofé de lames. [*Magnes ftratofus.*]

Il eft traverfé de petites veines fpatheufes ; fa couleur eft fort variée : on en trouve qui attire très-fortement.

ESPECE CCLXXVIII.

X. Emeril , ou Emeri , ou Pierre d'Emeri.

[*Smyris Officinar. Lapis fmyrilius. Ferrum mineralifatum minerâ duriffimâ , rapaci , folidâ magneti refractariâ , colore fufco vel ferreo , WALL. Ferrum amorphum , petræ vitrefcentis , WOLT. Ferrum mineralifatum , duriffimum , fufcum CARTHEUSERII ; σμέργυον SERAPII. Sambadegi ARABUM.*]

L'EMERIL eft la premiere efpece de mine de fer vorace , réfractaire , & tellement pauvre , qu'on n'en tire prefque rien ; elle eft grifâtre , couleur de fer, quelquefois rouge , &c. compacte , très-dure , fans cependant avoir la pefanteur de l'hématite ; le peu de métal qu'elle contient n'eft point attirable à l'aimant : l'émeril fe durcit au feu , & n'y entre point en fufion , à moins qu'on ne lui joigne un intermede ou fondant ; alors il produit un régule , pur, malléable , & attirable à l'aimant ; mais , comme nous venons de le dire, l'émeril contient fi peu de fer , qu'on n'en fait point la réduction dans les fonderies : on le retire cependant de fa mine , à caufe de fes propriétés méchaniques , & dont les ouvriers en différens genres tirent bon parti pour polir , &c.

On a,

1. L'émeril gris folide. [*Smyris cinerea compacta.*]
C'eft l'efpece la plus commune , & en même tems la plus ufitée ; elle fe trouve particuliérement & abondamment dans les mines de fer de Gerfey & de Grenefey, ifles Angloifes, proche les côtes de Normandie : cet émeril eft

grisâtre , cendré , pesant, compacte, très-dur, nullement attirable à l'aimant, si difficile à mettre en fusion, qu'il est regardé comme une mine de fer réfractaire. On est dans l'usage de le pulvériser dans les environs du lieu où il naît, après l'avoir séparé des pierres blanchâtres , quartzeuses qui le traversent en maniere de filons : on ne le peut pulvériser que par le moyen de certains moulins faits exprès ; car sa dureté feroit plutôt casser les mortiers des boutiques , que de s'y mettre en poudre : cet émeril pulvérisé sert à polir les armes , & à perfectioner tous les ouvrages de fer & d'acier , même les glaces des miroirs, étant mêlé avec le sable & la sanguine appellée *spuria* ou *ochre rouge : on se sert encore de cet émeril entier, pour couper le verre , comme fait le diamant ; pour tailler, nettoyer, adoucir le marbre , les cailloux & les pierres les plus dures, même les pierreries , à l'exception du diamant.

On appelle la matiere , ou la boue qui tombe des meules des lapidaires , *potée d'émeril* , parce qu'elle contient beaucoup d'émeril , & qu'on la fait sécher pour servir au poliment des pierres tendres , telles que l'albâtre.

2. L'émeril gris lamelleux. [*Smyris grisea lamellosa.*]

Cet émeril, quoique très-dur , l'est moins que le précédent ; il est brillant, & paroît être formé d'un assemblage de petites portions de fer à facettes , mélangée de particules sableuses ou quartzeuses , resplendissantes , & quelquefois de mica : il se divise en tables.

3. L'émeril brun ou rouge. [*Smyris subrubra. Smyris rubens vel fusca , WALL. Smyris cuprea.*]

Cette sorte d'émeril est rougeâtre , bien moins dure que les precédentes; elle ressemble assez au jaspe

rouge , groffier & entre-mêlé de particules brillantes ; en effet, elle paroît , parfemée tantôt de
paillettes talqueufes , jaunâtres & blanchâtres , &
tantôt de petits points d'or & d'argent effectifs :
alors on l'appelle *émeril d'or* , ou *émeril d'argent* ;
elle fe trouve dans les mines de Cufco & de
Potofi au Pérou , & en plufieurs autres lieux de
la nouvelle Efpagne ; cet émeril eft fort rare
aujourd'hui , parce qu'il contient des quantités
d'or & d'argent , & que le Roi d'Efpagne en a défendu le tranfport ; auffi ne le voit-on que dans les
cabinets des curieux : on l'achete au poids de l'or ;
cet émeril eft , felon Pomet , très-eftimé de ceux
qui travaillent à découvrir la pierre philofophale ,
& qui en font des préparations fameufes.

4. L'émeril noirâtre. [*Smyris nigrefcens. Smyris
ferrea , WALL.*]

Cet émeril eft d'une couleur de fer noirâtre ,
mêlée de rouge , à-peu-près femblable à la pierre
hématite : fon tiffu eft uni , peu grainu , matte ,
& a beaucoup de rapport avec celui du ferret
d'Efpagne : c'eft celui qui contient le plus de fer ;
on le trouve dans la mine d'étain d'Eysben-Co-
ken en Cracovie ; dans les mines de cuivre de
Suéde , & d'autres endroits du Nord : on en
trouve auffi en Angleterre ; il eft quelquefois minéralifé par le foufre , & orné des belles couleurs du
cuivre, dont il participe fouvent : cette forte d'émeril
eft auffi fort rare.

On prétend qu'on a appellé cette mine de fer ,
émeril *fmyris* , de σμάω , *tergo , purgo* , parce qu'on
s'en fert pour nettoyer & polir plufieurs matieres.

ESPECE CCLXXIX.

XI. Manganaife , ou Magnéfie des Verriers.

[*Manganefia Officinar. Magnefia. Magalœa. Brauf-*

tein GERMAN. *Lapis manganenſis*, CÆSALP.
*Ferrum mineraliſatum minerâ fuligineâ,
manus inquinante, quæ paſſim ſtriis conver-
gentibus conſtat,* WALL. *Ferrum nigricans,
ſplendens è centro radiatum,* WOLT. *Ferrum
mineraliſatum, nigricans, obſoletè ſplendens,
fibroſum,* CARTH.]

LA manganaiſe eſt une mine de fer pauvre,
aigre, qui n'a point de figure déterminée ;
tantôt elle eſt en petits grains, & reſſemble à
l'aimant de l'Auvergne ; tantôt elle eſt griſâtre,
écailleuſe, marquetée, brillante, & peu ſolide ;
elle contient quelquefois un peu de plomb & d'étain,
mais toujours un peu de fer (*a*) ; tantôt, & plus
communément, elle eſt ſtriée, brillante, ſolide,
& reſſemble à de l'antimoine par ſon éclat, par ſa
couleur qui eſt d'un gris noirâtre, & par ſa peſanteur ; cependant elle eſt plus tendre, plus friable,
plus caſſante, plus graveleuſe dans ſes fractures :
elle eſt preſque toujours traverſée de veines, ou
de filons blancs & quartzeux : la manganaiſe n'eſt
point attirable à l'aimant ; elle produit, dans la
fuſion, un verre jaune ou violet : on la trouve
en divers lieux de l'Europe, dans le Piémont,
dans les montagnes des environs de Witerbe en

(*a*) L'on remarque que plus la manganaiſe eſt blanchâtre, &
moins elle contient de fer ; elle ne rend ordinairement que dix
livres par quintal ; auſſi n'eſt-on pas dans l'uſage de la fondre.
Voyez POTT, *De Sal. comm. p. 79.* Il faut cependant remarquer que la manganaiſe eſt quelquefois riche en fer, puiſqu'il
s'en trouve qui fait une violente efferveſcence avec l'huile de
vitriol, en exhalant une odeur acide & très-pénétrante ; ſouvent même ce mélange s'échauffe à un tel point, qu'il produit
des étincelles : la chaleur ſe ranime auſſi, quand on y verſe
de l'eau froide, & elle devient ſuſceptible de tous les phénomenes
qui arrivent au fer ; mais il faut regarder ce fer comme étranger à la compoſition de la manganaiſe, puiſque M. Pott a
prouvé, dans la ſeconde Partie de ſa Lithogéognoſie, que quand
elle étoit pure, elle ne contenoit point de fer.

Toscane, dans la Misnie, dans le pays de Lune-
bourg, dans la Boheme, dans la Sicile & dans
l'Angleterre, où il s'en trouve proche les collines
de Mendippo, dans le comté de Sommerset : ces
collines sont déja fameuses par les mines de plomb
noir qu'elles renferment, sous le nom de Mine à
potier , *pottern-ore* , parce qu'elle noircit les ouvrages de terre, &c. comme le safre les rend bleus :
la manganaise se trouve aussi dans le Nord, &
particuliérement dans la Norwege ; elle est toujours dans sa miniere, en masses assez grosses ,
& de différentes figures.

On a,

1. La manganaise solide. [*Manganesia compacta.*
Magnesia solida, WALL.]

Elle est ou blanchâtre ou jaunâtre ; la premiere
est très-rare : la seconde ressemble assez à une
mine de fer décomposée ; on en trouve près de
Laon.

2. La manganaise écailleuse. [*Manganesia tes-*
tacea aut crustacea. Magnesia squammosa, WALL.]

Elle paroît presque feuilletée ; elle est très-
dure.

3. La manganaise en cubes brillans. [*Mangane-*
sia cubica nitens. Magnesia tessulata, splendens,
WALL.]

Cette espece est la plus rare ; elle contient
autant de plomb que de fer.

4. La manganaise striée. *Manganesia vulgaris.*
Magnesia striata, WALL. *Magnesia fibris à*
centro radiantibus, CARTH.]

Elle est grisâtre, noirâtre, ou tannée, &
tache les mains ; elle est composée de stries
grossieres, traversée par des veines de quartz ou
de spath, également strié : quelquefois ces stries

font par faiſceaux, *fibris parallelis fasciculatis*, ou diſpoſées ſans ordre, *fibris diſperſis* : c'eſt de cette ſorte de manganaiſe, dont les potiers de terre ſe ſervent ſi communément pour noircir les couvertes de leurs poteries ; les verriers en mettent auſſi dans le verre fondu, pour lui enlever ſa couleur bleuâtre ou verdâtre, afin de lui donner la tranſparence claire & pure qui lui eſt néceſſaire : on en ménage la doſe ; car les verriers & les émailleurs ont remarqué, que loin de purifier & de blanchir leur matiere, elle en augmentoit la couleur bleuâtre, le rendoit un peu opaque, ou d'une couleur pourpre : on obſerve ce phénomene dans la comparaiſon du verre de Boheme, avec celui de Veniſe : c'eſt ſans doute d'après cette propriété, que l'on a appellé la manganaiſe, *le ſavon du verre* (a).

E S P E C E CCLXXX.

XII. Pierre du Périgueux.

[*Lapis Petracorius* AUCTORUM.]

ON donne ce nom à une ſubſtance métallique que l'on peut mettre au nombre des mines de

(a) Proſper Alpin & Albert ont appellé la manganaiſe *Magnéſie*, en ce qu'elle reſſemble à l'aimant par la couleur & par la peſanteur ſpécifique, & qu'elle a la propriété de purifier le verre ou de l'attirer, quand il eſt en fuſion ; de même que l'aimant attire le fer : c'eſt pour cela qu'elle eſt auſſi appellée *terra ſitiens*. Voyez *le Vol. IV du Théatre chymiq.* p. 868. Cette prétendue attraction du verre par la manganaiſe n'eſt qu'une ſéparation du corps coloré & impur, qui ſurnage en forme d'écume, ou qui ſe précipite au fond du verre fondu. Voyez KUNCKEL. Beaucoup de perſonnes ont cru trouver dans la manganaiſe l'arcane propre à la tranſmutation des métaux : on peut conſulter le *Cœlum philoſophorum*, & *Vexatio ſtultorum* d'ORVIUS : cet auteur donne dans le merveilleux, en parlant de cette ſubſtance ; & notamment de celle qui ſe trouve en Piémont, *Magneſia Pedemontana.*

fer de la moindre efpece, ou pauvres (*a*) : il n'eft pas encore décidé fi cette mine n'eft point une efpece de manganaife : celle que l'on voit dans le commerce, chez les droguiftes, eft fort variée , & n'a point de figure déterminée, elle eft dure , pefante , compacte , noire comme du charbon, difficile à mettre en poudre, tachant les mains, brillante & ftriée dans fes fractures , comme l'antimoine : il femble en effet, qu'elle eft compofée de particules difpofées en aiguilles, qui fe croifent, fans être fortement attachées les unes aux autres, puifqu'il y en a de mobiles, & qui vacillent entr'elles , de même qu'une certaine quantité de limaille d'acier attirée par l'aimant : tantôt ce n'eft qu'une forte de mâche-fer, ou de fer , comme fcorifié , ou à demi fondu (*b*).

(*a*) On appelle *mines pauvres* celles qui contiennent trop peu de métal, ou qui font réfractaires , ou qui exigent trop de préparatifs, pour être exploitées avec profit; cependant, malgré la difproportion des mines pauvres avec le produit de celles qui rendent beaucoup & à peu de frais, il y a certains pays où l'utilité de ce métal exige qu'on travaille à la réduction des mines pauvres ou réfractaires ; & on le fait d'autant plus volontiers, dans les contrées où il fe trouve deux mines voifines l'une de l'autre, dont la nature eft tellement oppofée entr'elles, que l'une eft fort réfractaire ou trop difficile à traiter, tandis que l'aatre eft trop fufible ou produit un fer trop doux ; alors on fait un mélange de ces deux fortes de mines, & il en réfulte une bonne quantité de fer excellent & très-malléable. Cette pratique qui s'opere affez communément dans les travaux en grand des fonderies, eft à-peu-près fondée fur le même axiome de la porcelaine, qui établit que deux terres infufibles, ou dont l'une eft fufible & l'autre infufible, mélangées enfemble, produifent une efpece de verre ou au moins une demi-vitrification, qui eft le caractere de la porcelaine.

(*b*) La plus grande quantité du *Lapis Petracorius* ou Périgueux, qui fe trouve dans les boutiques des droguiftes, n'eft ordinairement qu'une efpece de fer poreux ou peu compacte, que l'on trouve répandu fur la furface des terres, dans les bois, les vallons & autres lieux, &c. & l'on peut foupçonner que fi ce fer n'y a point été porté par mains d'hommes, c'eft qu'il y a eu, dans ces endroits mêmes, des fonderies ou au moins des petites forges. Il eft tout-à-fait femblable à celui que l'on trouve dans les environs des volcans.

La vraie pierre métallique, appellée *Lapis Petracorius*, se tire de sa miniere dans la Gascogne, dans le Dauphiné, & dans l'Angleterre, en morceaux de différentes grosseurs, plus ou moins. chargés de corps étrangers : les émailleurs & les potiers de terre s'en servent. pour· purifier, ou colorer, ou vernir leurs ouvrages, de même que de la manganaise ; on a soin de choisir le plus pur, le plus net, le plus compacte, & le plus dur : on a nommé ainsi cette substance, parce que la premiere qu'on a mise en usage, s'est trouvée dans le Périgord.

ESPECE CCLXXXI.

XIII. Mine de Fer arsénicale.

[*Minera ferri arsenicalis. Wolfram* GERMAN. *Spuma lupi, nonnullorum. Ferrum arsenico mineralisatum, minerâ nigrâ, vel fuscâ, attritu rubente, crystallisatâ, planis nitidis splendente,* WALL. *Ferrum nigrum radiatum Jovem adulterans,* WOLTERSD. *Ferrum mineralisatum, griseo-nigrum, splendens, lateribus planis, striatis,* CARTH.]

SA couleur est tantôt argentine, noirâtre, ou d'un rouge brun, d'une figure indéterminée, quelquefois cubique ou striée, plus communément à facettes, ou en prismes : elle ressemble un peu. à de l'antimoine, ou aux cryaux d'étain minéralisés, sans cependant en avoir l'éclat ; il n'est pas même rare de la rencontrer dans la mine d'étain, ou dans son voisinage : ses côtés sont unis ou brillans, & ses angles obtus ; cette mine, quoique minéralisée par l'arsenic, ne laisse pas que de donner des étincelles, lorfqu'on la frape avec l'acier ; elle devient rouge, à mefure qu'on l'écrafe : elle eft compofée de fer, d'arfenic, & d'une terre réfractaire, ou difficile à fondre.

On a,

1. La mine de fer arfenicale ftriée. [*Minera ferri arfenicalis ftriata. Spuma lupi ftriata*, WALL. *Plumbago ftimmi fimilis*, KENTMANN.]

Elle eft compofée de particules ftriées, qui fe rapprochent beaucoup de l'antimoine ; cependant elle en differe, non feulement, parce que fes ftries fe réuniffent dans un centre, mais par fes propriétés particulieres. Voyez la *Pyritologie de* HENCKEL, *pag.* 64. On en trouve à Altemberg, en Mifnie, dans les mines des Vofges, & à Thalaig en Suéde : fa couleur eft noirâtre ; on y diftingue de la pyrite.

2. La mine de fer arfenicale cubique. [*Minera ferri arfenicalis teffulata. Spuma lupi cubica*, WALL.]

Elle reffemble à la galêne de plomb, excepté qu'elle n'en a pas l'éclat, & qu'elle eft plus noire & plus dure : on la nomme *galêne de fer* ; il eft très-difficile de la réduire, tant elle eft réfractaire : on la confond fouvent avec la mine d'étain cryftallifée ; elle fe trouve dans les mines de Weftonfors en Weftmannland.

3. La mine de fer arfenicale, compacte, à petits grains polyëdres. [*Minera ferri granis minoribus, polyformis folida. Spuma lupi particulis polyædris, compacta*, WALL.]

Elle eft compofée d'un affemblage de plufieurs petits grains ou cryftaux polyëdres, très-unis les uns aux autres, d'une couleur brunâtre, & opaques,

4. La mine de fer arfenicale demi-tranfparente.
[*Minera ferri arfenicalis ferè pellucens. Spuma lupi particulis polyædris, femi-pellucida,* WALL.]

Elle a un certain rapport avec la précédente par la configuration extérieure de fes cryftaux, qui reffemblent beaucoup plus aux grenats par leur couleur rouge & par leur efpece de tranfparence.

ESPECE CCLXXXII.

XIV. Mine de fer micacée, ou Mica ferrugineux.

[*Minera ferri, fplendens mica referens. Mica ferrea. Ferrum arfenico mineralifatum, minerâ micaceâ rubrâ vel attritu rubente,* WALL. *Ferrum mineralifatum, fquammofum, grifeum, fplendens, friabile,* CARTH.]

CETTE mine eft arfenicale ; elle eft compofée d'écailles très-minces, fort déliées, & peu compactes, faciles à écrafer entre les doigts, très-douces au toucher : fa couleur eft d'un rouge plus ou moins foncé, ou au moins d'un gris de fer dont l'éclat eft obfcur ; mais étant frotée, ou mife en poudre, elle devient rougeâtre comme l'hématite, & rend les doigts d'un rouge luifant : elle donne communément un fer aigre & caffant, à caufe de la quantité d'arfenic qu'elle contient.

On a,

1. La mine de fer micacée grife. [*Ferrum micaceum cinereum, mica ferri livida,* WALL.]

Elle eft en petites maffes friables, dont les particules font écailleufes, legeres au point de nager fur l'eau ; fa couleur eft, ou grife, ou noirâtre ; mife en poudre, elle devient d'un rouge luifant,

luifant, & cependant ne tache que peu ou point les doigts.

2. La mine de fer micacée rougeâtre. [*Ferrum micaceum rubefcens, WALL.*]

Sa couleur reffemble affez à celle du crayon rouge ; elle eft brillante, talqueufe & graffe au toucher, & tache les doigts comme la mine de plomb : cependant elle donne une couleur rougeâtre à l'eau, au fond de laquelle elle fe précipite : expofée au feu, elle n'en reçoit aucune altération : on en trouve à Eyfen-Meulem, près de Dambac.

E S P E C E CCLXXXIII.

XV. Fer minéralifé dans du limon.

[*Minera ferri lacuftris & paluftris. Tophus Martis. Ferrum argillâ mineralifatum, minera intrinfecè colore ferreo, vel cæruleo, WALL. Minera ferri fubaquofa.*

Toutes les mines limonneufes, ou aquatiques, font compofées de portions de mines de fer très-atténué, qui n'ont point une grande confiftance, lefquelles ont été détachées de leur miniere, & charriées enfuite dans des lacs & marais, où elles fe font enfin précipitées, par leur pefanteur fpécifique, dans les endroits creux & ferrés : c'eft la raifon pourquoi ces mines font en quelque forte inépuifables, étant continuellement remplies par la décharge des nouvelles eaux : les mines limonneufes font toujours graveleufes, fablonneufes, caverneufes ; & en fe féchant, elles acquierent extérieurement une couleur brune, ou foncée, femblable à du fer rouillé : elles paroiffent intérieurement bleuâtres, grifâtres, jaunâtres, luifantes & brillantes ; quelquefois elles reffemblent à du fer brûlé, ou à des fcories de fer : on les trouve fous l'eau, & fous une forme terreftre, d'une confiftance limonneufe, & peu compacte : le fer qu'on en tire, n'eft que peu ou point attirable à l'aimant ; il eft caffant, tantôt à froid & tantôt à chaud : cette mine differe beaucoup des ochres dont nous avons parlé dans la claffe des terres, & qui eft ainfi défignée dans Wolterfdorf & Cartheufer, *Ochra aut ferrum terreum, lutum manus inquinans;* ces fortes de terres, ou de mines ochracées, ne font qu'un fédiment, ou un limon formé par la décompofition d'une mine de fer, & fur-tout de celle des pyrites fulfureo-martiales, tombées en efflorefcence: il eft affez rare que l'ochre contienne affez de métal, pour être traitée avec profit ; c'eft pourquoi les mineurs n'en font jamais la réduction, tandis qu'ils exploitent les mines limonneufes dans les fonderies. On trouve beaucoup de ces mines dans les endroits marécageux, fur-tout en Suéde, & dans la plûpart des autres pays du Nord, où on les nomme *mines des marais, mines des lacs, mine marécageufe.*

On a,

1. La mine de fer limonneufe rougeâtre. [*Minera paluftris rubens. Minera ferri fubaquofa, rubens, WALL.*]

Elle eft en maffes, groffes tantôt comme une noix, & tantôt comme un pois ou une féve; elle eft plus ou moins compacte, & rude au toucher, felon fon degré de féchereffe : fa couleur eft d'un brun tirant fur le rouge ; intérieurement elle n'a point de figure déterminée.

2. La mine de fer limonneufe verte. [*Minera paluftris viridis. Minera ferri fubaquofa, viridefcens, WALL.*

On la rencontre sous différentes grosseurs, ou comme des grains de sable, ou en grandes masses : celle qui est de la grosseur d'une aveline, ou comme un petit œuf de pigeon, d'un gris sale, tendre, happant à la langue, est une sorte d'argille qui contient du fer, & qui est une excellente castine : on la trouve sur les frontieres de la Lorraine & de la Champagne.

3. La mine de fer limonneuse d'un noir bleuâtre. [*Minera palustris ex nigro cærulescente. Minera ferri subaquosa viridescens*, WALL.]

Sa couleur est très-foncée, & tire intérieurement sur le bleu d'un acier qui a reçu des coups de feu, ou qui a été brûlé.

4. La mine de fer limonneuse à tuyau. [*Minera palustris tubulata.*]

Elle est comme perforée, & paroît n'être autre chose qu'une ostéocolle ferrugineuse, c'est-à-dire que les trous qu'on y voit, n'ont été formés que par les racines d'herbes sur lesquelles elle s'étoit déposée dans l'état de liquidité ; ces racines en se pourrissant, y ont produit nécessairement des vuides. *Voyez ce que nous avons dit des ostéocolles, pag.* 30, 81 & 74 *de la premiere Partie.* Quelquefois cette mine est en stalactites, & on l'appelle mine de fer en bâtons, *Minera palustris fusteata ;* son nom ordinaire est *mine à tuyau :* on en trouve dans le Soissonnois.

5. La mine limonneuse brune, de figure indéterminée. [*Minera lacustris obscurè rubra, figurâ incertâ. Minera ferri subaquosa fusca, extrinsecè amorpha,* WALL.]

Elle est très-tendre & friable, sans figure déterminée, menue comme du gravier : sa couleur est extérieurement d'un brun foncé, & bleue dans l'intérieur, ou rousssâtre ; on la trouve dans le fond des lacs.

6. La mine limonneuse en globules. [*Minera lacuſtris globoſa, geodes referens. Ferrum amorphum globulis minutis,* WALL.]

Elle eſt compacte, jaunâtre, brunâtre, de la groſſeur & figure d'un pois ; auſſi la nomme-t-on *mine de pois :* on en trouve en Franche-Comté, en Auvergne ; quelquefois elle eſt un peu applatie, feuilletée ou écailleuſe ; alors on la nomme *mine de féves :* celle-ci renferme communément un grain ou noyau, que l'on appelle *callimus aut nucleus.*

On peut, à la rigueur, regarder cette ſorte de mine, comme une *pierre d'aigle* appellée *ætites,* qui n'eſt qu'une eſpece de mine de fer à noyau ou en géodes rondes ou applaties, & qu'on trouve abondamment en Egypte & en Eſpagne,

7. La mine limonneuſe & caverneuſe (*a*). [*Minera lacuſtris lamelloſa, cavernoſa.*]

Elle eſt d'une couleur jaunâtre ou iſabelle, feuilletée ou formée par couches irrégulieres, & ſur la ſuperficie deſquelles s'élevent des petites écailles par compartimens ſymmétriques, qui forment dans leur centre des petites foſſes ; ce qui fait appeller cette mine, *mine limonneuſe en godets :* les Allemands l'appellent *Nieren-Ertz.* On en trouve près de Tieſſenback ; cette mine rend quelquefois, dans la fonte, depuis trente, juſqu'à ſoixante livres par quintal : il ſeroit à ſouhaiter que toutes les mines que l'on regarde comme riches, en fourniſſent autant l'une dans l'autre ; lorſque cette mine eſt en couches jaunâtres, & non caverneuſes, on dit ſeulement *lamelloſa ;* telle eſt celle de Schningelſen en Alſace.

(*a*) Il y a beaucoup de bonnes mines qui ſont en couches caverneuſes, peſantes & plus ou moins dures, ſans être pour cela formées dans des marais, &c. Telles ſont celles des environs d'Alençon & de Deventer ; on ne peut cependant les regarder que comme des guhrs de fer, qui ſe ſont précipités dans es lieux où on les rencontre.

8. La mine de fer limonneuse lenticulaire.
[*Minera lacuſtris numiſmalis. Minera ferri ſub-
aquoſa numiſmalis,* WALL.]

Elle paroît compoſée d'un aſſemblage de parties
écailleuſes qui forment dans leur total une maniere
de gâteau feuilleté, dont chaque partie ne reſſemble pas mal à des petites piéces de monnoie
renflées dans leur centre, & où eſt ſouvent renfermé un grain plus ou moins gros : leur couleur
eſt extérieurement noirâtre, ou d'un brun rouſ-
ſâtre ; ſi on les briſe , ils ont intérieurement le coup
d'œil vitreux comme le ſpath : l'aimant en attire
fortement les particules ; il ne faut pas confondre
cette mine avec la pierre lenticulaire, minéraliſée par
le fer , & qui a ſervi autrefois de loges à une
eſpece de teſtacé : on trouve la mine de fer limonneuſe lenticulaire dans différentes rivieres de la
Saxe, de la Boheme, & du pays de Heſſe.

ESPECE CCLXXXIV.

XVI. Fer minéraliſé dans le ſable (*a*).

[*Ferrum arenâ mineraliſatum,* WALL. *Ferrum
glareoſum atrum, magnetem ſequens,* WOLT.
Ferrum attractorium, Muſaï Teſſin.]

ON donne ce nom à un aſſemblage de petits

(*a*) OBSERVATION I. D'après ce qui a été dit juſqu'ici,
l'on a eu occaſion de remarquer que le fer ſe rencontre
dans les eaux vitriolico-martiales , froides , thermales , dans les
différentes terres , tant en pouſſiére qu'argilleuſes , bolaires , &c.
dans les pierres tendres & dures qui ſont colorées , telles que les
marbres , les ſpaths , les jaſpes , les ſilex , les pierreries , dans
les pyrites , les mines arſenicales & celles d'étain , dans les
pierres calaminaires : il n'y a pas juſqu'aux mines de cuivre ,
d'argent , & même les pétrifications , les végétaux & les animaux , &c. où le fer ne ſoit répandu ; & l'on pourroit dire
avec M. Wallerius , qu'en général , tout notre globe , ainſi
que tout ce qui y eſt contenu , eſt mêlé de parties de fer.

grains de fer très-purs & très-déliés, presqu'entiérement attirables à l'aimant, dont la couleur est

II. OBSERVATION. Nous ajoûterons ici la description d'un
métal singulier, que quelques personnes regardent ou comme une
espece de mine de fer, ou comme un métal composé, &
d'autres comme un métal nouveau, & que peut-être nos lecteurs
ne trouveront pas déplacée ici. Il s'agit de la platine ; cette
espece de substance métallique nouvellement connue à l'Europe, & qu'on a découvert depuis peu dans l'Amérique Espagnole
dans le bailliage de Choco au Pérou.

Plusieurs métallurgistes ont d'abord cru que la platine
étoit de la même nature qu'un certain minéral appellé
pierre des Incas, qui est une pyrite arsenicale du Pérou,
dont nous avons parlé, *pag.* 16 ; mais ils ont reconnu que c'est
un vrai métal.

La platine est lisse, brillante, couleur d'argent, d'un tissu
grainu, mais serré & uniforme ; elle est grise dans ses fractures, elle présente des triangles ou plans, à côtés inégaux ; elle est
très-dure, compacte, susceptible du poli ; elle a la pesanteur
spécifique & la fixité de l'or ; elle est inaltérable à l'air, à
l'eau & à tous les acides, excepté l'eau régale, &c. Elle est
peu malléable, peu ductile, & cependant amalgamable.

Cette espece de métal s'appelle, dans l'Amérique méridionale,
la platina del pinto, petit argent du Pinto ; le mot espagnol
plata signifie argent, & comme ce métal a la couleur blanche, c'est pourquoi on dit *platina*, petit argent : on l'appelle
aussi *Juan blanca* & or blanc : quelques personnes en ont même
fait un huitieme métal.

L'on n'est pas encore bien instruit si la platine est tirée de
sa miniere, sous la même forme & figure que nous la voyons ;
plusieurs prétendent que les Espagnols ne la trouvent point en
filons, ou en masse métallique, mais en poudre ou petits grains,
telle qu'on nous l'envoie.

Il seroit cependant plus naturel de croire que ce métal ne
nous est point envoyé dans son état primitif, & qu'il est probablement tiré de sa miniere en grandes masses, lesquelles,
après avoir été brisées, ont été traitées par le lavoir, l'amalgame & l'ignition. Ce qui peut donner de la vraisemblance à
cette conjecture, c'est que, 1°. dans les différentes portions qui ont été distribuées à divers métallurgistes ou chymistes pour en faire l'analyse, ils y ont souvent remarqué quelques grains de sable noir, de spath, de particules d'or, &
d'une substance ferrugineuse, semblable à de l'émeril ; toutes matieres qui accompagnent fréquemment les métaux, tant parfaits qu'imparfaits dans leurs mines. 2° M. Marcgraff a démontré que la platine qu'on avoit prise jusqu'ici pour un huitieme métal, ou au moins pour un demi-métal différent de tous
ceux qui nous étoient connus, n'étoit qu'un alliage métallique :
il en a retiré du mercure, du fer & de l'or.

Une seconde conjecture que la platine ne nous parvient

d'un noir plus ou moins foncé, & qui est si riche,
qu'il rend à la fusion jusqu'à quatre-vingt dix livres

point telle qu'elle sort de sa mine, c'est que les Espagnols qui
en sont les possesseurs, ont presque seuls le secret de la fondre
facilement, au moyen d'une très-petite quantité de soufre ou
d'arsenic, (car ce métal, tel qu'ils nous l'envoient, résiste des
journées entieres au feu le plus véhément,) & d'en faire des
gardes d'épée, des boucles, des tabatieres & d'autres bijoux,
des miroirs, des télescopes, &c. La platine contient 20 karats
de fin, ou d'une matiere fixe par once.

La connoissance particuliere que quelques-uns de leurs artistes
avoient des propriétés de ce métal, les avoit engagés à adultérer
avec la platine l'or en lingot & ouvragé : cet alliage qui ôte à l'or
pur sa ductilité & sa tenacité, ne pouvoit être distingué, ni par
la vue, ni par les épreuves ordinaires, puisque la platine résiste
à la cémentation, à la coupelle, à la quartation & à l'antimoine ; c'est ce qui a déterminé le roi d'Espagne à en faire
fermer les mines, ainsi que celles de *Santa-Fé*, peu distantes de
Carthagene, & qui en contiennent beaucoup, ordre qui rend
la platine plus rare aujourd'hui.

La valeur de la platine étoit, il y a quelques années, au-
dessous du prix de l'argent, parce qu'il s'en trouvoit beaucoup
de répandue dans toute l'Europe ; mais elle a beaucoup augmenté. Ce minéral singulier, sur lequel les flux les plus puissans,
secondés de la plus grande violence du feu de bois & de charbon, n'ont point d'effet, entre cependant en fusion par parties,
au moyen d'une grande lentille de verre exposée aux rayons
d'un soleil vif ; la partie fondue est traitable sous le marteau :
cette expérience a été faite par MM. Macquer & Baumé qui
l'ont communiquée publiquement, il y a trois ans à l'académie
royale des sciences de Paris, & qui ont fait voir, dans une de nos
conférences, de la platine qu'ils avoient laminée eux-mêmes.

La platine s'allie plus ou moins facilement avec tous les métaux
connus, en les faisant fondre ensemble à poids égal ; elle a la propriété de durcir les métaux, & de les roidir tous : elle empêche
le fer & le cuivre de se rouiller & de se ternir ; mais elle diminue
la ductilité des métaux malléables.

Ses effets sur les demi-métaux, quoique moins remarquables,
méritent d'être connus ; elle augmente la dureté du zinc, ainsi
que du régule d'antimoine, mais non celle du bismuth.

Ses effets sur les métaux composés, sont semblables à ceux qu'elle
produit sur les métaux simples, elle rend le laiton, blanc, dur,
fragile, susceptible d'un beau poli, sans se ternir à l'air.

L'on voit par cet exposé, que la platine occasionne des changemens remarquables à toutes les substances métalliques, dans
leur couleur, ainsi que dans leur tissu & leur dégré de dureté :
toutes les substances métalliques alliées à cette espece de métal,
n'en peuvent être séparées, sans être corrodées ; pour la platine,
elle résiste complettement à la puissance destructive du plomb &
du bismuth, ainsi qu'à la voracité de l'antimoine : elle entre faci-

de métal par cent pefant : à la vérité, il eft bien
rare de trouver du fer minéralifé ou interpofé
lement en fufion, au moyen du foufre ou de l'arfenic, c'eft un
phénomene unique en métallurgie.

La maniere dont la platine fe comporte dans toutes les expériences eft inouïe. Eft-ce un métal fimple d'un genre particulier
& effentiellement différent de tous ceux qu'on a connus jufqu'à ce
jour, ou un métal compofé, & tellement minéralifé, qu'on ne
peut la fondre ni la détruire ? Nous ajoûterons encore, qu'elle partage même avec l'or toutes les prérogatives particulieres qui le
caractérifent & le diftinguent non feulement des métaux imparfaits, mais même de l'argent : la platine cede au diffolvant de l'or, &
cette diffolution ne teint point les fubftances folides des animaux,
& l'étain n'en tire aucune couleur pourpre, comme de celle de
l'or. Enfin ce métal, bien examiné dans fa fingularité, doit être
intéreffant aux amateurs de l'hiftoire naturelle, de la phyfique & de
la chymie, néceffaire dans l'art de l'orfévrerie, en un mot, d'un
ufage important à la fociété.

'OBSERVATION III. Jufqu'ici nous avons décrit les mines
de fer en naturaliftes, c'eft-à-dire que nous les avons confidérées
par l'extérieur, dont l'ufage a appris que telle mine, de telle figure,
étoit minéralifée ou pure ; mais fes avantages, quoiqu'importans,
font trop peu confidérables : il nous refte à les décrire en minéralogiftes, ou à donner une idée de la théorie-pratique des fondeurs ; ceux-ci occupés du foin de réduire la mine, & du choix
qu'on en doit faire avant de la porter à la fonderie, en font une
diftinction toute différente de celle des naturaliftes ; cette divifion confifte à confidérer les mines, eu égard à la maniere dont
elles fe fondent dans le fourneau, fçavoir en mines féches ou
réfractaires, & en mines vives ou faciles à fondre.

On entend, par la premiere forte, les mines minéralifées par l'arfenic & le foufre, qu'on eft obligé de réduire de différentes manieres, tantôt en leur faifant fubir l'action du grillage, tantôt
en joignant un peu de terre graffe, ou calcaire, ou gypfeufe,
pour féparer la partie métallique de celles qui, faute d'un fondant naturel, ne fe fondent que lentement & difficilement dans
le feu le plus violent.

Par la feconde efpece, on défigne les minéraux à qui les parties
terreftres ou métalliques qui y font naturellement jointes, fervent de fondant, c'eft-à-dire, les font aifément entrer en fufion.

Voici la maniere dont l'on procede à la fufion de ce métal,
dans les travaux en grand : on commence par torréfier la mine
la plus facile à réduire, afin de lui enlever les minéraux volatils,
tels que l'arfenic & le foufre ; fubftances contraires à la malléabilité du métal : enfuite on écrafe la mine en petits morceaux, à
l'aide de gros pilons ; & pour la féparer de la terre & du gros
fable, avec lefquels elle eft mêlée, on la jette dans une
maniere de foffe faite en cuve plate, plus longue & plus large
que haute ; (on appelle cet endroit *lavoir :*) on y fait paffer une

dans le fable, qui foit auffi riche : on ne rencontre un tel fer, que dans les environs des lieux où

eau courante, en remuant continuellement le tout ; l'eau en emporte le limon ou la terre pure, & laiffe tomber au fond du lavoir la partie métallique plus pefante que les terres ; on porte cette mine lavée & épurée à la fonderie où font des grands fourneaux faits exprès, dans lefquels on la range lit par lit avec du charbon ; on obferve feulement que la première couche & la derniere qui eft la fupérieure, foient de charbon, afin que le phlogiftique fe combine avec la terre ferrugineufe, & lui donne fa forme métallique. On eft auffi obligé d'y joindre de la *caftine* appellée **erbue**, (efpece de pierre calcaire ou d'une autre nature, mais propre à abforber d'une part les corps qui minéralifent telle efpece de fer, & de l'autre à empêcher ou ralentir la fufion des matieres trop fufibles ;) on eft même quelquefois forcé d'ajoûter, foit de l'argille, foit du gypfe, à la mine de fer pour en faciliter la fufion ; (ces flux font les plus puiffans :) enfuite, au moyen d'un feu très-violent, excité par de grands foufflets à deux vents, on la met en fufion ; on a foin de retirer de tems en tems une maniere d'écume qui eft comme vitrifiée, & femblable à de l'émail ; puis on débouche la vanne ou porte du fourneau, avec un ringard ; & la matiere fondue coule comme un ruiffeau de feu dans des moules ou grands lingots, qui font des efpeces de fillons triangulaires & prifmatiques, longs de 10 pieds fur un pied de profondeur, & que l'on a tracés dans le fable ; le fer ainfi reçu dans ces moules, prend la même forme, & reçoit alors le nom de *fer de fonte* : les forgerons l'appellent encore *fer en gueufe* : chaque lingot de ce fer fondu pefe depuis 12 jufqu'à 1800 livres ; il eft plus qu'effentiel aux ouvriers de tenir le métal en fufion long-tems, parce que l'ouvrage qu'on en fera, fera plus fin & plus beau ; s'il n'y demeure, par exemple, que douze heures, il ne fera propre qu'à faire de gros ouvrages qui ne peuvent être limés, mais qu'on peut polir avec de l'émeri ou du grès, tels que des boulets de canon, des bombes, des mortiers, des poids à pefer, des contre-cœurs de cheminée, &c. Mais il faut qu'il refte en fufion, pendant feize & même vingt heures pour fe bien raffiner, & pour qu'on en puiffe faire des utenciles fins & polis.

Il eft d'ufage, dans les fonderies, de divifer encore le fer de fonte, c'eft-à-dire le *fer de la premiere fufion* en deux efpeces, qu'il eft effentiel de connoître ; 1° il y a le fer caffant à froid : c'eft le fer doux ; 2° le fer caffant à chaux ; c'eft le fer ferme : les ouvriers reconnoiffent cette propriété au fer dès fa mine, auffi difent-ils que les mines de fer caffant à froid, font celles dont le fer quand il a été rougi eft très-malléable ou ductile, mais qui étant refroidi eft fragile, fe caffe fous le marteau & à l'ufer ; qu'au contraire les mines de fer caffant à chaud, font celles dont le fer étant rougi, fe caffe fous le marteau, ou fe fépare par éclats en beaucoup de morceaux, mais que refroidis, il prend du corps, réfifte au marteau, ne s'y laiffe point caffer aifément & s'y laiffe en quelque forte étendre.

il y a des minieres tendres, ou un peu compactes de ce métal, au travers defquelles une certaine

Cette derniere efpece de fer eft toujours mêlée de foufre : cependant elle peut, étant forgée, devenir auffi bonne que la précédente. Comme le fer de fonte eft encore fort impur, aigre,
fragile, & non malléable, on eft obligé, pour le réduire dans fa
ductilité, & pour le rendre traitable fous le marteau, de lui
faire éprouver une nouvelle & longue fufion par un feu de la
derniere violence ; or, pour y parvenir, on le porte à l'*affinerie* :
c'eft une efpece de forge qui eft au niveau de la terre, & où il y a
un trou au milieu ; & à mefure que le fer fe fond, il coule dans
le trou, où l'affineur remue fortement avec une barre de fer,
afin que les parties du métal s'uniffent bien, car l'expérience a
appris que plus la matiere a été remuée vigoureufement, plus
le fer en eft doux & de bonne qualité ; après que cette matiere a été fuffifamment remuée, qu'elle a acquis de la confiftance
par le refroidiffement, on la porte fur des enclumes où on
la bat long-tems avec des grands & gros marteaux, pour en
faire fortir la terre & les autres impuretés qui pouvoient y être
interpofées : on a foin de le faire rougir dans le feu de l'affinerie, par intervalles, afin de le rendre plus traitable & de pouvoir mieux l'étendre en tous fens, de lier exactement les parties métalliques, en un mot, pour lui procurer toute la ductilité
dont il eft fufceptible ; alors le fer eft en fa perfection : il eft
malléable & peut fouffrir la lime.

Si l'on veut réduire ce fer en barres ou en autres figures,
on le porte dans une autre forge appellée la *chaufferie* : c'eft-là
qu'on le fait amollir par le feu, pour l'étendre facilement fur
une enclume, en la maniere que l'on veut, foit en barres
carrées, ou rondes, ou plattes, en *carillons*, en *bottes*, en
courçons, en *cornettes*, en *plaques*, en *tole*, & en *fil* : ce fer
étant mis à refroidir dans l'eau, prend alors le nom de *fer
forgé*.

La *tole* n'eft que du fer en barres, chauffé & étendu, avec
des marteaux, en plaques affez minces & plus ou moins grandes ; on le bat ainfi, jufqu'à ce qu'elles foient douces & traitables : car fi l'on outre-paffoit le martelage, elles deviendroient
noires.

Ce font ces plaques de fer qu'on enduit d'étain, afin de
les préferver de la rouille & de les rendre d'un plus grand ufage
pour divers ouvrages ; or pour y parvenir, on blanchit d'abord
la feuille de fer dans des baquets pleins d'eau, & de cette
efpece de vinaigre qu'on tire du bled fermenté ; enfuite après
avoir froté la tole avec une éponge trempée dans un peu de
colle, ou de poudre de fel ammoniac, ou encore de fel de
tartre bien pulvérifé, on la plonge une demi-minute dans un
creufet de fer de dix-huit pouces de profondeur, rempli d'étain
fondu ; & cette lame de fer devient blanche & luifante : c'eft-
là ce qu'on nomme *fer blanc* ou *tole étamée*. Cette opération, qui
ne fe faifoit au commencement de ce fiécle, qu'en Allemagne, eft

quantité d'eau venant à passer rapidement , en
désunit les particules , & les charrie jusqu'au lieu

aujourd'hui pratiquée en plusieurs endroits de la France , mais
d'une maniere différente de la méthode usitée ci-dessus.

On a un moyen sûr pour nettoyer & décaper, sans le secours
du sel ammoniac, les feuilles de fer blanchi pour les étamer ; il
suffit de les tremper dans une eau de son aigri, & de les faire
rouiller aux étuves assez pour les décaper , ensuite les écurer
au grès , puis les plonger dans un creuset plein d'étain fondu ,
couvert de deux doigts de suif , qui , d'une part empêche
l'étain de se convertir en chaux , & de l'autre fournit en se
brûlant assez de métal à la feuille qui le traverse, pour lui permettre de se bien étamer : cette découverte a été donnée au
public par M. de Reaumur ; tout le monde sçait combien le
progrès des arts & des sciences lui est redevable , & notamment dans l'article dont il est ici question ; c'est cet illustre
académicien qui nous a appris que le fer & l'acier étoient
susceptibles du magnétisme par la seule percussion : il nous
a instruits de la maniere d'adoucir le fer fondu , ou fer
de fonte , le rendre malléable , de lui donner la propriété de se
durcir & de devenir cassant , de convertir le fer en acier, par
une opération appellée *trempe* ; en un mot, c'est à ses travaux
que nous devons le secret du fer sous ces trois formes , & que
les Allemands seuls possédoient. Les *verges de fer* se forment avec
du fer en barre, qu'on a suffisamment chauffé dans un four
fait exprès , & qu'on a ensuite fendu avec des roues d'acier ,
& enfin figuré tel que nous le voyons. Le *fil de fer* ou *fil
d'archal* est fait avec des verges de fer rondes , qu'on a rendues
assez menues pour être passées par des petits trous de la même
maniere qu'on passe de la bougie , en commençant par le grand
trou, & ainsi de suite, en diminuant & finissant par le plus petit,
pour former des cordes de tympanon , de psaltérion , de clavecin , &c.

Ce que l'on appelle *mâche-fer* , est une espece d'écume po-
reuse, ou une maniere de scories noirâtres, appellées en latin
scoriæ ferri , *aut recrementa ferri* , qui se séparent du fer dans
les forges des maréchaux & serruriers , & qui se mêlent avec
du charbon de terre ; cette matiere est fort raréfiée ; on s'en
sert pour polir & pour nettoyer les ustenciles de fer.

Nous avons deja dit que le fer étoit susceptible de la rouille ;
en effet si on le réduit en limaille & qu'on l'expose à l'action de
l'humidité , cette limaille se convertit en une rouille, *ferrugo,* qu'on
appelle *safran de mars* ou *rouille de fer* , dont on se sert pour
colorer le verre fondu ; on emploie aussi en médecine cette
limaille rouillée pour quantité de maux ; mais il y a lieu de
douter qu'elle puisse produire des grands effets n'étant qu'un
fer privé de son phlogistique & dans l'état de chaux, &c.

Quant à ce qui concerne l'acier, on sçait qu'il n'y a point
de mines d'acier pures , c'est-à-dire d'acier qui sorte tout fait
de la terre & qu'on puisse mettre en œuvre sans préparation ,

où elle cesse de couler avec la même force : alors
la pesanteur spécifique des parties du fer, fait

comme l'ont prétendu quelques auteurs : l'acier dont nous nous
servons n'est, à le bien définir, qu'un fer purifié & raffiné par
la cémentation ; il paroît que cette opération a été connue des
anciens, puisque les Grecs l'appelloient στόμωμα, & les Latins
thalybs ou *acies* : cette conversion du fer en acier n'étoit connue
dans le dernier siécle, qu'en Allemagne, en Italie, en Hongrie &
en Piémont ; & c'est M. de Reaumur qui en a découvert
le secret, & qui a donné à nos artistes François le moyen de
travailler ainsi le fer & même d'enchérir sur les Allemands. Ceux-ci
ont deux méthodes différentes ; la premiere est, par le moyen des
fourneaux faits exprès pour cette fabrique & construits proche
des mines, dans lesquels ils portent de grandes piéces de fer,
malléables à chaud & à froid, qui ont passé par l'affinerie &
par la chaufferie ; ils poussent le feu dans les fourneaux, jusqu'à ce que le fer soit diminué des deux tiers : ils le forgent,
& ce tiers qui demeure, est le plus pur acier ; la seconde maniere consiste à mettre, lit par lit, des billes ou barres de fer,
avec des ongles d'animaux, & quantité de charbon de bois,
afin de procurer à tout le métal une plus grande quantité de
phlogistique ; & de peur que le feu ne lui fasse perdre celui
qui lui est propre, on fait recevoir à ce mélange ainsi disposé,
dans de pareils forneaux que les précédens, un degré de chaleur uniforme, capable de rougir, d'ouvrir, d'amollir toute la
masse du métal, &, pour ainsi dire, de le foudre ; c'est alors
qu'on le retire pour le tremper dans de l'eau très-froide, afin que
les parties se rapprochent tout d'un coup, & procurent à ce
métal une si grande dureté, qu'il ne céde que peu ou point aux
impréssions de la lime & du marteau, mais qu'il se laisse plutôt
casser que de s'étendre.

On peut encore acérer davantage le fer, c'est-à-dire, augmenter la dureté de l'acier, en réitérant plusieurs fois cette opération : la bonté ou la qualité de l'acier exige que cette trempe
soit faite à propos : on y réussit assez bien à Kernent, ville d'Allemagne ; nom d'où les ouvriers ont dit par corruption, *Acier
de carme* : on l'appelle encore *acier à la double marque*, & *acier
foret*.

Cet acier nous vient ordinairement en billes ou en barres,
& porte aussi le nom du lieu où l'on le prépare ; *acier de Kernent,
acier d'Allemagne, acier de Clamecy, acier d'Auvergne*, &c.

Il y a une autre sorte d'acier nommé *acier de larme* ou *à la
rose*, parce qu'il paroît dans ses fractures une espece de petite
rose couleur d'œil de perdrix, & parce qu'on l'envoie dans
des barils de sapin formés en ovale & marqués d'une rose :
cet acier est en petites barres longues d'un à deux pieds,
sur un demi-pouce de large.

. Il est aisé de voir, d'après cet exposé, que l'acier doit avoir
une couleur moins blanche & plus sombre que celle du fer ;
les grains, les facettes, les filets qui paroissent dans sa cassure

qu'elles se déposent dans différentes cavités de la terre, qu'elles se trouvent accidentellement confon-

sont plus fins que ceux qu'on remarque dans le fer, & sa dureté est des plus considérable au-dessus de celle du fer; c'est, au moyen de la trempe, qu'il peut recevoir un poli si vif, & qu'on en peut faire des limes, des ciseaux, des rapes & autres outils capables de diviser les corps les plus durs, tels que sont les verres, les cailloux, le fer même, & les autres métaux; c'est encore par la propriété qu'a l'acier, d'être composé de parties fines, qu'on en peut faire des rasoirs, des lancettes, des aiguilles, des filieres pour les tireurs d'or, & des burins pour les graveurs.

Voici la maniere de tremper le fer, donnée par M. de Reaumur.

La composition la meilleure, (dit cet illustre académicien) pour convertir en acier très-dur, très-fin & très-bon, le fer le plus propre à devenir acier, (appellé par cette propriété *mine d'acier*,) consiste en deux parties de suie, une partie de charbon pilé, une partie de cendres de bois neuf, le tout bien tamisé, & trois quarts de partie, ou environ de sel marin réduit en une poudre très-fine. On environne de ce mélange des barres de fer; on enduit le tout de terre glaise, & l'on le met dans un fourneau sur un feu violent. Les sels & les autres particules du mélange pénetrent le fer, en amortissent les parties, en dégagent & chassent celles qui sont terrestres, en remplissent les interstices, & lient toutes les parties du métal qui, prêt à se fondre, est trempé dans l'eau froide : c'est cette trempe qui convertit le fer en acier le plus serré, le plus compact, le plus dur & le plus parfait, en un mot, qui donne à ce métal la finesse du grain, la flexibilité élastique, & l'acération la plus constante, & en même tems, les propriétés de l'aimant.

Quand on veut désacérer ou ramollir l'acier, il faut l'envelopper d'excrémens humains, ou de matieres très-maigres, telles que les os calcinés & la craie, & le mettre ainsi à calciner dans le feu : c'est par ce moyen qu'on lui enleve l'abondance du phlogistique qui le constitue acier, & qu'on le reduit à la condition de fer.

Lemery, dit que l'acier est appellé *chalybs*, du nom tiré d'un certain peuple du Pont, qu'on appelloit autrefois *Chalybes*, & qui travailloit particuliérement à tirer le fer des mines & à le préparer, ou à l'affiner ; c'est de lui dont parle Virgile en ces termes :

India mittit ebur, molles sua thura Sabai ;
At Chalybes nudi ferrum.

Ce peuple habitoit aux environs de Thermodonte, & l'on prétend qu'il fut depuis appellé *Chaldœi.*

Cette étymologie paroît plus satisfaisante que celle du fer que l'on fait dériver de *ferrum quasi ferum,* cruel, indomptable, parce que ce métal est employé pour les armes. Les astrologues &

dues avec un fable plus ou moins comminué : tel
eft le fable de Saint-Quay, & de quantité de
havres de l'Océan ; on doit bien juger qu'un
tel fer eft plus ou moins pur & menu, & que
par les différentes alternatives de la chute des eaux
qui paffent dans ces minieres, certaines cavités
de la terre fe font trouvées remplies de ce fer mêlé
de particules fableufes, & ont formé une nouvelle miniere à couches ou filons, conformément
à la difpofition du lieu fouterrein ; mais un œil
expérimenté s'apperçoit facilement qu'une telle
mine a été produite par tranfport ; la friabilité
ou l'inégalité du grain, jointe à la différence des
couleurs noires, rouges, &c. font encore des
preuves fuffifantes, que de telles mines n'ont
pas été produites dans les lieux où on les trouve.
Voyez l'article des fables, pag. 102 *& fuiv.*

les alchymiftes l'ont auffi appellé *Mars*, parce qu'ils ont prétendu
que ce métal recevoit des influences de la planette du même
nom.

Quoi qu'il en foit, il eft certain que la connoiffance du fer eft
des plus anciennes. Nous lifons dans les annales de *Leangt-cheou*,
que ce métal a été mis en ufage, même avant les premiers
conducteurs des Chinois, & que les premiers habitans de
Pekin reconnurent l'efpece de terre propre à la fufion du fer.
L'on fçait que Tubalcain eut l'art de forger ce métal, & que le
fecret en devint commun chez tous les peuples Chinois : il s'y eft
même toujours confervé ; & l'on préfume, avec affez de vraifem-
blance, que le grand *Yu* s'eft fervi d'inftrumens de fer, pour couper
les montagnes, & creufer ces grands canaux, qu'il fit pour donner
un libre cours aux eaux qui inondoient alors les terres.

GENRE LII.

IV. Cuivre.

*Cuprum Officinar: Venus CHYMIC. Æs,
seu χαλχὸς GRÆCOR.*

LE cuivre est un métal que ses propriétés rapprochent beaucoup du fer & de l'argent : les différens ustenciles, les feuilles minces, les fils fins qu'on en fait, font une preuve de la malléabilité, de la flexibilité & de la ductilité de ce métal : il possede même ces propriétés à un degré supérieur au fer : le cuivre, quoique composé de particules serrées, est cependant moins élastique & moins dur que ce métal, mais il l'est plus que tous les autres, comme on peut le remarquer dans les ressorts qui en sont faits, & par la propriété qu'il a de pouvoir être trempé (*a*), & de recevoir le poli, ensuite de pouvoir limer l'étain, le plomb, l'argent & l'or : il approche le plus de l'argent par sa tenacité, & par le son qu'il rend, ainsi qu'on l'observe dans les cordes de clavecin : sa couleur est beaucoup variée, même dans ses nuances ; il est ou rouge, ou d'un jaune tirant sur le

______

(*a*) La découverte de quelques armes romaines, & sur-tout d'épées & de fers de lances, de cuivre, faite dans certains tombeaux, donna lieu à M. de Caylus de soupçonner que le fer n'étoit pas le seul métal qui pût recevoir la trempe : il proposa ses doutes à plusieurs chymistes ; & M. Geoffroy le fils, l'un d'eux parvint en effet à donner au cuivre le degré de trempe, qu'il a voulu, & a fait, avec le cuivre ainsi trempé, des instrumens tranchans, aussi bons que ceux de l'acier le meilleur. On trouve le détail des tentatives & du succès de M. Geoffroy dans le second volume des Antiquités grecques, &c. publiées par M. de Caylus.

rouge brun , luifant , d'un grain brillant , ref-
plendiffant dans l'endroit de la fracture.

La pefanteur fpécifique du cuivre n'eft pas plus
conftante ; celui qui nous vient de Suéde eft moins
pefant que celui du Japon ; & l'on remarque que
plus il eft pur , plus il eft pefant.

Toutes les liqueurs , jufqu'aux huiles , & en
général, tous les fluides ont une action plus ou
moins forte fur le cuivre ; c'eft ce qui l'a fait
nommer *meretrix metallorum* ; en effet, il fe
décompofe à l'air , & produit une rouille verte,
ærugo : la même chofe lui arrive dans l'eau, dans
le vin , dans l'eau forte , &c. Il donne à ces
liqueurs une couleur verte bleuâtre : ce métal eft,
après le fer, le plus fixe au feu de tous les métaux
imparfaits : il rougit au feu proprement, & long-
tems avant que d'entrer en fufion, de même que
le fer : on obferve que quand il eft devenu bien
rouge , il donne à la flamme du charbon la couleur intermédiaire du verd & du bleu , & exhale
alors une odeur comme fulfureufe qui paroît lui
être particuliere : il foutient un degré de feu prefque auffi violent que le fer ; mais fi ce feu eft
continué, une partie du métal fe diffipe en fumée,
& l'autre partie fe réduit ou en verre , ou en
fcories d'une couleur bleuâtre , ou verdâtre, ou
brunâtre : ce métal expofé au foyer d'un miroir
ardent, produit très-promptement , & à-peu-près,
les mêmes phénomenes que ci-deffus : il s'y change
en un verrè opaque, d'un rouge très-vif, & par
une calcination continue, il s'y réduit en une
cendre, ou chaux rougeâtre : il s'amalgame difficilement avec le mercure ; mais il eft en revenche
le feul de tous les métaux, qui puiffe être coloré
en jaune par le zinc , ou par les fubftances qui
en contiennent : alors il prend le nom de cuivre

jaune

jaune ou de laiton, ou de métal de Prince-Robert, &c. Le cuivre se joint encore facilement avec l'or & l'argent, sans altérer presqu'en rien leur beauté, & sur-tout quand il y est allié en petites doses; il procure même à ces métaux quelques avantages, sçavoir, de les rendre plus durs & moins susceptibles de perdre la ductilité, dont ils sont sujets à être privés par le mélange de la moindre substance hétérogene, comme seroit la vapeur du charbon brûlé; ce qui vient apparemment de ce que sa ductilité résiste à la plûpart des causes qui l'enlevent aux métaux parfaits; ainsi le cuivre rend ces métaux plus propres à être travaillés. On prétend aussi que le cuivre est susceptible de recevoir la vertu magnétique. (*Voyez les Transactions philosophiques.*) Quelques personnes croient que quand on jette le cuivre fondu en moule, l'on verse de l'eau dessus pour le refroidir plus promptement; mais ils sont tellement dans l'erreur, que si on y laissoit tomber, quand il est en fusion, seulement quelques gouttes d'eau, il se feroit une explosion si considérable, qu'il mettroit (dit M. Wallerius) la vie des spectateurs en danger, tant est grande l'antipathie du cuivre fondu pour l'eau; les globules de cuivre qui pétillent, & qui sautent hors du fourneau, ou du creuset, sont ce que les Latins ont appellé *flos æris*, & les Grecs χαλκανϑος.

Les mines de ce métal sont ordinairement disposées par filons qui pénetrent la terre, à des profondeurs extrêmes : on en voit en Suéde & en Danemarck, qui peuvent avoir depuis quatre cent jusqu'à six cent toises de profondeur & davantage : on trouve encore des mines de cuivre au Japon, au Pérou, dans la Province de Lima; en Italie, en Savoye, en Allemagne, en France, dans

le Lionnois & l'Auvergne, &c. Mais elles ne sont
sont pas si profondes que les précédentes.

Les mines de cuivre sont au nombre de celles qui
observent rarement une figure réguliere & déterminée ; on peut dire qu'en général, il n'y a point de
métal, qui, dans la mine, présente autant de
couleurs différentes que le cuivre ; il les a toutes,
excepté le rouge vif & transparent : aussi faut-il
de l'usage & de l'expérience, pour les distinguer
à la simple vue ; on peut cependant conclure,
sans hésiter, que tous les minéraux sur lesquels
on remarque plusieurs couleurs vives, sur-tout en
bleu & en verd, & chatoyantes comme la gorge
de pigeon, contiennent du cuivre : on en donnera
les variétes à la suite des especes qui vont être
décrites ci-après, & ensuite la maniere de faire la
réduction de ce métal, qui est, de tous, le
plus difficile à separer de sa mine, & qui est
communément minéralisé par le soufre, ou allié
au plomb, au fer, à l'argent, &c.

E S P E C E   CCLXXXV.

I. Cuivre vierge, ou Cuivre natif.

[Cuprum nativum purum AUCTOR. *Cuprum
nudum nativum, formæ variæ,* WOLTERSD.
Cuprum nudum malleabile, CARTH.*

LE cuivre vierge est sous une forme solide, ou contenu dans des eaux minérales : nous ne parlerons ici,
que de celui que l'on trouve solide, & qui est de différentes figures : sa couleur est d'un jaune tirant sur le
rouge entre-mêlé de particules verdâtres, bleuâtres,
qui forment une maniere de rouille autour de lui :
quelques-uns croient que ce cuivre natif n'est pas
tout-à-fait si pur que le cuivre raffiné, mais qu'il
l'est autant que celui qui a déja passé une à

deux fois par le fourneau de fufion ; cependant on voit tous les jours du cuivre natif parfaitement pur ; on le trouve, ou feul, ou joint à une fubftance terreufe ou pierreufe, tantôt dans de la roche dure, dans des fpaths, des quartzs, de l'ardoife ou du fable. M. Gellert dit, qu'il fe rencontre dans les fentes des rochers, ou les fibres qui accompagnent les filons, en morceaux ou maffes détachées, & qu'il eft joint à quelqu'autre mine de cuivre, telle que la mine de cuivre en plume & la vitreufe.

On a,

1. Le cuivre vierge cryftallifé en cubes. [*Cuprum nudum purum, teffulare cryftallifatum. Cuprum nativum cryftallifatum, WALL. Cuprum nativum, cryftallinum, cryftallis octaëdris, CARTH.*]

Il a la figure de la pyrite cubique ou en dé ; mais il en differe effentiellement, tant par fes propriétés, que par l'efpece de malléabilité dont il eft fufceptible : on le rencontre communément dans une pierre fpathique, à petits grains, &c.

2. Le cuivre vierge capillaire. [*Cuprum nativum capillare, WALL. & CARTH.*]

Il eft en petits filets comme des cheveux : on le reconnoît dans la mine de cuivre jaune.

3. Le cuivre vierge en rameaux. [*Cuprum nativum dendroïdes, WALL. Cuprum nativum ramofum, CARTH.*]

Sa figure reffemble affez à des arbres pleins de nœuds & de branches : on en trouve en Hongrie & dans la mine de Krafna-volock, près de Kontzofer en Ruffie, quelquefois dans une efpece de jafpe rouge, dont les grains font groffiers.

4. Le cuivre vierge en feuilles. [*Cuprum nativum*

foliaceum, WALL. Cuprum nativum bracteatum, CARTH.]

Ce cuivre qu'on trouve en Hongrie reſſemble à des feuilles d'arbres, ſans cependant en avoir les nervures : il eſt toujours interpoſé dans une pierre de roche, ou de grais.

5. Le cuivre vierge en grappes. [*Cuprum nativum botryoïdes, WALL.*]

Il eſt fort rare : on le rencontre en Hongrie dans du quartz.

6. Le cuivre vierge en grains détachés. [*Cuprum nativum, granulatum, ſparſum.*]

On le trouve en grains dans l'Allemagne, tantôt gros, tantôt petits ; il eſt rarement ſeul, mais toujours mêlé avec une ſubſtance terreuſe ou pierreuſe, du genre des ardoiſes : lorſque ces grains ont une couleur rougeâtre dans la miniere, on les nomme *fleurs de çuivre.*

7. Le cuivre vierge ſuperficiel. [*Cuprum nativum ſuperficiale, WALL. & CARTH.*]

Il couvre ſouvent la pyrite arſenicale, &c.

Espece CCLXXXVI.

II. Mine de cuivre blanche.

[*Minera cupri alba. Cuprum arſenico, ferro & argento mineraliſatum, minerâ albeſcente. WALL. Cuprum pallido-griſeum, ſplendens argenti dives, WOLT. Minera cupri lunæ pallida, CARTH.*]

Sa couleur eſt griſâtre, claire ; elle eſt peſante & compacte : lorſqu'on la grille, on remarque qu'indépendamment de l'arſenic & du cuivre, elle contient un peu de fer & d'argent.

On a ,

1. **La** mine de cuivre d'un blanc fale. [*Minera cupri alba, obfcura, WALL.*]

Elle a beaucoup de reffemblance avec les mines de cuivre grife & hépatique ; mais elle en differe par l'argent qu'elle contient : elle eft d'un brun tirant fur le gris, plus foncé que la pyrite arfenicale, & eft communément mêlé avec la mine de cuivre jaune & verdâtre.

2. La mine de cuivre, blanche jaunâtre ou fauve. [*Minera cupri alba flavefcens, WALL.*]

On y remarque des petites taches jaunes fur un fond blanc ; elle reffemble un peu à la pyrite *mifpikkel* des Allemands ; elle eft feulement jaunâtre, elle eft compacte, folide, pefante, & contient environ trente-cinq à quarante-cinq livres de cuivre au quintal. On n'en trouve guères qu'à Chemnitz en Hongrie, & à la Rouge Montagne, près du Tillot.

ESPECE CCLXXXVII.

III. Mine de cuivre grife.

[*Minera cupri grifea. Cuprum mineralifatum , minerâ fracturâ parum nitente, cinereâ vel nigrâ, durâ, WALL. Cuprum obfcurè grifeum, fplendens, argenti pauper, WOLT. Minera cupri pallida, Cuprum mineralifatum, durum, grifeum, CARTH. Metallum cupri canum.*]

Elle eft d'une couleur grife, plus ou moins foncée, ou obfcure, reffemblante un peu par l'extérieur à la mine de cuivre vitreufe ; elle eft aigre, caffante, inégale, rude, & ne brille point dans l'endroit de la fracture : elle eft communément confondue avec une telle quantité de fer, qu'on a de la peine à la diftinguer, au premier coup d'œil, de certaines mines de fer, tant elle paroît étroitement alliée avec des parties de ce métal ; elle a encore beaucoup de reffemblance avec la mine d'argent grife ; mais on ne la range point dans le genre de ce métal, à moins qu'elle ne contienne une quantité d'argent très-dominante à celle du cuivre.

On a,

1. La mine de cuivre d'un gris clair. [*Minera cupri grifea cana*, WALL.]

Sa couleur eft d'une nuance moins foncée que celle du fer ordinaire : on en a découvert une mine dans la Nouvelle Yorck, qui eft très-riche.

2. La mine de cuivre d'un gris noirâtre. [*Minera cupri grifea nigrefcens*, WALL.]

Celle-ci a précifément la couleur du fer ; elle eft quelquefois brillante extérieurement : on en trouve dans la mine de cuivre de Château-Lambert.

ESPECE CCLXXXVIII.

IV. Mine de cuivre d'un jaune pâle.

[*Minera cupri fubflava. Pyrites fubflavus. Cuprum fulphure, arfenico & ferro mineralifatum, minerâ colore pallidè flavo parum nitente*, WALL.]

CETTE mine eft très-pefante ; elle contient un peu de fer, & beaucoup d'arfenic : fa couleur eft d'un jaune pâle, blanchâtre, peu éclatante, reffemblante un peu à la pyrite arfenicale, dont elle differe cependant, en ce qu'elle n'eft pas fi dure, ni réfractaire au feu, mais encore parce qu'elle eft moins pâle, & en même tems plus blanche, plus brillante, & plus unie dans l'endroit de la fracture, que la pyrite jaune : elle differe aussi des pyrites qui donnent la plûpart beaucoup d'étincelles lorsqu'on les frape avec l'acier : cette mine de cuivre n'en donne que peu ou point ; il faut néanmoins un peu d'expérience pour la distinguer à l'extérieur, d'avec les pyrites sulfureuses ou arsenicales ; lorsqu'elle est pauvre en métal, on l'appelle *pyrite de cuivre*.

On a,

1. La mine de cuivre d'un jaune pâle solide. [*Minera cupri subflava solida*, WALL.]

On en trouve en plusieurs endroits, dans les mines de Loeken en Norwege.

2. La mine de cuivre d'un jaune pâle à gros grains. [*Minera cupri subflava particulis majoribus*, WALL.]

On en trouve, mais rarement, dans la mine de Saint-Bel dans le Lyonnois ; elle ne contient que peu ou point de fer.

3. La mine de cuivre d'un jaune pâle, à facettes luisantes. [*Minera cupri subflava, superficie nitidâ*, WALL.

Elle contient beaucoup de fer noir, grainelé, & de spath : on en trouve à Toppy en Suéde.

ESPECE CCLXXXIX.

V. Mine de cuivre jaune.

[*Minera cupri flava aut lutea. Chalco-Pyrites. Pyrites flavus. Cuprum sulphure & ferro mineralisatum, minerâ colore aureo vel variegato nitente*, WALL. *Cuprum luteum, splendens,*

WOLT. Cuprum mineralifatum, duriufculum, faturatè luteum nitens, CARTH.]

ELLE eft d'un jaune vif éclatant, fouvent mêlé de rouge & de différentes nuances, bleuâtres, violettes, colombines ou lilas : ces couleurs paroiffent plus vives près des endroits où il y a des petites cavités ; c'eft pourquoi l'on eft aujourd'hui dans l'ufage de confidérer cette mine, ou comme d'une feule couleur *unicolor*, ou de plufiéurs couleurs *multicolor ;* elle eft friable, peu dure, & ne donne point d'étincelles, lorfqu'on la frape avec le briquet, à moins qu'elle ne contienne des particules quartzeufes, comme il arrive affez ordinairement : elle eft compofée de beaucoup de cuivre, de foufre, d'un peu d'arfenic & de fer : elle eft en quelque forte la mine de cuivre la plus commune & la plus abondante ; on a même remarqué, que celle qui eft peu riche en métal, & qu'on appelle *pyrite de cuivre*, eft d'un befoin indifpenfable dans la fufion de plufieurs efpeces de mines de cuivre, parce qu'elle donne une premiere matte très-bonne.

On a,

1. La mine de cuivre jaune folide. [*Minera cupri flava, folida, WALL.*]

Elle eft pefante, compacte, & d'un grain fin comme de l'acier, affez dure pour recevoir le poli, également jaune en dedans, comme à l'extérieur, entre-mêlée de quelques nuances verdâtres & bleuâtres : elle eft d'autant plus riche en métal, qu'elle eft ornée de toutes les couleurs chatoyantes de la gorge de pigeon ; elle rend quelquefois trente à quarante livres de cuivre par quintal dans la fufion.

2. La mine de cuivre jaune feuilletée. [*Minera cupri flava, foliacea, WALL.*]

On en trouve de mêlée dans le quartz, dans a mine de Saint-Guillaume près de Sainte-Marie-aux-Mines.

3. La mine de cuivre jaune à gros grains. [*Minera cupri flava, particulis majoribus, WALL.*]

Elle eſt parſemée de belles couleurs rouges, comme la plume de paon : elle forme des filons d'un pouce d'épaiſſeur qui ſont couverts d'un mica noir.

4. La mine jaune de cuivre ſtriée intérieurement. [*Minera cupri flava, intùs ſtriata, HENCKELII.*]

C'eſt une mine jaune de cuivre qui a de l'ochre à l'extérieur, & qui conſerve ſa couleur rouge de cuivre, ou de cinnabre intérieurement ; elle eſt remplie de petites ſtries, çe qui l'a fait appeller quelquefois Verre de cuivre, & Fleur de cuivre rouge, *flos cupri rubra* : on la trouve à Freyberg en Saxe ; il ne faut pas la confondre avec la pyrite appellée *Kupfer-Nikkel*, qui eſt une pyrite arſenicale, dont nous avons parlé en ſon lieu.

E S P E C E CCXC.

V I. Mine de cuivre hépatique.

[*Minera cupri hepatica. Cuprum ſulphure & ferro mineraliſatum, minerâ pyriticoſâ fulvâ, WALL. Cuprum mineraliſatum, durum, ſubfuſcum, CARTH.*]

QUELQUES naturaliſtes la conſiderent comme une eſpece de pyrites ou de mine de cuivre pauvre ; çependant il n'eſt pas rare d'en trouver qui produife abondamment du cuivre prefque pur ; quelquefois cette mine eft fi étroitement unie avec du foufre & du fer, qu'il eft affez difficile de la diftinguer, au premier coup d'œil, d'avec quelques mines de fer, à moins qu'on n'y remarque quelques taches verdâtres, qui la décelent alors pour une mine de cuivre : frapée avec l'acier, elle ne donne que peu ou point d'étincelles : fa couleur ordinaire eft compofée d'un jaune pâle, mêlée de brun , & tirant fur la couleur du foie.

On a ,

1. La mine de cuivre hépatique brune. [*Minera cupri hepatica fulva* , **WALL.**]

Sa couleur eft jaune, brunâtre , ou femblable à celle du foie ; elle eft d'une confiftance plus ou moins compacte & riche en cuivre.

2. La mine de cuivre hepatique pâle. [*Minera cupri hepatica, livida* , **WALL.**]

Sa couleur reffemble affez à celle du foufre , ou à l'étain ; elle eft extérieurement feuilletée , pâle, blanchâtre , mêlée de jaune plus ou moins foncé , tirant fur le bleu : intérieurement elle paroît compofée de grains comme ftriés; on en défunit facilement des particules avec un couteau : on a fouvent obfervé que cette forte de cuivre étoit la plus mauvaife mine de toutes , en ce qu'elle contient à peine trois livres de cuivre par quintal , tandis qu'on en tire quelquefois d'une même quantité jufqu'à foixante livres de fer caffant à chaud.

ESPECE CCXCI.

VII. Mine de cuivre verdâtre.

[*Minera cupri viridefcens. Cuprum fulphure*

arfenico & ferro mineralifatum, minerâ colore ex flavido viridefcente, WALL.]

ELLE paroît cryftallifée; la bafe de fa couleur eft jaune, terne, obfcure, entre-mêlée de particules verdâtres, plus ou moins foncées, & tenant un milieu entre le jaune & le verd, comme s'il s'étoit formé du verd de gris fur du cuivre jaune ; elle donne rarement des étincelles avec le briquet ; elle contient du foufre, de l'arfenic & du fer : plus elle eft verte, & plus elle abonde en cuivre de la meilleure qualité : elle rend à la fonte, depuis vingt, jufqu'à trente livres par quintal : on en trouve fouvent dans les mines de cuivre du Hartz, de Neuftad-fur-l'Orla, d'Ulonitz en Ruffie, &c. On la nomme quelquefois *mine d'Atlas*, ou *mine fatinée*, quand elle eft en cryftaux réguliers.

On a,

1. La mine de cuivre verdâtre, dominante en couleur jaune. [*Minera cupri viridéfcens, colore fortiùs flavo, WALL.*]
Sa couleur eft d'un jaune clair, & chatoye un peu en verd : il s'en trouve qui fait feu avec l'acier.
2. La mine de cuivre d'un verd foncé. [*Minera cupri viridefcens, colore fortiùs viridi, WALL.*]
On remarque une legere nuance de verd obfcur qui couvre un fond jaune : elle eft dure, compofée de petits grains, & ne donne point d'étincelles avec l'acier. Celle de Zivavell au Hartz, fe trouve en filons, & paroît autant verdâtre que jaunâtre.

ESPECE CCXCII.

VIII. Mine de cuivre azurée.

[*Cuprum lazureum. Cæruleum aëris. Cuprum mineralifatum , minera fracturâ nitente fragili ,* WALL. *Cuprum cæruleum , plumofum ,* WOLT. *Cuprum arrofum , cæruleum , durum , glabrum , nitens ,* CARTH. *Lazurea aut Kupfer lazur ,* GERMAN.]

CETTE mine a des couleurs affez différentes entr'elles , & peu conftantes ; cependant elle tire pour l'ordinaire fur le bleu : elle eft compacte, caffante , & reçoit difficilement le poli ; elle reffemble beaucoup à une matiere vitreufe : en effet , elle eft brillante comme du verre , ou de l'agathe dans l'endroit de fa fracture : elle eft peu minéralifée , ou peu alliée à d'autres métaux ; elle eft au contraire fi riche, qu'on en tire facilement, par la fufion , depuis cinquante, jufqu'à quatre-vingt livres au quintal de cuivre de la meilleure efpece. Henckel , dans fa *Pyritologie , p.* 452 , dit que ce que nous appellons à préfent *azur ,* s'appelloit autrefois *glazur* du mot allemand *glas ,* qui figni- fie verre , & parce que la mine d'azur eft vitreufe.

On a,

1. La mine de cuivre azurée d'un gris clair. [*Cuprum lazureum grifeum ,* WALL.] Kentmann donne la defcription de cette forte de mine qui tire un peu fur le rouge ; mais quand on la caffe, elle paroît brillante comme de l'argent , & reffemble beaucoup à la mine de la Nouvelle Yorck.

2. La mine de cuivre azurée brune. [*Cuprum lazureum fulvum*, WALL.]

Elle reſſemble intérieurement à la mine de cuivre hépatique jaunâtre, ou de couleur de foie ; elle eſt brillante, & contient un peu de fer.

3. La mine de cuivre azurée violette. [*Cuprum lazureum violaceum*, WALL.]

Elle paroît quelquefois ſtriée en ſa ſuperficie, ou tachetée.

4. La mine de cuivre azurée bleue. [*Cuprum lazureum cæruleum*, WALL.]

Elle a une ſorte de reſſemblance avec le *lapis lazuli* ; quand on la caſſe, elle eſt brillante & vitreuſe comme du verre bleu ; mais elle diffère, ainſi que les précédentes, du *lapis lazuli* qui n'eſt coloré que par le fer qu'il contient ; tandis que la mine azurée ne doit ſa couleur qu'au cuivre qui s'y trouve en abondance : il n'eſt pas même rare d'y rencontrer de l'argent, du quartz, & des nuances vertes, comme on le remarque dans la mine de Hagonbach, au Vallon de Munſter en Alſace.

ESPECE CCXCIII.

IX. Mine de cuivre vitreuſe.

[*Minera cupri vitrea. Cuprum vitreum. Cuprum mineraliſatum, minerâ fracturâ obſcurè nitente, molli*, WALL. *Cuprum nigricans, ſplendore plerumque violaceo*, WOLSTERSD. *Cuprum mineraliſatum, duriuſculum, violaceum*, CARTH. *Minera cupri nigra.*]

CETTE mine a tant de rapport avec celle d'azur, qu'elle eſt ſouvent confondue avec elle ; mais les métallurgiſtes en ont fait deux eſpeces différentes en ce que, 1° la mine de cuivre vitreuse a une couleur luisante des plus foncée, quelquefois rougeâtre, comme transparente, ou d'un brun noirâtre; 2° elle a la propriété d'être si tendre, que si elle n'est pas malléable, on peut du moins la travailler à la lime : on la rencontre mêlée avec d'autres mines de cuivre : elle est ordinairement très-riche, & une des mines de cuivre les plus faciles à réduire : il y en a qui est si fusible, que la flamme d'une bougie suffit pour la fondre : on trouve la mine de cuivre vitreuse en Hongrie, en Suéde, en Saxe & au Hartz.

On a,

1. La mine de cuivre vitreuse couleur de plomb. [*Cuprum vitreum colore plumbeo*, *WALL.*]

Sa couleur est grisâtre ; elle ne rend quelquefois que dix livres par quintal; le reste est du soufre, de l'arsenic & du fer.

2. La mine de cuivre vitreuse rouge. [*Cuprum vitreum rubescens. Cuprum rubrum ferè nudum WOLTERSD.*]

Elle est demi-transparente, & ressemble beaucoup à la mine d'argent rouge, par sa couleur, son tissu & ses crystaux : elle n'est point anguleuse, & on la peut considérer comme une espece de cuivre des plus purs ; elle est extérieurement enduite d'une croûte plus ou moins luisante : il s'en trouve de très-belle en Angleterre dans la mine de Predannah dans la province de Cornouailles.

3. La mine de cuivre vitreuse violette. [*Cuprum vitreum violaceum*, *WALL.*]

Sa couleur est quelquefois si foncée, qu'elle en paroît noirâtre ; elle rend à la fonte jusqu'à vingt-cinq livres par quintal : on en trouve à Wildungen dans le comté de Waldeck ; elle eſt mêlée à du mica & à du quartz.

4. La mine de cuivre vitreuſe bleue. [*Cuprum vitreum cæruleum*, *WALL.*]

Celle-ci rend ſouvent juſqu'à cinquante & ſoixante livres au quintal.

ESPECE CCXCIV.

X. Cuivre precipité.

[*Cuprum præcipitatum. Cuprum purum ex ſolutione vitrioli præcipitatum* , *WALL. Cuprum nudum ex aquis vitriolatis præcipitatum* , *WOLT. Cuprum ex aquis præcipitatum rubrum CARTH.*]

LE cuivre dont il eſt ici queſtion, eſt rougeâtre, tout pur ; & il a été précipité, ou de lui-même, ou au moyen d'une eau dans laquelle il s'eſt fait une diſſolution de vitriol cuivreux : nous en avons déja parlé dans l'*Hiſtoire des vitriols*, & dans notre *Hydrologie* , *pag.* 13 , *ſous le nom d'*Eau vitriolique de cuivre , *ou de* cémentation (*a*). Ce cuivre varie beaucoup en figures & couleurs ; il eſt le plus ſouvent mélangé avec de la terre ou de la pierre , &c.

On a ,

1. Le cuivre précipité tout pur. [*Cuprum*

(*a*) M. Wallerius, *obſerv.* 2 , *p.* 502 , dit qu'on trouve en Suéde, près de Carpenberg, une eau vitriolique cuivreuſe, qu'on nomme *eau de cémentation*, en allemand, *cement waſſer;* & le cuivre qui s'en tire par la précipitation, s'appelle *cement-kupfer.* Nous avons déja dit qu'il s'en trouvoit auſſi à Neuſol, près des Monts Krapacks , &c. Il y a pluſieurs autres mines de cuivre formées de cette maniere , & qui ont des couleurs très-différentes , vertes ou bleues ; elles méritent d'être connues par l'application des uſages qu'on en fait.

præcipitatum fine bafi, WALL. Cuprum præcipi-
tatum folitarium, CARTH.]

Il eſt en petits grains feuilletés, brillans, d'une couleur rouge brune.

2. Le cuivre précipité ſur du fer. *Cuprum præcipitatum baſi ferreâ, WALL.*]

C'eſt un cuivre précipité ſur du fer, & qui y eſt incruſté de la même maniere que ſe forme l'oſtéocolle : on doit bien préſumer qu'il peut y avoir un nombre infini de variétés de cette ſorte de cuivre, relativement à l'eſpece de baſe ſur laquelle on le trouve : c'eſt ainſi qu'étant précipité ſur de la terre, l'on dit *baſi terreâ* ; ſur de la pierre, *baſi lapideâ* ; ſur une ſubſtance végétale, *baſi vegetabile*, &c.

E S P E C E CCXCV.

XI. Verd de montagne, ou Chryſocolle.

[*Cuprum præcipitatum viride, aut viride montanum. Chryfocolla* AGRICOLÆ & VETERUM. *Cuprum folutum, vel corrofum, præcipitatum viride,* WALL. *Cuprum arrofum, viride, terreſtre,* CARTH. Ærugo nativa. Ochra cupri viridis.]

ON n'entend parler ici, que de cette eſpece de verd de montagne, qui n'eſt, pour l'ordinaire, qu'un cuivre naturellement précipité par un acide ou par un alcali, & qui fait efferveſcence avec un de ces deux menſtrues, oppoſé à la nature de celui qui a précipité : il s'en trouve quelquefois qui ne produit aucune efferveſcence : ce verd de montagne ne contient que peu ou point de terre; autrement ce ſeroit la *terre verte de montagne*, dont nous avons parlé dans les ochres : le verd de montagne pur eſt facile à reconnoître à ſa

couleur

couleur verte, qui cependant est tantôt vive, tantôt pâle, tantôt foncée, & d'une consistance quelquefois compacte, & d'autres fois tendre ; elle est assez riche en cuivre.

On a,

1. Le verd de montagne solide, ou malachite. [*Ærugo nativa solida*, WALL. *Malachites* LEMERY. *Molochites*, BOET DE BOOT (a). *Cuprum viride, compactum, polituram admittens*, WOLT. *Cuprum arrosum viride, durum, glabrum, nitens*, CARTH.]

C'est une stalactite de cuivre plus verte que bleuâtre, formée par couches chargées de protuberances unies à leur superficie, & striées intérieurement ; elles se sont formées dè la même

(*a*) Boëce de Boot appelle *Malachite* une pierre verte, opaque, compacte, solide, qui est assez dure pour recevoir le poli, & qui est précisément l'espece de chrysocolle dont nous parlons ici, laquelle plusieurs auteurs rangent parmi les especes de jaspe, & en distinguent quatre sortes différentes. La premiere est ou d'un beau verd, ou d'une couleur approchante de celle de la mauve ; c'est l'espece que les anciens ont nommée par excellence *Malachites* le μαλαχη *malva*. La seconde a un fond verd, entre-mêlé de veines blanches spatheuses & de taches noires ; elle ressemble un peu à la pierre arménienne. La troisieme est composée de verd & d'un bleu semblable à celui du *lapis-lazuli* ; elle est quelquefois traversée par des petits filons de roche blanche quartzeuse. La quatrieme enfin est d'un verd uniforme, approchant de celui de la turquoise, d'une dureté moyenne & égale ; elle est la plus estimée de toutes : ces mines cuivreuses qui se trouvent en Chine, en Allemagne, en Espagne, & même en France, sont de diverses grosseurs : il y en a dont les morceaux sont d'un volume assez considérable, pour qu'on en puisse former des manches de couteaux, des vases à boire, &c. Lemery doute, avec raison, des effets ou propriétés qu'on attribue en médecine à la malachite, sçavoir, de purger fortement par haut & par bas, comme fait l'antimoine, d'être létifiante, carminative, hystérique, astringente, détersive, consolidante & anti-spasmodique : c'est sans doute par le peu d'expérience que l'on a sur les vertus de cette pierre, & par le défaut de connoissance de sa nature, qu'on a indiqué au hazard un tel antidote, dont les propriétés sont des plus suspectes, pouvant plutôt causer des palpitations, &c. que de les guérir.

maniere que les ſtalactites ou congelations : cette mine eſt compacte, ſolide & aſſez dure pour recevoir le poli ; elle ne rend ordinairement à la fonte, qu'un ſeptieme ou un quinzieme de métal, c'eſt-à-dire, quinze livres un quart de cuivre au quintal : ſi cette mine n'avoit point de ſolidité dans ſa grainure, qu'elle fût terreuſe, friable & tendre, elle perdroit le nom de *malachite*, pour prendre celui de *terre verte de montagne*. C'eſt ſous cette forme verte, qu'on la trouve quelquefois dépoſée ſur les cryſtaux d'étain, ſur la galêne & ſur d'autres corps même non métalliques : on conjecture, avec aſſez de vraiſemblance, que c'eſt à la décompoſition de la *malachite*, que nous devons ce verd de montagne terreux, qui, ſelon ſa forme ou l'arrangement de ſes parties, prend le nom d'*ærugo nativa*, verd & naturel : ſi ce cuivre mis en diſſolution par la nature, ſe trouve charrié en aſſez grande quantité dans des voûtes ſouterreines, fraîches, humides & imbues de vapeurs arſenicales, le cuivre diſſous formera une eſpece de cryſtalliſation à aiguïlles ou ſtrieés, & qu'on connoît ſous le nom de *mine de cuivre en plume* ou *ſoyeuſe ;* la couleur en eſt d'un verd très-agréable.

2. Le verd de gris de montagne pur & natif, ou chryſocolle. [*Chryſocolla montana cuprea nuda* (a). *Ærugo nativa,* WALL. *Ærugo raſilis,* DIOSCOR. & PLINII.]

On ne le peut regarder que comme un cuivre diſſous, ou un guhr cuivreux, dont la couleur eſt verte, & qui s'eſt coagulé : on en trouve en Hongrie, de différentes formes & figures; on en

______

(*a*) Fallope prétend que la chryſocolle de Dioſcoride & de Pline étoit d'un verd très-vif; mais il n'eſt pas certain qu'elle fût la même choſe que la chryſocolle de montagne.

rencontre aussi au Hartz, sur des crystaux informes de quartz.

3. Le verd de montagne strié. [*Minera viridis æris. Flos cupri viridis. Ærugo nativa striata, WALL. Cuprum viride plumosum WOLT. Cuprum arrosum viride, striatum, CARTH.*]

Il est composé de stries verdâtres, brillantes, quelquefois transparentes, & d'une figure semblable à celle de l'amyanthe; on l'appelle *Knospen*, c'est-à-dire, mine de cuivre soyeuse, ou en plume : on en trouve en Chine qui est fort renommée, & dont les stries sont paralleles, serrées, un peu dures, *striis parallelis, densè coadunatis, duriusculis, CARTH.*]

On en rencontre aussi en Allemagne & en Suéde, dont les stries qui sont friables, partent d'un centre commun, *striis ex centro divergentibus, friabilibus, ibid.* Quelquefois les stries sont poreuses & grossieres, ou courtes & molles, *striis villosis, brevibus, mollissimis, ibid.*

4. Le verd de montagne superficiel. [*Ærugo nativa superficialis, WALL.*]

Ce sont des stries verdâtres qui s'attachent à la surface de la mine de cuivre, & dont la ressemblance avec des étoiles, le fait appeller *verd de gris étoilé :* on en trouve dans le duché de Bareuth ; ce cuivre est souvent mêlé avec du *mica*, & du *saxum* bitumineux.

5. Le verd de montagne feuilleté. [*Ærugo nativa scissilis, WALL.*]

Il est compacte, pierreux & feuilleté comme l'ardoise, ou souvent mêlé avec l'ardoise elle-même: on en trouve à Clausthal au Hartz sur de la galène.

6. Le verd de montagne en grains. [*Ærugo nativa granulata, WALL.*]

Il est composé de particules grainelées & ter-

reuſes : il a la dureté & la conſiſtance d'une pierre ;
ce qui le fait quelquefois reſſembler à un *ſaxum*
verd.

7. Le verd de montagne en globules. [*Ærugo
nativa globularis, WALL.*]

Il eſt ſolide, compacte, peu terreux, & reſſemble à des pois graveleux, ou à des féves
gercées.

8. Le verd de montagne ſablonneux. [*Ærugo
montana arenoſa.*]

On en trouve à Hangarthen entre Metz &
Sarlouis.

ESPECE CCXCVI.

XII. Bleu de montagne, ou Chryſocolle (*a*).

[*Cuprum præcipitatum cæruleum, aut viride montanum. Chryſocolla vera cuprea nonnullorum.
Cuprum ſolutum vel corroſum, præcipitatum,
cæruleum, WALL. Ochra cupri cærulea. Azu-
thum. Cuprum arroſum, cæruleum, terreſtre,
CARTH.*]

Il faut de l'uſage & de l'expérience pour le
reconnoître facilement à ſa couleur bleue, qui eſt
tantôt plus, tantôt moins foncée, ou claire, & le
diſtinguer de quelques ſubſtances ferrugineuſes, qui
ont également une couleur bleue ou verte. Le
caractere ſpécifique du bleu de montagne conſiſte
dans le peu d'éclat qu'il montre dans l'endroit
de la fracture ; & comme il contient beaucoup de

(*a*) Nous ne rappellerons point ici l'eſpece de bleu de montagne, dont nous avons parlé dans la claſſe des terres, ſous le
nom d'*ochre bleue de montagne*, & qui ſe vend chez les dro-
guiſtes pour l'uſage de la peinture : c'eſt ou une ochre de cuivre
très-legere & très-pauvre, ou le plus communément une terre
bleue artificielle.

cuivre plus ou moins pur, un peu de terre legere, & friable) dès qu'on en jette un peu sur les charbons, il y devient rouge, & exhale auffi-tôt l'odeur qui lui eft particuliere : le bleu de montagne varie, de même que la mine azurée, par les effets qu'elle produit dans le feu, & par fes degrés de fufibilité.

On a,

1. Le bleu de montagne en grains. [*Cæruleum montanum granulatum*, WALL.]

Ils ont une figure inégale, raboteufe, & une couleur pâle : on en trouve en Auvergne & dans les environs des mines de Sainte-Marie.

2. Le bleu de montagne fuperficiel. [*Cæruleum montanum fuperficiale*, WALL. *Cuprum arrofum, cæruleum, friabile, ftriatum ftriis è centro radiantibus*, CARTH.]

Il ne differe du verd de montagne fuperficiel, que par la couleur ; cependant, à volume égal, il contient davantage de cuivre.

3. Le bleu de montagne terreux. [*Cæruleum montanum terreum*, WALL.]

Il eft peu compacte ou peu ferré, friable, d'une confiftance terreufe, fans figure déterminée, rarement pur, contenant des particules de pyrite cuivreufe.

4. Le bleu de montagne dur ou pierreux. [*Cæruleum montanum lapideum*, WALL.]

Il reffemble affez à une pierre feuilletée, dont la confiftance eft un peu dure, cependant friable & caffante : on le trouve communément fur des pierres argilleufes, durcies, & du genre des ardoifes : quelquefois il eft interpofé dans du fable friable, comme on le remarque dans la mine de Vaudre-vange près de Sarlouis (*a*).

ESPECE CCXCVII.

XIII. Mine de cuivre terreufe.

[*Minera cupri terrea. Cupri minera, lapide molliori, vel terræ inhærens, vel terrificata,* WALL.]

ON donne ce nom à une terre folide, ou à une pierre tendre, fi peu compacte, qu'on peut facilement l'écrafer entre les doigts, & dans laquelle fe trouve accidentellement une plus ou moins grande quantité de cuivre. M. Wallerius dit qu'on donne auffi ce nom à une mine de cuivre changée en terre, ou décompofée : en effet, cette mine reffemble beaucoup à une pierre jaunâtre, ochracée qui, par le laps du tems, fe feroit élixée, ou tombée en efflorefcence, & qui feroit enduite de verd de gris.

On a,

1. La mine de cuivre terreufe grife. [*Minera cupri terrea, humacea, cinerea,* WALL.]

Cette mine a très-peu de confiftance; elle eft même entiérement friable, & contient, outre quatre livres & demie de cuivre au quintal, un peu d'argent ; telle eft celle que l'on trouve à Ohnberg, à Chaberg, près de Bergen dans le pays de Heffe ; on en trouve auffi dans le comté de Waldeck & à Sondershaufen ; celles-ci font argilleufes.

(*a*) OBSERVATION. Ces fortes de mines bleues & vertes font auffi aifées à fondre que la mine de cuivre vitreufe : c'eft pourquoi on les exempte du grillage, du bocard & du lavage, parce qu'elles font tendres & legeres.

2. La mine de cuivre terreuse jaune. [*Minera cupri terrea, ochracea, flava, WALL.*]

Elle ne ressemble pas mal à de l'ochre jaune durcie , ou qui a un peu de consistance ; elle contient presque toujours des grains de la mine de cuivre d'un jaune pâle , ou de la mine de cuivre verdâtre , & qui y sont répandus çà & là.

3. La mine de cuivre terreuse brune. [*Minera cupri, terrea, ochracea, fusca, WALL.*]

C'est une terre semblable. à de l'ochre brune, dans laquelle se trouvent entre-mêlés des grains de cuivre jaune pâle ou verdâtre, de même que dans la précédente (*a*) : on en trouve dans de la tourbe brune à Boos , dans le comté de Fugger.

ESPECE CCXCVIII.

XIV. Mine de cuivre noire , semblable à une scorie vitrifiée.

[*Minera cupri nigra , scoriis vitrefactis similis , aut piceam nigram referens.*]

M. GELLERT dit que cette mine de cuivre est noirâtre , luisante , & semblable à de la poix noire , ou à une scorie vitrifiée , & qu'on n'en a fait la découverte, que depuis quelques années : cet auteur dit aussi , que cette mine est très-rare, & qu'il ne la faut pas confondre avec la mine de cuivre charbonneuse , ni avec l'ardoise cuivreuse. On pourroit encore , dit-il , faire succéder à cette mine celle que l'on nomme Noir de cuivre, *nigrum cupri fuligineum* , laquelle est une terre ou une

(*a*) M. Lehmann cite une ochre cuivreuse , ou plutôt une très-belle mine de cuivre rouge qui se trouve en plusieurs endroits, & sur-tout près Digla, dans la mine de Stermina : on en rencontre aussi en Moscovie : ces mines donnent ordinairement à la fonte 30 livres par quintal.

pouffiere noire, très-déliée & affez riche en cuivre:
on en trouve dans les Vofges, qui eft très-dure,
d'un brun noirâtre, & perforée comme de la
ponce.

ESPECE CCXCIX.

XV. Mine de cuivre figurée.

[*Minera cupri figurata. Cupri minera fiffili lapidi
inhærens figurata*, WALL. *Cuprum amorphum
petrâ variâ veftitum*, WOLTERSD. *Minera
cuprifera*.

PAR le nom de *mine de cuivre figurée*, on entend
défigner une efpece de cuivre de différentes
formes & couleurs, qui fe trouve communément
dans des ardoifes, à l'endroit où ces pierres font figurées par l'empreinte de ce qu'elles ont autrefois
renfermé en nature (*a*) ; ainfi le nom de cette
efpece de mine de cuivre eft affez vague où
équivoque, & n'a rien qui puiffe fixer l'idée qu'on
en fouhaiteroit avoir (*b*) ; nous en donnerons

(*a*) Quand une pierre du genre des ardoifes contient une
ou plufieurs des efpeces de cuivre qui viennent d'être décrites,
on la nomme *ardoife cuivreufe*, quoique fouvent ce ne foit qu'une
roche noire feuilletée. La quantité du cuivre contenu dans ces
fortes de mines varie confidérablement, auffi-bien que leurs
degrés de fufibilité dans le feu : il y a des pays où l'on ne fe fait
point de difficulté d'exploiter & de traiter des ardoifes cuivreufes, dont le quintal ne contient qu'une livre & demie ou deux
livres de métal.

(*b*) OBSERVATION I. Indépendamment des mines de cuivre que nous venons de citer, il s'en trouve encore dans certaines eaux vitrioliques, dans les terres, les fables, les pierres,
les pyrites vitrioliques, mixtes ou cuivreufes, dans les mines
d'argent, d'émeril, & quelquefois dans l'arfenic.
M. Vedelius, *Ephem. nat. cur. T. V*, p. 154, *obf.* 119, dit avoir
des feuilles de chêne qui lui font venues de Hongrie près le mont
Carpathum, où fe trouve un ruiffeau qui corrode le fer, & dépofe
du cuivre. Des chênes qui font autour, y laiffent tomber leurs
feuilles, dont le tiffu fe charge en peu de tems de cuivre. On croit

feulement icî quelques exemples. Les ardoifes dans lefquelles ou voit une figure de poiffon avec un même que le quintal de ce cuivre contient 12 onces d'or. Le fer fouffre le même changement, avec déperdition d'un dixieme de fon poids : ce font de pareilles eaux vitrioliques, qui ; par leur propriété de corroder le fer & de dépofer le cuivre qu'elles tiennent en diffolution, en avoient impofé à des gens crédules, il y a quelques années, qui avoient pris cela pour une vraie tranfmutation.

OBSERVATION II. Les mineurs nomment *mines de cuivre* celles qui contiennent plus de ce métal que d'autres fubftances : lorfqu'elle eft unie avec le fer, ils l'appellent *mine de cuivre ferrugineufe* ; mais fi ce dernier métal s'y rencontroit en plus grande quantité, on diroit alors, *mine de fer cuivreufe* : il eft affez rare que les mines de cuivre ne contiennent du fer, les unes plus, les autres moins ; & plus il s'y en trouve, & plus la mine eft aigre & caflante.

M. Wallerius, *p. 517, obf. 1,* dit que les fondeurs & ceux qui grillent les mines de cuivre, ont divifé celles qu'ils ont à traiter en *mines fimples,* en *mines dures,* & en *mines réfractaires.*

Par *mines fimples,* (dit-il,) ils entendent celles qui font dégagées de toute partie terreufe & pierreufe, & comprennent fous ce nom trois efpeces, fçavoir, 1° la pyrite qui eft compofée de petits cubes ; 2° la mine de cuivre brune; 3° la mine de cuivre hépatique pâle dont nous avons parlé, N° VI, *Efpece CCXC.*

Par *mines dures,* ils défignent celles qui font unies à des corps très-durs & vitrifiables, tels que les quartz & les cailloux.

Par *mines réfractaires,* ils entendent celles qui font jointes à des pierres capables de réfifter à l'action du feu, telles que quelques efpeces d'asbefte, de pierre argilleufe, & de *lapis corneus,* &c.

Comme le cuivre eft le plus généralement confondu dans fa mine, avec plufieurs autres fubftances métalliques, & avec des minéraux volatils, tels que le foufre & l'arfenic, que fouvent même les mines de cuivre participent abondamment de la nature des pyrites, & contiennent une terre martiale avec une terre non métallique & compacte ; terres qui font l'une & l'autre entiérement réfractaires, & empêchent la mine de fe fondre, on eft obligé, pour parvenir à la réduction de ce métal, de commencer par trier la mine appellée *mine riche* : on met à part celle qui eft bonne à fondre, & on laiffe mourir ou élixer à l'air celle qui, pour le moment, eft trop ingrate, & qui eft appellée *mine pauvre* : on réduit en moyens morceaux la *mine bonne,* de laquelle on a préalablement féparé la plus grande quantité de parties terreufes, au moyen du lavoir : on lui fait fubir enfuite plufieurs grillages ou calcinations pour en dégager le minéralifateur : *Voyez* SWEDENBORG *de cupro* ; enfuite on l'écrafe de nouveau en morceaux plus menus, puis l'on procede à la premiere fufion, en la confondant, lit par lit, avec les charbons dans le fourneau à manche, ou de fonderie, fous la grille duquel eft une forte de vafe de terre qu'on entretient rouge pour recevoir la mine à mefure qu'elle fe fond, il faut un feu vif & violent pour fondre cette mine : on en

peu de cuivre, font ainſi nommées par Wallerius;
minera cupri figurata , piſces referens ; ſi la figure
augmente l'action, par le moyen d'un grand ſoufflet à deux vents,
que fait agir un courant d'eau : il eſt important de confondre cette
mine de cuivre torréfiée avec le charbon , & de la fondre à grand
feu ; dans le premier cas , on entretient le métal dans la quantité
du phlogiſtique qui lui eſt néceſſaire pour l'empêcher de ſe convertir en chaux ; dans le ſecond , c'eſt à deſſein qu'il conſerve ſon
éclat métallique : car il a la propriété de ſe calciner facilement,
& beaucoup plus vîte , lorſqu'il eſt ſimplement rouge, que lorſqu'il eſt fondu ; ce métal de la premiere fuſion eſt aigre & caſſant :
il reſſemble à de la pyrite.; on le nomme *matte crue ,* (roh-
ſtein) ou *pierre de cuivre fondue.*

On eſt encore obligé de faire ſubir à ce métal pluſieurs autres
fuſions, pour le dégager par la ſcorification, &c. des matieres
minérales & hétérogenes à ſa nature de cuivre , qui , reſtant
confondues avec lui, alterent ſa parfaite ductilité, ſa malléabilité,
& même ſa couleur , puiſqu'il eſt encore ordinairement noir, après
cette fuſion ; auſſi l'appelle-t-on *cuivre noir.* Le nombre des fuſions
& calcinations n'eſt point déterminé dans les travaux en grand ;
le tout dépend de la pureté de la mine : il lui faut ordinairement
depuis cinq juſqu'à onze fuſions, & les fondeurs n'ont abſolument
pu en diminuer le nombre , étant obligés de le refondre continuellement juſqu'à ce qu'il ait acquis une couleur rouge , médiocre : alors on ceſſe ; mais ſi l'on en vouloit faire du *cuivre de roſette ,* il faudroit encore procéder à une ou deux nouvelles fuſions dans le fourneau de raffinage : c'eſt en cet état que le cuivre
qui en ſort eſt d'un beau rouge de brique, d'un grain fin , malléable
à froid & à chaud. Les Latins ont nommé ce métal ainſi purifié
as poloſum ; les marchands Européens, *cuivre de roſette ,* & les
Chinois *tintenaque.*

On fait couler le cuivre de la derniere fuſion, c'eſt-à-dire
d'un rouge médiocre, dans des moules de ſables où il s'y forme
en pains, ou plaques tellement inégales, qu'on eſt toujours obligé
de le refondre pour en former des pains ronds ou plaques quarrées d'environ trois pouces d'épaiſſeur ſur quinze de large : c'eſt-
là l'eſpece de cuivre dont on ſe ſert à la monnoie & dans les ar-
ſenaux ; on l'appelle dans le commerce *monnoie de Suéde* : la plûpart du cuivre nous vient de ce royaume, par la voie de Hambourg : il eſt en plaques rondes de vingt à vingt-un pouces de diametre & d'une ligne d'épaiſſeur ou environ : on l'appelle *cuivre en fonds* ; chaque plaque peſe 4 à 6 livres : elles ſont formées avec les pains de cuivre fondu qu'on coupe entiers ou
par quartiers : on les chauffe au feu ; & au moyen du martelage ,
on les réduit en plaques ou lames : c'eſt avec cette eſpece de cuivre qu'on fait des chaudrons & autres uſtenſiles ſemblables : on
l'expoſe pour cela ſous de certains pilons qui ſont élevés, avec des
machines mues par un courant d'eau ; alors un homme tourne
ces plaques avec ſes jambes qui ſont garnies de peau de mouton ,
& les met de telle forme qu'il veut, ſans ſe ſervir preſque de ſes

reſſemble à des épis de bled, l'on dit *ſpicam referens*, ou ſi elle eſt ſemblable à du charbon, mains : les chaudieres des teinturiers, & les baignoires ſont formées avec le cuivre en plaques quarrées ou en planches ; c'eſt de cette même ſorte qu'on en tire le cuivre en verges, en fils & en feuilles, pour l'uſage des doreurs. Voici la maniere dont on réduit en Suéde les maſſes de cuivre fondu en lames minces. On prend dix lames de cuivre de bon aloi, & de l'épaiſſeur ci-deſſus indiquée ; on obſerve que la premiere & la derniere lames doivent être un peu plus grandes que les huit autres, pour qu'elles puiſſent former un rebord qui les couvre, & pour leur donner à toutes une forme ronde & égale : on fait rougir enſuite ces lames au feu ; puis, pour les étendre, on expoſe ce métal ſous la chute d'un marteau, du poids de trois quintaux, qu'un courant d'eau fait aller ; & par ce battement qui les entretient continuellement auſſi chaudes que ſi elles étoient dans le feu, on vient à bout de les étendre & de les amincir autant que l'on veut ; il n'y a dans cette manœuvre que les deux lames extérieures qui ont ſouffert une altération aſſez conſidérable : chaque coup de marteau y eſt marqué par des taches noires.

La propriété qu'a le cuivre, ainſi que les autres ſubſtances métalliques, de perdre le phlogiſtique par la calcination, & de ſe vitrifier, fournit un moyen facile de le ſéparer des métaux parfaits, lorſqu'ils ſe trouvent unis enſemble ; & c'eſt ſur ce principe qu'eſt à-peu-près fondé tout le travail de l'affinage de l'or & de l'argent par la coupelle, parce que ces métaux ne perdent que peu ou point leur phlogiſtique.

Nous avons dit que le cuivre eſt, ainſi que le fer, un métal facile à ſe convertir en rouille, lorſqu'il eſt expoſé à l'air, ou qu'il baigne dans quelque fluide, notamment chargé d'acide ; c'eſt cette belle rouille verte ou bleuâtre ſi uſitée en peinture, & que les marchands nomment Verdet ou Verd de gris : *Viride æris Officinarum* ; les Grecs ἰος ξυσὸς & les Arabes, *ſiniar*. La préparation du verd de gris ſe fait dans les environs de Montpellier, & eſt l'objet d'une ſorte de commerce très-conſidérable : elle conſiſte à prendre du cuivre en fonds de Suéde, qu'on réduit en petits morceaux de differentes figures ; on en emplit un pot de terre glaiſe non verniſſé, (nommé dans le Languedoc *oule* ;) on arroſe ces lames d'un vin fort, ſpiritueux, & point gras ; on les retire quelque tems après, puis on les chauffe, & on les confond auſſitôt, lit par lit, avec des rafles préparées exprès, & ſaturées de vin, dans une autre oule : on laiſſe le tout *couver* enſemble ; & au bout de quinze jours, plus ou moins, ſuivant la ſaiſon, la matiere fermente & corrode le cuivre ; on connoît le terme de cette opération, lorſque les lames du métal devenus vertes ſe *cotonnent*, c'eſt-à-dire, quand elles ſont chargées de points blanchâtres ; alors on retire ces lames, on les laiſſe égoutter pendant trois ou quatre jours, puis on les trempe de nouveau dans de la *vinaſſe*, & ainſi de ſuite, à trois repriſes différentes, après quoi la rouille ſe gonfle, & forme une eſpece de mouſſe verdâtre qu'on racle ſoigneuſe

figurata carbonaria, ou à du bois, *figurata lignea*; ainsi du reste. On trouve de ces ardoises dans le ment avec un couteau émousé, & qui est ce qu'on nomme *verd de gris* : on pétrit ensuite ce verd de gris dans des grandes auges, avec du gros vin aigri, & on l'enferme dans des sacs de peau blanche qu'on expose à l'air pour le faire sécher : il s'y durcit même, à un tel point, qu'il ne forme qu'une seule masse, souvent difficile à diviser sans le secours d'un marteau : on range ces sacs dans de grands tonneaux, avec de la paille ; & on les envoie dans différens pays, pour l'usage des peintres, des teinturiers, des pelletiers, des chapeliers, des maréchaux : on s'en sert aussi, dans plusieurs compositions galéniques, & opérations de chymie. Pour l'intelligence de la préparation du verd de gris, la signification des termes, & les circonstances qu'on y doit observer, voyez la théorie qu'en a donnée M. Montet de la société royale de Montpellier, dans un Mémoire très-bien détaillé, & inséré parmi les *Ouvrages des savans étrangers de l'académie royale des sciences de Paris*, année 1758.

On nomme improprement *verdet distillé*, ou *verdet calciné*, un cuivre dissous par l'acide du vin, & qui est en crystaux verdâtres : cette préparation se fait ordinairement avec du verd de gris dissous dans du vinaigre distillé ; on fait filtrer cette dissolution ; ensuite on la fait évaporer & crystalliser de la même maniere que le sucre candi en rocher, au moyen de petites cordes ou bâtons qu'on arrange exprès dans les vaisseaux où la liqueur évaporée est mise à crystalliser : cette préparation qui nous vient d'Allemagne & des environs de Lyon, est en beaux crystaux clairs, luisans, demi-transparens & durs ; les peintres en mignature s'en servent pour peindre en verd : on fait aussi, dans les laboratoires de chymie, des crystaux de verdet au moyen de l'acide nîtreux ; leur couleur est bleuâtre : on les appelle par excellence *crystaux de Venus.*

Ce que l'on appelle *æs ustum* est un cuivre brûlé par la calcination, & minéralisé par différentes matieres qu'on joint à sa préparation : la maniere de le bien préparer n'est guères connue que des Hollandois & des Allemands : ce n'est cependant autre chose qu'une calcination de six parties de cuivre en lames minces, qu'on coupe en petits morceaux, ou quarrés, ou triangulaires, & qu'on range, lit par lit, dans un creuset, avec deux parties de soufre, en observant que la premiere & la derniere couche doivent être de soufre : on lute bien le creuset avec son couvercle, & on lui fait subir l'action d'un feu violent dans un fourneau de réverbere, pendant deux heures ; après quoi on laisse éteindre le feu, & l'on trouve les lames de cuivre d'une couleur noirâtre, ou d'un gris de fer en dehors, rougeâtre & brillante en dedans : telle est la maniere de préparer en France l'*æs ustum.*

En Hollande on observe à-peu-près le même procédé pour la préparation du cuivre brûlé, ainsi que dans la proportion des matieres ; on y ajoûte une demi-partie de sel marin de plus dans chaque lit de cuivre & de soufre ; on y fait subir l'action d'un feu

pays de Stolberg & de Strasberg, dans le comté
de Mansfeld & de Papenheim, dans la Thuringe
& la Siléfie, &c.

gradué, jufqu'au terme de fufion, & qu'il ne forte plus de vapeurs
du creufet : quand tout eft refroidi, on trouve que les lames de
cuivre font prefque confondues les unes dans les autres ; elles
font alors friables, fe réduifent facilement en une poudre fine
d'un rouge d'ochre : on conferve ce *crocus de cuivre* dans des
vafes fermés pour le préferver du contact de l'air : on s'en fert
pour donner au verre fondu une couleur d'aigue-marine.

La maniere dont les Allemands & les Efpagnols préparent
l'*as uftum*, exige plus d'embarras & de dépenfe ; mais l'on en eft
bien dédommagé par la beauté & la pureté des couleurs que
leur cuivre brûlé donne au verre : voici leur procédé dont ils
font un fecret. On fait calciner enfemble, pendant trois heures,
une certaine quantité de *cuivre rofette* & de vitriol bleu, difpofés
lit par lit, en la maniere ordinaire, dans un fourneau de réverbere ; enfuite on laiffe mourir le feu, & on pefe le cuivre calciné
qu'on mélange de nouveau avec une pareille quantité de vitriol
bleu ; on réitere la calcination, & ainfi de fuite, jufqu'à trois &
quatre fois, ou jufqu'à ce qu'en broyant l'*as uftum*, il acquiere une
couleur rougeâtre, & qu'il communique au contraire à l'eau une
belle couleur de bleu d'azur. Les Efpagnols calcinent ce fafran de
cuivre une fois de plus que ne font les Allemands, afin qu'il acquiere la couleur noire, & qu'il puiffe fervir à teindre les cheveux : on prétend même que c'eft à caufe de cette propriété de
colorer en noir, qu'on l'a appellé *ferret artificiel*.

Cette préparation eft un efcarrotique dont on ne fe fert guères
en médecine ; auffi la rencontre-t-on rarement dans les boutiques : on prétend que bien des perfonnes s'en fervent à Venife,
& le mêlent avec la poudre d'iris, pour empêcher la fueur des
pieds, ou au moins pour en modérer la mauvaife odeur : on en
fait des fauffes femelles qu'on met pour cela dans les fouliers ;
mais cette forte de précaution paroît peu avantageufe.

Il paroît que cette chaux de cuivre eft connue depuis long-
tems. On lit dans Cæfalpin, *lib. 3, chap 5*, que le cuivre brûlé
fe nomme *as uftum*, en latin & en italien ; qu'on l'avoit autrefois préparé à Memphis, en Egypte, & enfuite dans l'ifle de Chypre : les Grecs l'appelloient χαλκὸς κεκαμμένος. On lit encore
ailleurs que les Grecs nommoient λεπίς χαλκῆ les écailles qui
reftoient autour du creufet ; quelques perfonnes croient même
que ce fut à caufe des belles couleurs, tant principales qu'inter-
médiaires que l'*as uftum* donne au verre, qu'on imagina le
verre coloré en verd & en bleu.

On appelle *laiton* ou cuivre jaune, *Aurichalcum, aut mixtura
metallica, flava, cupro & metallicâ parte lapidis calaminaris conflata, WALLER*. une compofition métallique & malléable, dont
la couleur eft pâle, & qui fe fait avec des plaques de cuivre
rouge, une partie mife en cémentation avec un quart de partie

III. SOUS-DIVISION.

Métaux parfaits.

[*Metalla nobiliora* AUCTORUM.]

ON donne ce nom aux métaux qui ont le plus
de zinc, ou avec deux parties de pierre calaminaire, grillée &
écrasée au bocard, (ou encore avec les blendes, la tuthie ou
cadmie, & toutes les pierres qui contiennent du zinc), &
qu'on fait fondre ensemble par un feu d'abord très-doux, ensuite très-violent, dans des fourneaux voûtés, faits exprès, ou
dans des fonderies particulieres ; lorsque le cuivre a été tenu
en fusion pendant huit à neuf heures, & qu'il s'est suffisamment
coloré, c'est-à-dire, lorsque la cadmie paroît bien mêlée avec
le cuivre, (ce qui se reconnoît facilement par une fumée d'a-
bord rouge pourpre, ensuite rouge & bleue, enfin jaunâtre,
c'est-là l'indice qui annonce la réussite & le terme de l'opération;)
alors on remue la matiere qui a la couleur & l'éclat de l'or, &
on la verse dans un réservoir fait de deux lames de pierre placées
de telle sorte qu'on peut former des plaques de cuivre d'une
épaisseur suffisante pour en faire sur l'enclume, avec le marteau,
des ouvrages tels que les chaudrons, les feuilles & le fil de laiton :
dans cette opération, le cuivre retient de la substance demi-métallique qui est dans la pierre calaminaire, environ le tiers
ou le quart de son poids, sans altérer la ductilité qu'il a
naturellement à froid & non à chaud ; au contraire, on en peut
faire des fils & des lames très-fines, d'où il est aisé de juger
de la propriété singuliere du zinc dans son alliage avec le cuivre, pour produire le laiton : on doit seulement être attentif à
saisir le temps où le cuivre, suffisamment chargé de zinc, a acquis le plus grand poids, la plus belle couleur & le plus de ductilité pour le retirer du fourneau ; car si on le laissoit trop long-
tems en fusion, le zinc s'en détacheroit & se volatiliseroit ;
& le cuivre perdroit son poids & sa couleur, & reparoîtroit
dans son premier état de cuivre rouge : on est souvent obligé
de joindre des fondans à ce mélange, pour en accélérer la fusion, & en faciliter la purification : il y a beaucoup d'endroits
où l'on fait cette opération dans des creusets exactement couverts ; alors on joint aux lames de cuivre, & à la pierre calaminaire, des flux plus ou moins puissans ; mais ces sortes de
travaux rendent l'opération trop dispendieuse, sans même avoir
une qualité absolument supérieure à celle qui se fait en grand
dans les fournaises ; on appelle le laiton *aurichalcum*, du latin

de ductilité, & qui résistent le plus aux impressions de l'air, de l'eau & du feu, qui sont, comme

aurum, or, & du grec καλχὸς *cuprum*, cuivre, comme
qui diroit *cuivre doré :* le mot *laiton* ou *laton*, vient du flamand
latoen, qui signifie la même chose. Lemery dit que la découverte du laiton a été faite par des alchymistes, qui, cherchant le
moyen de convertir le cuivre en or, trouverent le moyen de
lui donner une couleur jaune.

Le *pinchebeck* ou *similor* n'a point la même malléabilité que
le laiton, parce qu'on a employé dans sa composition un zinc
impur, grossier, allié avec du plomb, & quelquefois avec du
fer, en place de la cadmie fossile ; c'est pourquoi il faut un ar-
tiste qui ait une connoissance particuliere de sa mine de zinc,
pour guider sûrement cette opération : car il y a des différences
considérables dans les différentes mines de zinc. Cette préparation du pinchebeck ou similor consiste à refondre le laiton,
& à le combiner de nouveau avec le zinc ; cette nouvelle fusion avive la couleur en un beau jaune d'or foncé, mais rend
en même tems la matiere plus aigre, plus cassante, & beaucoup moins ductile, que si elle avoit été recombinée avec la
blende ou avec la pierre calaminaire.

Le *tombac* ne differe du *similor*, que parce qu'on y ajoûte
de l'étain.

Ce que l'on appelle *métal de Prince-Robert,* est un laiton surchargé
de zinc & d'un peu d'étain : on doit éviter de l'approcher du
mercure, ce demi métal ayant la propriété de décomposer son
association avec le cuivre, ce qui démontre la grande affinité
du cuivre avec le mercure. Neumann, dans ses *Lection. chy-
micæ, p.* 1865, prétend que cette espece de laiton est ce que
l'on appelle *zinc jaune d'Angleterre*, & que l'on nomme aussi
spiauter, ou *beauter :* Pott, *De zinco, p.* 6, dit que le zinc jaune
n'est autre chose que le zinc des Indes orientales, ou toutenague, qui a été fondu de nouveau, & purifié dans ce pays.

On se sert du cuivre jaune pour faire un grand nombre de
vaisseaux & d'instrumens utiles dans les arts. Si on prend des
lames de cuivre, au sortir de l'enclume, qu'on les batte jusqu'à ce qu'elles soient réduites en feuilles aussi minces que du papier, l'on formera alors ce que l'on nomme *clinquant* ou *oripeau :*
il sert aux passementiers ; on en fait des fausses dorures & des
faux galons. Si l'on continue de battre cet *oripeau*, & qu'on le
réduise en feuilles assez minces pour être mises en feuillets dans
des livrets de papier, ce sera ce que l'on nomme *or d'Allemagne :*
il sert aux peintres. Si l'on broye cet or en poudre fine, il prendra différentes nuances, selon que le laiton étoit plus ou moins
foncé en couleur ; cette poudre se nommera *bronze :* si cette
poudre est porphyrisée à l'eau de gomme, qu'on la mette dans
des petites coquilles, elle se séchera & prendra le nom d'*or
en coquilles :* cet or en poudre & en coquilles sert à bronzer
les figures de plâtre, & à peindre en mignature.

Pomet dit que cet or vient d'Augsbourg en Allemagne, &
qu'il porte le nom d'un nommé *Augusta.*

indeſtructibles & inaltérables, & qui entrent en fuſion au feu, en même tems qu'ils y rougiſſent: tels ſont l'argent & l'or.

Ce que l'on nomme ordinairement *bronze* ou *métal* chez les ouvriers, *Mixtura metallica, pallidè flava, cupro, ſtanno & plumbo, conflata,* WALL. *Æs caldarium* eſt un alliage de dix parties de mitraille, ou de rognures de cuivre, ou de vieux uſtenſiles de laiton, une partie d'étain, & peu ou point de plomb: on en fait de diverſes couleurs & qualités qui ne différent entr'elles, que dans la proportion des matieres conſtituantes : ce métal ſert à faire des figures, des cloches, des mortiers & autres uſtenciles fort caſſans, ſonores, d'un jaune très pâle, comme blanchâtre : on appelle *Diphryges* la partie la plus groſſiere ou réfractaire du bronze qui ne peut entrer en fuſion ni être coulée.

Dans l'opération du bronze, il s'eſt élevé, ſous la forme d'une vapeur, une ſuie métallique que l'on appelle *Tuthie* : elle eſt formée en écailles voûtées comme des écorces d'arbres, ou en gouttieres, quelquefois en rouleaux de différentes longueurs & groſſeurs, plus ou moins unie, tant en dehors qu'en dedans, ou mammelonnée ; telle eſt celle que les anciens ont nommée *ſpode en grappes :* la tuthie eſt dure, compacte, difficile à caſſer, d'un beau gris de ſouris en-deſſus, entremêlée d'une nuance bleuâtre, ſur-tout en deſſous, & d'une couleur ſouvent jaunâtre en dedans. On la trouve attachée à des rouleaux de terre qu'on a ſuſpendus exprès au haut des fourneaux des fondeurs en bronze : elle s'y eſt condenſée de la même maniere que la ſuie ſur les barreaux dans les cheminées ; pour retirer cette tuthie, il ſuffit de donner quelques coups legers ſur ces rouleaux : elle s'en détache auſſi-tôt en conſervant la forme du corps qu'elle environnoit: la tuthie eſt quelquefois en rouleaux maſſifs ; elle a été formée ainſi par l'abondance de la vapeur métallique qui s'échappe par les ouvertures ou régitres du fourneau qu'on avoit oublié de boucher, pendant l'opération : on regarde la tuthie comme la vraie cadmie des fourneaux: on peut en effet la réduire ſous la forme demi-métallique ou de zinc : on ne nous apportoit autrefois cette ſubſtance, que des fonderies de cuivre qui étoient dans les environs d'Alexandrie ; elle étoit alors en grande réputation chez les Grecs qui l'appelloient *ſpodium botryticum,* ſpode en grappes : les Arabes furent les premiers qui l'appellerent *Tuthia ;* les Latins l'ont nommée *Cadmia vera fornacum, vulgè* cadmie des fournaiſes. Pierre Pomet dit que la tuthie que nous voyons aujourd'hui en France vient de l'Allemagne & de quelques autres endroits où l'on travaille au bronze ou au métal: l'on nous en envoie quelquefois de *Suéde,* par la voie d'Hambourg qui eſt très-belle ; on en a fait long-tems à Orléans, & qui avoit une réputation auſſi fameuſe que celle d'Alexandrie: on appelle cette opération *brazer la tuthie ;* on s'en ſert en médecine, comme *deſſicative, ophthalmique & anti-hémorrhoïdale,* &c.

On nomme *fauſſe tuthie,* ou *tuthie blanche,* ou *pompholyx* une ſubſtance farineuſe, blanchâtre, legere, floçonnée & tendre,

GENRE

GENRE LIII.

Argent.

[*Argentum. Luna* CHYMICORUM; ἀργυρὸς GRÆCORUM.]

L'ARGENT eſt un métal compacte, dont le
que l'on trouve ſublimée & attachée en maſſes, groſſes comme
le poing, au couvercle du creuſet dans lequel on a mis fondre
du cuivre de roſette, ou de la pierre calaminaire, pour en faire
un cuivre jaune particulier ; on en trouve encore aux tenailles
des fondeurs qui s'occupent de la fonte du laiton ; les pinces qui
ſervent à retirer le creuſet ou ſon couvercle, s'en trouvent auſſi
encroûtées comme les barreaux ou rouleaux de terre le ſont de
tuthie dans l'opération du bronze : cette matiere eſt abſolument
différente de la tuthie & ne paroît point être un zinc ſimplement dépouillé de ſon phlogiſtique, puiſqu'on n'a pu encore
la réduire ſous la forme demi-métallique ; elle eſt en quelque
ſorte réfractaire au feu, d'où l'on peut juger du peu de fondement
qu'ont quelques-uns de croire que le pompholix eſt une tuthie
qui a été remétalliſée & volatiliſée par une ſeconde opération.

Quoique le pompholix ne ſoit pas une matiere précieuſe,
cependant on le rencontre difficilement dans les boutiques, à
cauſe du peu d'uſage qu'on en fait : il ne ſert guères qu'en pharmacie, comme deſſicatif & ophthalmique ; il eſt la baſe d'un on-
guent qui en porte le nom : les fondeurs en laiton négligent de le
ramaſſer, en le laiſſant tomber dans le foyer, lorſqu'ils découvrent
leurs creuſets ; la plùpart de celui qui ſe trouve chez les dro-
guiſtes & les apothicaires, n'eſt qu'un ſpath calcaire qu'on calcine
en Suabe & qu'on vend ſous le nom de *pompholix* de Suéde,
ou de *nihilum* d'Allemagne aux foires de Franciort & de Nu-
remberg. Il paroît néanmoins que le pompholix a été connu des
anciens : Dioſcoride, Galien & Pline ont écrit que cette ſubſtance étoit formée avec de la tuthie que l'on mettoit dans un
foyer de charbons ardens, & que, par la violence du feu, il s'en
dégageoit une fleur blanche qui étoit le pompholix : ils appelloient le réſidu ou la ſubſtance qu'on trouvoit au fond du fourneau, après l'entiere uſtion du charbon, *ſpode* ; il étoit noir,
peſant, très-dur & impur : on cite le pompholix, dans les deſcrip-
tions, ſous le nom de *pompholyx veterum*, πομφὸς bulle, *bulla
eminens*, *ſpuma* : il eſt encore deſigné, dans les auteurs, ſous
les noms de *flos zinci*, fleur de zinc ; *flos æris*, POMET ; fleur
d'airain ; *lana philoſophica*, laine philoſophique ; *capnites*, cala-

Partie II. O

pied cube pese ordinairement 11523 onces ! l'argent est très-malléable, & le plus ductile de

mites ; *bulla cadmica*, calamine blanche, spode blanc, *nil*, *nihil*, *nihi lialbum*, de l'allemand *nicht*, qui signifie rien.

Outre les différentes preparations que l'on fait avec le cuivre, rouge ou jaune, & dont nous venons de parler, les Vénitiens ont encore, depuis long-tems, le secret d'en tirer une matiere de couleur rougeâtre, qu'ils appellent *bronze rouge*, ou *purpurint*, & dont on se sert pour bronzer des carrosses de prix.

Ce qu'on appelle *pierre d'aventurine artificielle*, est une composition assez jolie dont on doit la découverte au hazard. Un verrier laissa tomber, sans y faire attention, dans son fourneau qui tenoit du verre en fusion, des particules de laiton, qu'il limoit; la vitrification étant refroidie, il y remarqua des paillettes brillantes, dorées, & qui donnoient à la masse un coup d'œil fort agréable & le jeu de certaines topazes artificielles : un tel phénomene ne pouvoit manquer de faire appeller ce verre *aventurine*, comme qui diroit, Pierre trouvée à l'aventure : on voit dans quelques cabinets des petits morceaux d'aventurines rougeâtre & jaunâtre, remplies de paillettes semblables au sable d'or, & qu'on prétend avoir été naturellement formés dans la terre ; mais nous avons de la peine à croire qu'une telle pierrerie, qui d'ailleurs se casse comme le verre & qui en a la même pesanteur, puisse se rencontrer en France ni dans d'autres lieux; à moins qu'on ne veuille supposer quantité de circonstances qui paroîtront même impossibles à ceux qui se prêtent le plus facilement à l'illusion : car il faudroit au moins admettre un agent qui eût porté dans le crystal encore fluide des particules de laiton, qui, comme nous l'avons déja dit, est lui-même une combinaison artificielle du cuivre rouge avec le zinc, & les eût ensuite mêlées ensemble, en proportions exactes; d'ailleurs cette pierre auroit au moins la dureté, la pesanteur & l'éclat du crystal ; toutes propriétés qu'elle n'a pas.

L'on distribue, chez les marchands de couleurs, des particules métalliques, sous le nom d'Aventurine jaune ou d'or, & blanche, ou d'argent; la premiere n'est qu'un mélange de paillettes de cuivre ou de limaille de laiton, provenant des feuilles de cuivre en oripeau que l'on a hachées menu ; la seconde est formée avec des feuilles d'étain : ces sortes d'aventurines en poudre servent aux émailleurs & aux peintres : on reconnoît qu'elles sont akérées ou mélangées avec l'or de chat ou le mica blanc; lorsqu'en les faisant tremper dans de l'eau forte elles ne s'y dissolvent pas entiérement.

Il est fait mention, dans l'*Histoire de la métallurgie*, d'un métal fameux, connu sous le nom de Cuivre de Corinthe, *æs Corinthiacum* : on prétend que ce cuivre si vanté pour sa beauté, sa solidité & sa durée, n'est qu'un alliage métallique dans lequel se trouve un peu d'or & d'argent avec un peu d'autres métaux, & que ce mélange se fit au tems que les Romains embraserent la ville de Corinthe : on donne encore aujourd'hui le nom de

tous les métaux, après l'or, puisqu'avec un grain
de ce métal, on peut faire un fil de trois aunes
de long, & de deux pouces de large, ou en
former une taffe capable de contenir une once
d'eau ; il a plus de dureté & d'élafticité que le
plomb, l'étain & l'or ; mais il eft plus mol que
les autres métaux : cependant il eft fufceptible d'un
beau poli ; il eft moins tenace que l'or & le fer ;
& après le cuivre, il eft le plus fonore de tous
les métaux : il perd cependant cette propriété,
auffi-tôt qu'il eft allié avec du plomb. Sa couleur
eft blanche, pure & brillante : il entre en fufion
à un degré de feu violent, & dès l'inftant qu'il y
rougit ; mais il ne s'y diffipe point : il eft tellement fixe au feu, que dans l'efpace d'un mois, il ne
perd pas un 60e de fon poids à la coupelle ; il réfifte
au plomb auffi-bien que l'or : il n'y a que l'antimoine
ou le fel marin, ou l'arfenic qui le faffent diffiper fous
la forme de vapeurs, ou le changent en fcories, comme
on peut le voir chez les orfévres, lorfqu'ils purifient
l'or, par l'intermede de l'antimoine : on dit que le
miroir ardent le fait diffiper entiérement en fumée,
fans le vitrifier. L'argent eft réputé métal parfait,

cuivre de Corinthe à la plûpart des alliages métalliques dont
la couleur eft rouge, violette, & dans lefquels le cuivre domine
le plus.

Lemery dit que « l'étymologie du cuivre vient du mot *cuprum*,
» de *Cypro*, parce que le premier cuivre a été trouvé dans l'ifle
» de Chypre en Sicile : on l'a auffi appellé *Æs ab aëre*, parce que
» le cuivre, quand on le bat, frape l'air, avec beaucoup de force,
» & fait un grand bruit & réfonnement.

» On l'a encore appellé *Venus*, parce que les aftrologues
» prétendent que ce métal reçoit les influences de la planette
» appellée *Venus*, ou bien parce qu'on faifoit prendre autrefois
» à la déefle Venus la couleur de cuivre rouge.

» L'hiftoire rapporte que les Romains adoroient autrefois la
» déefle *Pecunia*, Efculán fon fils, & Argentin fon petit fils ; ils
» attendoient d'Efculan les monnoies de cuivre, & d'Argentin
» celles d'argent. Ils fuppofoient qu'Argentin étoit fils d'Efculan,
» parce que la monnoie d'argent n'avoit été en ufage parmi
» eux, que beaucoup plus tard que celle de cuivre.

O ij

moins par sa valeur, qui le rend, ainsi que l'or, le plus grand moyen d'échange entre la plûpart des peuples, que par ses propriétés constituantes: il est inaltérable (étant pur) aux impressions de l'air & de l'eau, au dissolvant de l'or, & à l'action du feu; mais la vapeur, ou la fumée du soufre, celles des matieres fécales, le contact du jaune d'œuf, &c. le font un peu noircir: il se dissout dans l'esprit de nître, ou dans l'eau forte, & s'y laisse ensuite précipiter par le sel marin: il s'amalgame très-facilement avec le vif-argent, l'or, &c. Voilà une partie des phénomenes qui servent à distinguer l'argent des autres métaux.

Il y a plusieurs mines de ce métal en Europe, & qui sont toutes dans des montagnes à filons; (car on ne les rencontre jamais dans les couches:) on en trouve en France, en Italie, en Allemagne, en Suéde, en Norwege & en Angleterre; mais les mines les plus considérables de ce métal, sont à Porto d'Oruro, à Ollacha & à Rio de la Plata (qui signifie Riviere d'argent,) près de Cusco au Pérou, & à six lieues de distance des fameuses mines du Potosi & de Lippes. Pomet dit que celles-ci furent découvertes en l'année 1545; l'enclos qui en borde l'étendue, s'appelle Potosi: c'est une montagne située en pleine campagne, & dont la forme ressemble à un cone renversé, ou à un pain de sucre; elle a plus d'une lieue de circuit à sa base, & plus d'un quart à son sommet: outre ces mines, il y en a plusieurs autres dans les Indes & dans l'Europe, que nous citerons dans la description des différentes especes de ce métal, avec la maniere d'en faire la réduction.

ESPECE CCC.

I. Argent vierge, ou Argent natif.

[*Argentum nativum* AUCTORUM. *Argentum
nudum nativum, formâ variâ,* WOLTERSD.
Argentum nudum, malleabile, CARTH.]

L'ARGENT vierge est ordinairement malléable
dans sa mine, & le plus pur de tous les métaux
dont on a parlé jusqu'ici : il n'est mêlé, ni avec
le soufre, ni avec l'arsenic ; mais quelquefois il
est allié avec l'or, ou attaché à d'autres mines, soit
d'argent même, soit de cuivre, ou de plomb,
ou d'étain, ou de fer, ou de cobalt : l'argent
vierge se trouve sur le caillou, l'ardoise, le spath,
le cobalt, ou dans la terre & le sable, & notamment sur le quartz : quelquefois il est entouré d'une
enveloppe de pierre, en forme de stalactite ; alors
on ne peut le reconnoître d'une maniere bien
sensible, qu'après en avoir ôté la croûte qui l'environne : l'argent natif n'est pas rare : on en rencontre souvent dans l'Isle des Ours en Russie, en
Suéde, dans le duché de Wirtemberg, en Saxe,
en Hongrie, en Amérique, & dans beaucoup d'autres
pays ; il a différentes formes & figures.

On a,

1. L'argent vierge en grains. [*Argentum nativum
in granulis,* WALL. *Argentum nativum sub formâ
granulorum,* CARTH.]

Il ressemble à un assemblage de petits grains,
ou de globules.

2. L'argent vierge capillaire. [*Argentum nativum capillare,* WALL. *Trichites. Argentum nativum
sub formâ capillorum,* CARTH.]

Il reſſemble aſſez à des flocons de laine , ou à des cheveux.

3. L'argent vierge en lames. [*Argentum nativum bracteatum ; WALL. Argentum nativum ſub formâ lamellarum , CARTH.*]

Il eſt compoſé de lames plus ou moins épaiſſes.

4. L'argent vierge dentelé. [*Argentum nativum dentatum , WALL. Argentum nativum ſub formâ punctorum & micularum , CARTH.*]

Il reſſemble à des pointes ou à des dents ; c'eſt ce qui le fait appeller quelquefois *dentes argentei.*

5. L'argent vierge ramifié. [*Argentum nativum dendroïdes , WALL. Argentum nativum ſub formâ ramorum CARTH.*]

On le trouve dans des filons en maniere de rameaux, ou des branches ſemblables à ceux d'un arbre : tel eſt celui de Holſcrope en Heſſe.

6. L'argent vierge en maſſe. [*Argentum nativum , ſolidum , WALL. Argentum nativum ſub formâ glebularum , CARTH.*]

Il eſt en morceaux compactes, ou en maſſes d'un volume plus ou moins conſidérable ; & comme cette eſpece de mine eſt facile à reconnoître, les Allemands l'ont nommée *bauer-ertz*, c'eſt-à-dire, mine de payſan.

7. L'argent vierge ſuperficiel. [*Argentum nativum ſuperficiale , WALL.*]

Ce ſont des petites feuilles d'argent, qui couvrent différentes pierres , de façon à faire croire que le total eſt de l'argent.

ESPECE CCCI.

II. Mine d'argent blanche.

[*Minera argenti alba , argentum ſulphure , pauco arſenico & cupro mineraliſatum , minerâ micante albâ*, *WALL*, *Argentum albo-griseûm*, *splen-dens*, *cupro mixtum*, *WOLT*. *Argentum mine-ralisatum albescens*, *splendens*, *CARTH*. *Minera florenorum alba*, *argentum rude*, *album*.

ELLE eſt compacte, brillante, dure, aigre, caſſante & peſante, d'une couleur griſe, claire, blan-châtre, un peu chatoyante comme des écaillis blanches de poiſſon, d'une nuance un peu plus foncée que le cobalt ou que la mine arſeniçale blanche, & cependant plus claire que les mines de cuivre blanches, & les mines de cuivre d'un blanc ſale : ſa figure eſt irréguliere ; ſon tiſſu eſt ſolide, & reſſemble aſſez à de la galêne à points brillans ; cependant elle eſt plus ſtriée : elle paroît même quelquefois vermoulue, & ne ſe laiſſe pas tailler avec le couteau comme elle ; quoique pure en apparence, elle ne produit guères que trente à trente-cinq marcs, & rarement ſoixante à ſoixante & dix mars au quintal ; il s'en trouve auſſi qui ne rendent guères que dix à quinze marcs par cent peſant ; tout le reſte eſt du ſoufre, de l'ar-ſenic, un peu de cuivre ou du plomb, & de la roche, mais point du tout de fer ; auſſi a-t-elle toujours un œil bleuâtre : on la trouve commu-nément dans le voiſinage de la mine de plomb ; elle eſt même ſouvent confondue avec elle.

On a,

1. La mine d'argent blanche. [*Minera argenti alba*, *WALL*.]

2. La mine d'argent blanche tirant ſur la cou-leur du plomb. [*Minera argenti alba*, *colore plumbeo WALL*.]

Elle contient beaucoup de galêne & de fpath : on en trouve au Hartz.

3. La mine d'argent blanche bleuâtre. [*Minera argenti alba, colore chalybeo, WALL.*]

Sa couleur tire un peu fur celle de l'acier, qu'on a rendu bleu par le *recuit ;* c'eft pourquoi quelques-uns la nomment *mine d'acier :* fi on l'écrafe, elle donne une poudre blanche.

4. La mine blanche d'argent fpongieufe, ou comme vermoulue. [*Minera argenti alba drufiformis, WALL.*]

ESPECE CCCII.

III. Mine d'argent grife.

[*Minera argenti grifea. Argentum rude, cinerei coloris. Argentum arfenico, cupro & ferro mineralifatum, minera grifea, WALL.*]

ELLE reffemble beaucoup à la précédente par la folidité, la pefanteur fpécifique, & la couleur, qui, cependant eft plus foncée, & tire un peu fur le verd ; elle eft peu compacte, friable ; elle eft minéralifée par une terre ferrugineufe & réfractaire, combinée avec de l'arfenic & du cuivre : elle contient depuis deux, jufqu'à trois marcs & demi d'argent au quintal : on en tire auffi du cuivre & du fer : elle fe trouve en Hongrie, en Boheme & au Hartz.

On a,

1. La mine d'argent d'un gris de cendres. [*Minera argenti grifea cinerea, WALL.*]

Sa couleur paroît pure ; elle eft plus ou moins compacte, & fe laiffe couper à-peu-près comme de la galêne : on foupçonne, avec affez de vraifemblance, que c'eft une mine d'argent blanche, qui, par l'efpece de minéralifateur ou d'addition de minéral étranger, a pris pour lors la couleur qu'on lui remarque : on en trouve à Sainte-Marie-aux-Mines ; elle eft mélangée d'un peu de fpath, mais d'une grande quantité d'arfenic teftacé.

2. La mine d'argent d'un gris tirant fur le brun. [*Minera argenti grifea, brunefcens, WALL.*]

Elle reffemble beaucoup à un mélange de mine d'argent grife, & de mine d'argent blanche, parfemée de mine d'argent vitreufe brune ; elle eft en effet brunâtre, brillante, & d'un tiffu grainelé : on la trouve fouvent mêlée avec de la mine de cuivre verte ou jaune, le cobalt & le fpath : telle eft celle qu'on rencontre dans la mine de Saint-Jean près Sainte-Marie-aux-Mines, & dans les montagnes de Geneve.

ESPECE CCCIII.

IV. Mine d'argent rouge.

[*Minera argenti rubra. Rofi-Chiero ITALOR. Roth-Gulden-Ertz, GERMAN. Argentum arfenico, pauco fulphure & ferro mineralifatum, minerâ rubrâ ante ignitionem liquabili, WALL. Argentum rubrum diaphanum & opacum, WOLT. Argentum mineralifatum rubrum, fplendens CARTH. Minera florenorum rubra, argentum rude rubrum.*]

SA couleur eft d'un rouge plus ou moins vif, ou foible, tirant quelquefois fur le pourpre, & d'un éclat vitreux, tantôt opaque, tantôt tranfparente, & en cryftaux, dont la forme n'eft pas toujours réguliere ; fouvent ils reffemblent au fpath feuilleté, ou au moins ils décrépitent & fe divifent comme lui à la flamme d'une bougie, & entrent en fufion fur un feu doux, avant que de rougir : quoique cette mine contienne beaucoup d'arfenic, un peu de foufre & de fer, elle n'en eft pas moins riche : elle détonne dans le feu avec le nître, en y exhalant une vapeur d'une odeur d'ail, & produit, au moyen de la fufion, près de deux tiers de fon poids, c'eft-à-dire foixante livres ou cent vingt marcs d'argent par quintal ; ce qui répond très-bien à l'épithete que les mineurs Allemands lui ont donnée de *Roth-Gulden-Ertz*, qui fignifie *mine riche de beaucoup de valeur :* la mine d'argent rouge fe trouve ordinairement en morceaux femblables à de la mine en rognons, enveloppée dans d'autres mineraux, communément dans le quartz, le fpath, le cryftal, la pierre de corne, & dans toutes fortes de pierres, quelquefois alliée au cobalt ou à l'arfenic teftacé, ou à l'antimoine, ou aux mines de plomb, ou de cuivre, ou d'étain.

On a,

1. La mine d'argent rouge cryftallifée & tranfparente. [*Minera argenti rubra, cryftallifata, pellucens, WALL.*]

Elle eft en cryftaux tranfparens, dont la figure eft prifmatique hexagone, quelquefois à dix, douze, ou même un plus grand nombre de côtés : il n'eft pas rare d'en rencontrer de poreux, ou fpongieux : cette mine n'eft pas celle qui rend davantage à la fonte ; car plus elle eft d'un rouge clair & tranfparent, moins elle contient d'argent.

2. La mine d'argent rouge tranfparente, fans figure déterminée. [*Roth-Gulden-Ertz, figuræ incertæ clarens. Minera argenti rubra, pellucida, WALL.*]

Elle eft d'un rouge de rubis clair, mais n'a

point de cryſtalliſation ni de figure déterminée.

3. La mine d'argent rouge, opaque, claire. [*Minera argenti ſubrubra, opaca, WALL.*]

Elle paroît comme vitreuſe, & d'un rouge foncé, opaque, cependant un peu plus clair que le cinnabre natif : elle contient quelquefois un peu d'or : il y en a une mine près de Rengsbourg.

4. La mine d'argent d'un rouge brun. [*Minera argenti rubra fuſca, WALL.*]

Sa couleur reſſemble à celle de la mine hépatique de cuivre ; elle ne contient que très-peu de métal.

5. La mine d'argent rouge tirant ſur le bleu. [*Minera argenti rubra cæruleſcens, WALL.*]

Cette mine eſt opaque ; ſa couleur ſemble être un mélange de rouge & de bleu, l'un & l'autre plus ou moins foncés : cependant le rouge y domine.

6. La mine d'argent rouge tirant ſur le noir. [*Minera argenti rubra, nigreſcens, WALL.*]

Elle eſt également opaque, & ne paroît différer de la précédente, que par les taches noires qui y ſont diſtribuées çà & là.

7. La mine d'argent rouge en fleurs, ou ſuperficielle. [*Minera argenti rubra florens aut ſuperficialis, WALL. 6 & 7.*]

Dans l'un & l'autre état, elle ne contient que peu de métal ; ſa couleur rouge n'eſt également que ſuperficielle.

ESPECE CCCIV.

V. Mine d'argent cornée.

[*Minera argenti cornea. Horn-Silber GERMANOR. Argentum rude, corneum. Argentum ſulphure & arſenico mineraliſatum, minerâ fuscâ, semi-pellucidâ, lamellosâ corneâ, igne. candelæ liquabili, WALL. Argentum mineralisatum, fusco-flavum subdiaphanum, fragile, WOLTERSD.*]

ELLE est d'une couleur brune, tantôt plus, tantôt moins foncée, demi-transparente ; elle ressemble assez à de la corne travaillée, ou à de la colofone , ou à la préparation chymique que l'on nomme *lune cornée :* sa figure, extérieure est irréguliere & indéterminée ; intérieurement elle est composée d'un assemblage de feuillets minces comme de la corne pure , ou tachetée : c'est de cette ressemblance qu'on lui a donné le nom qu'elle porte, ou parce qu'on en trouve dans de la pierre de corne : cette mine est friable, médiocrement pesante , souvent un peu vitreuse ; & quoiqu'elle contienne beaucoup de soufre avec un peu d'arsenic , elle rend cependant à la fusion près de deux tiers au quintal : elle est tellement fusible, qu'un feu très-doux, tel que la flamme d'une chandelle, suffit pour la fondre ; alors il en part une odeur sulfureuse ; elle fait aussi quelquefois une flamme bleue , semblable à celle du soufre : exposée à un feu violent, elle s'y volatilise en partie.

On a,

1. La mine d'argent cornée jaune. [*Minera argenti cornea flava, WALL.*]
Elle a un œil gras , & d'un jaune fort leger.

2. La mine d'argent cornée brune. [*Minera argenti cornea fusca, WALL.*]
Celle-ci ressemble à de la poix-résine , ou à de la corne d'une couleur isabelle foncée ; elle est demi-transparente.

3. La mine d'argent cornée verdâtre & rou-

geâtre. [*Minera argenti cornea, colore viridi &* *purpurea,* WALL.]

Elle eft parfemée de taches ou de raies, tantôt verdâtres , & tantôt rougeâtres : on en trouve en Saxe, à Johann-Georgenftadt. Voyez *WOODWARD* *T. II, pag.* 11 *&* 33.

ESPECE CCCV.

VI. Mine d'argent en plume.

[*Minera argenti plumofa. Argentum fulphure, arfe-* *nico & antimonio mineralifatum*, *minerâ* *plumofâ vel radiatâ ,* WALL. *Argentum mine-* *ralifatum, fibrofum , fibris rectis , tenuiffimis ,* *admodum friabilibus , nigricantibus,* CARTH.]

ON donne ce nom à la mine d'argent qui reffemble beaucoup, par la couleur & le tiffu, à de l'antimoine : elle eft ou blanche, ou noire, ftriée, & paroît compofée de colómnes cylindri-ques, élaftiques, arrangées fans ordre, & fans tenir les unes aux autres ; de même que la barbe d'une plume : elle eft tellement friable, qu'avec le bout des doigts, on peut l'égratigner & la réduire en poudre : outre l'arfenic & le foufre que cette mine d'argent contient, on y foupçonne quelque peu d'antimoine : elle eft fi pauvre, qu'elle ne rend pour l'ordinaire qu'un demi-marc par quintal ; elle fe volatilife fouvent dans le feu : on trouve cette mine par nids ou pelotons, dans les fentes ou cavités qui font proches des endroits où fe rencontrent des mines riches de ce métal, tels qu'en Hongrie, au Hartz, & dans les mines de la Mifnie.

On a,

1. La mine d'argent en plume blanche. [*Minera argenti plumosa , alba , WALL.*]

Il s'en trouve aussi de grisâtre, *cinerea.*

2. La mine d'argent en plume noire. [*Minera argenti plumosa nigra , WALL.*]

Elle n'est point compacte, mais entiérement mollasse : on en trouve en Saxe près de Freyberg : Voyez *WOODWARD Attempt. T. II , pag.* 2 *& pag.* 35.

E S P E C E CCCVI.

VII. Mine d'argent noire.

[*Minera argenti nigra. Argentum rude , nigrum. Argentum sulphure , arsenico , cupro , & ferro mineralisatum , minerâ nigrâ vel fuligineâ , WALL. Argentum mineralisatum , continuum , nigricans , CARTH. Gleba nigra argenti particeps, HEBENSTREIT. Nigrillos HISPANOR.*]

ELLE ressemble assez, par la couleur & le tissu, à de la suie : elle est pesante , friable , peu compacte : comme on y remarque quelquefois des petits grains, tantôt blancs, tantôt rougeâtres, cela a fait croire à quelques naturalistes, que cette mine n'étoit qu'une des deux especes de celles dont nous avons parlé , *n.* 2 *&* 4. *Espec. CCCI, & CCCIII,* & qui auroit été ainsi noircie; mais ses caracteres extérieurs , indépendamment du mélange intérieur, en font faire une différence spécifique : il paroît plus naturel de la regarder comme une mine d'argent riche, dont les parties se font désunies, puisqu'on la trouve ordinairement parmi du quartz, ou du spath, ou de la pierre de corne noire, dans les fentes qui accompagnent les filons : elle contient beaucoup de cuivre, peu de fer & de plomb : elle rend fouvent, dans la fufion, vingt-cinq livres, & jufqu'à foixante marcs de métal par cent pefant (*a*) ; on rencontre communément cette mine au Hartz, en Hongrie, en Saxe, & au Potofi (*b*).

On a,

1. La mine d'argent noire folide. [*Minera argenti nigra folida*, WALL.]

On a de la peine à difcerner la figure de fes parties : elle reffemble à de l'émeril à petits grains.

2. La mine d'argent noire fpongieufe, ou vermoulue. [*Minera argenti nigra, fpongiofa*, WALL.]

On en trouve près de Freyberg ; elle donne à la fufion foixante marcs d'argent au quintal, de même que la précédente. Voyez *WOODWARD. Ibid. T. II, pag.* 11 & 35.

3. La mine d'argent noire en pouffiere. [*Minera argenti nigra pulverulenta.*

Cette mine eft prefque en poudre ; ou du moins elle paroît fous la forme d'une pouffiere molle, filandreufe, noire & fuligineufe ; elle eft très-riche, & rend à la fonte plus de cent marcs d'argent par quintal : on la trouve communément dans les fentes des montagnes qui contiennent des mines d'argent ; elle y eft en grumeaux friables,

(*a*) Celles de ces mines qui ne rendent au plus qu'un marc d'argent par quintal, font des mines de cuivre grifes dans lef-quelles s'eft rencontré de la mine d'argent noire.

(*b*) M. Lehmann dit qu'on a rencontré depuis quelques années a Oberfchona près de Freyberg en Mifnie, de la mine d'argent noire qui étoit jointe à de la mine d'argent vitreufe, dont le quintal contenoit jufqu'à 13 marcs d'argent.

ou en petites maffes détachées, qui tombent en pouffiere auffi-tôt qu'on y touche.

4. La mine d'argent d'un noir luifant comme de la poix. [*Minera argenti, nigra picea, WALL.*]

Elle contient du cuivre, du fer, & du plomb, dont on diftingue facilement toutes les parties : on en trouve de cette efpece près de Joachim-Stal, & à Konigsberg.

ESPECE CCCVII.

VIII. Mine d'argent vitreufe.

[*Minera argenti vitrea. Argentum fulphure mineralifatum, minerâ malleabili, vitreâ, candelæ igne liquabili, WALL. Argentum plumbei coloris, fplendens, malleabile, WOLTERSDORF. Argentum mineralifatum, grifeum, fplendens, malleabile, CARTH.*]

CETTE mine eft ordinairement remplie de grains brillans de cryftal & d'argent capillaire ; fa figure eft, ou cubique, ou octogone, ou plus communément irréguliere & indéterminée : fon tiffu paroît feuilleté ; quelquefois elle reffemble à du verre, ou paroît comme fi elle étoit fluide : fa couleur tire un peu fur le plomb, quelquefois elle eft noire, d'autres fois elle eft blanche ; mais elle eft toujours plus claire que la mine de cuivre vitreufe, dont on peut d'ailleurs la diftinguer facilement par fa pefanteur fpécifique, comme très-riche en métal ; elle eft, en outre, fi molle, fi ductile, & fi flexible, qu'on peut la tailler, la graver, la plier, & l'étendre en quelque forte fous le marteau, fans lui faire fubir aucune opé-

ration

ration préliminaire : la flamme d'une chandelle suffit pour la faire entrer en fusion : cette mine rend au feu de fonderie ¼ d'argent ; elle contient une plus ou moins grande quantité de soufre : c'est la raison pourquoi sa couleur, sa friabilité, ou sa malléabilité, sont si peu constantes.

On a,

1. La mine d'argent vitreuse blanche. [*Minera argenti vitrea alba*, WALL.]

C'est la plus rare des mines vitreuses. Voyez RICHTER. *Muf. pag.* 35.

2. La mine d'argent vitreuse couleur de plomb. [*Minera argenti vitrea, colore plumbeo*, WALL.]

C'est la plus ordinaire des mines vitreuses ; sa couleur ressemble à celle de la galêne grise ou noirâtre, sans contenir pour cela la moindre quantité de plomb (*a*).

3. La mine d'argent vitreuse jaune. [*Minera argenti vitrea flavescens*, WALL.]

Elle ressemble beaucoup à des masses de litharge d'argent, sur-tout dans l'endroit de la fracture.

4. La mine d'argent vitreuse brune. [*Minera argenti vitrea fusca*, WALL.]

La couleur brune de cette mine paroît aussitôt verdâtre dans l'endroit où l'on vient de la couper. Voyez BRUCKM. *Magnal. Dei. T. I*, p. 163.

5. La mine d'argent vitreuse verte. [*Minera argenti vitrea, viridis*, WALL.]

Elle paroît verdâtre à l'extérieur, comme à l'intérieur : on en trouve à Munster.

6. La mine d'argent vitreuse exaëdre. [*Minera argenti vitrea, crystallis prismaticis exaëdricis*, WALL.]

7. La mine d'argent vitreuse octaëdre. [*Minera*

______

(*a*) Lorsque la mine d'argent contient moitié de son poids de plomb, on la nomme *mine qui porte son fondant ;* les Allemands l'appellent *frommertz*.

argenti vitrea cryſtallis octaëdricis, teſſularibus ;
WALL.]

Elle eſt en cryſtaux, dont la figure eſt fort ſemblable à ceux de l'alun.

8. La mine d'argent vitreuſe en grains.
[*Minera argenti vitrea in granulis, WALL.*]

9. La mine d'argent vitreuſe feuilletée. [*Minera argenti vitrea lamelloſa, WALL.*]

M. Wallerius dit qu'elle eſt quelquefois en loſange, & qu'on la nomme alors *reticularis*, ou mine d'argent à rézeau.

10. La mine d'argent vitreuſe en rameaux. [*Minera argenti vitrea dendroïdes. Minera argenti vitrea germinans, WALL.*]

On la trouve ſous la forme de fils, ou de rameaux, dans des quartz, des pierres de roche, &c.

11. La mine d'argent vitreuſe ſuperficielle.
[*Minera argenti vitrea ſuperficialis, WALL.*]

12. La mine d'argent vitreuſe, ſemblable à des ſcories. [*Minera argenti vitrea, ſcorias referens. Minera argenti vitrea, friabilis, WALL.*]
Elle eſt très-friable, & reſſemble beaucoup à des ſcories ; c'eſt ce qui l'a fait nommer des Allemands *ſchlakkenertz*, ou mine de ſcories : elle contient bien moins d'argent que les précédentes.

ESPECE CCCVIII.

IX. Mine d'argent molle, ou Mine d'argent graſſe.

[*Minera argenti mollior. Silbermulm GERMAN. Argentum aut purum, aut mineraliſatum, lapidi vel terræ immixtum, minerâ molliori vel fluidâ, WALL.*]

ELLE a ſi peu de conſiſtance, ou de liaiſon, qu'elle paroît molle & comme fluide : elle contient ou de l'argent vierge, ou de l'argent des autres especes, dont on a parlé jusqu'ici : c'est pourquoi la couleur & la figure de cette mine sont peu constantes & indéterminées ; elles varient à proportion de la pierre, ou de la mine qui s'y trouve mêlée : elle est cependant assez riche.

On a,

1. La mine d'argent molle, de différentes couleurs, ou merde d'oie. [*Minera argenti mollior, lapidea stercoris anserini, WALL.*]

Les particules qui la composent, sont liées de maniere à rendre cette mine compacte & dure ; sa couleur tire communément sur le brun ou le jaune pâle, semblablement à celle des excrémens de l'oie : on distingue quelquefois un peu de jaune qui est de la pierre de corne ; du rouge, qui est de la glaise, ou de l'ochre ; & des portions de spath verdâtre ou blanchâtre, & demi-transparente. Voyez *HEBENSTREIT*, dans son *Musæum Richterianum*. On remarque souvent, dans ces particules pierreuses, de l'argent vierge, sous la forme de points ou de poils, ou de petites aiguilles ; c'est ce qui est cause que beaucoup d'auteurs l'ont mise au rang de l'argent vierge : cette mine est riche, & une des plus rares : on la rencontre quelquefois, & de distance à autre, dans certaines mines de la Hongrie ; on en a trouvé autrefois à Ehrenfriderfdorf dans la Saxe. M. Tilas dit qu'on en trouve de cette espece à Kunsberg en Norwege.

2. La mine d'argent molle jaunâtre. [*Minera argenti mollior, terrea, coloris flavescentis, vel ochraceæ naturæ, WALL.*]

Sa couleur est ou rouge, ou brune, ou jaune. Il n'est pas encore certain si c'est la mine précédente, dont la terre ou la pierre est décomposée, ou si c'est de l'argent vierge qui s'est trouvé accidentellement confondu avec de l'ochre, ou, comme dit M. Wallerius, qui, par une vapeur souterreine (*halitu subterraneo,*) est devenu jaune à l'extérieur : cette mine n'est pas riche.

3. La mine d'argent molle & grasse au toucher. [*Minera argenti mollior, lutosa, obscura, pinguis, WALL.*]

Elle est savonneuse au toucher : on ne sçait pas encore si c'est une mine imparfaite, dans laquelle l'argent est sur le point d'être produit & engendré, ou si c'est une mine d'argent qui n'est point encore parvenue à maturité ; c'est ce qui l'a fait appeller par quelques auteurs *lutum, seu argentum nondum ad perfectionem redactum* (*a*). On peut consulter sur cette mine *MATHESIUS in Sarepta ; ALBINUS in Chronico Misniensi ;* & *BRAUNII Amœnitates subterraneæ,* pag. 51.

4. La mine d'argent marneuse. [*Minera argenti mollior, margacea, alba, WALL.*]

Sa couleur est blanchâtre ; quelquefois on y distingue l'argent tout pur : d'autres fois cette mine ne semble différer de la précédente, que par la nature de la pierre qui lui sert de matrice, c'est-à-dire, qu'on la soupçonne une mine décomposée, ou formée par une vapeur capable de produire de l'argent.

5. Mine d'argent argilleuse. [*Minera argenti mollior, argillacea, WALL.*]

______

(*a*) Il n'est pas encore certain si les métaux croissent différemment des pierres, & si leur augmentation se fait par une semence particuliere & par une vertu interne d'assimiler toutes les parties étrangeres à celles qui les constituent ; *Per seminarium peculiare internum, & vim sibi assimilandi internam ;* l'un & l'autre système ne donnent guères une juste idée de la création des métaux.

Sa couleur est bleue : on la croit formée de même que les deux précédentes, n. 3 & 4, à l'exception de sa matrice qui est argilleufe. M. Wallerius, *Obf.* 1, *p.* 573, dit qu'en l'année 1726, on trouva « dans la mine de Nordmarck » une quantité affez confidérable d'argent vierge » dans une efpece d'argille très-fine. Voyez » *SWEDENBORG. De ferro, p.* 67, *&c.* & » *Acta eruditor. Upfal.* Il s'est auffi rencontré » dans la mine d'Ofmund une argille bleue, » enduite d'une efpece de pellicule d'argent à » l'extérieur. Voyez dans les *Actes de l'académie* » *royale de Suéde, Vol I, pag.* 203, le Mémoire » de M. Tilas. » Hermann dit auffi que la moëlle de l'ostéocolle bleue de Maffel, qui est fi connue, contient cinq onces & demie d'argent au quintal.

6. Guhr d'argent, ou mine d'argent liquide. [*Minera argenti fluida, grifea vel alba, WALL.*]

C'est une matiere prefque liquide & coulante, que l'on rencontre dans les mines, & qui a la propriété de fe durcir à l'air ; fa couleur est tantôt blanche, tantôt grifâtre ou brune ; elle contient, ou de l'argent vierge ; ou du moins, fuivant l'idée des métallurgiftes, c'est une mine d'argent qui ne doit pas tarder à fe produire : en effet, quand les mineurs rencontrent ce guhr coulant, ils ont lieu d'efperer qu'ils trouveront la miniere de ce métal dans les environs.

ESPECE CCCIX.

X. Mine d'argent figurée.

[*Minera argenti figurata, WALL. Argentum amorphum, minerâ variâ veftitum, WOLTERSD.*]

ON en trouve fous des formes & figures diffé-rentes.

Il y a,

1. La mine d'argent en épis (a). [*Minera argenti*

(a) OBSERVATION. Outre les mines particulieres dont
nous venons de donner l'histoire, on trouve encore de l'argent,
dans certaines mines de charbon, ou allié à d'autres substances
minérales : il est même très-souvent repandu dans des couches
de terres, ou lits de pierres, dans lesquels on ne remarque aucun
indice de substances minérales : nous avons deja insinué qu'il
étoit quelquefois mêlé avec l'arsenic, ou le cobalt, ou la blende,
ou avec les galênes & la mine de cuivre blanche. Comme certains
fossiles ne promettent pas à l'extérieur beaucoup de ce métal
qu'on seroit en droit d'y soupçonner, on les brise ; & quand ils
se divisent en petits grains égaux, d'une couleur rougeâtre &
jaunâtre, l'on peut assurer qu'ils en contiennent : on appelle
ces sortes de mines du nom de la substance qui les enveloppe,
c'est pourquoi l'on dit *guhr d'argent, marne d'argent, sable
d'argent, argille d'argent* ; mais il est très-rare que ce metal
soit tellement attenué & deguisé, qu'un œil expérimenté ne puisse
le reconnoître : car il est le plus souvent, de même que l'or, presque tout pur ou vierge, & sous sa forme métallique, dans les entrailles de la terre : or, pour le séparer de ces pierres & des sables,
il suffit d'en faire le lavage & de l'amalgamer avec le mercure :
cette méthode ne se pratique point dans nos pays, à cause de
la cherté du vif-argent. Nous donnerons dans un moment la
description des moyens que nous employons pour en faire la
réduction : nous revenons à la méthode qui se fait par l'amalgame & qui est très-commune dans les Indes orientales, selon
le témoignage d'Alonso Barba. Cette opération consiste d'abord
à pulvériser la mine d'argent, qu'on a préalablement purgée de
sa roche & des matieres hétérogenes les plus grossieres : si elle
étoit trop dure ou réfractaire, il faudroit alors lui faire subir un
grillage, ensuite la briser en morceaux, au moyen du bocard,
& la griller de nouveau pour en dégager les corps volatils qui
la minéralisent, puis la laver & la pulvériser, au moyen des
meules d'un moulin fait exprès : la mine étant ainsi comminuée,
on la met dans de grands vases, avec du mercure ; & par la
trituration, on en forme une amalgame : on la porte de nouveau
dans un lavoir d'eau courante ; on remue vivement la matiere,
afin que les parties terreuses, plus legeres que le métal, s'en
détachent & soient entraînées par l'eau : il reste au fond du
lavoir l'amalgame du mercure avec l'argent, dont on sépare
une bonne partie, en la mettant dans des peaux de mouton,
qu'on presse fortement ; car le mercure distille aussi-tôt en pluie
au travers de cette peau, & il reste une masse d'argent qui
contient encore un peu d'amalgame qu'on détruit facilement, en
l'exposant sur le feu dans des vaisseaux convenables, parce que
le mercure étant volatil sur le feu, se dissipe promptement
en vapeurs ; mais l'argent, comme métal fixe, reste au fond, &
n'a besoin, pour être très-pur, que de passer par l'affinage ou

figurata; spicam referens, WALL. Spicæ frumenti metallares, Nonnullorum.

dinaire : on suit ce même procédé en Amérique dans les travaux en grand , aux mines du Perou & du Méxique. Pierre Pomet dit qu'il y a des années où l'on tire des mines de Potosi trois mille quintaux d'argent pur & net , c'est-à-dire, pour la valeur de quinze millions de florins, ou trente millions , argent de France. Pomet dit aussi que pour retirer cet argent de sa miniere , on emploie le double de son poids de vif-argent; ce qui supposeroit une quantité de six cent mille pesant de mercure : l'argent ainsi préparé devient plus facile à transporter dans les lieux de sa destination : il est ordinairement en lingots, ou en barres.

Nous avons dit , dans l'histoire de ce métal , que souvent les mines d'argent sont mêlées avec d'autres substances métalliques : quelquefois ces minéraux empêchent qu'on ne puisse se servir du procédé de l'amalgame , ce qui oblige d'avoir recours à d'autres moyens pour l'en séparer : cependant, si la mine n'est que legérement minéralisée par le soufre ou l'arsenic, on l'en dégage par la torréfaction qui volatilise ces minéralisateurs ; alors l'amalgame a lieu : si l'argent se trouve uni à beaucoup de soufre, ou à de l'antimoine , on y joint de la limaille de fer ; ou s'il se trouve uni à du fer , on y mêle du soufre & de l'antimoine, & ensuite on l'amalgame avec du mercure : si au contraire la mine est rebelle à la torréfaction , & qu'elle soit mêlée intimement avec des minéraux hétérogenes , naturellement difficiles à entrer en fusion & qui y dominent en trop grande abondance pour qu'on puisse les en séparer par la lotion ou par le feu , alors on a recours à l'addition de huit parties de plomb sur une de mine d'argent réduit en poudre : le plomb s'unit aussi-tôt dans le feu à l'arsenic & aux autres minéralisateurs : il vitrifie les uns, ou scorifie ceux qui sont susceptibles de ces propriétés , tandis que les autres se volatilisent & laissent, par ce moyen, le métal pur , fixe , inaltérable , qui est l'argent : il y a même des cas où la mine est tellement réfractaire ou difficile à réduire , qu'on est obligé de se servir de verre de plomb & du plomb granulé avec des fondans , tels que le borax & un peu de sel marin , ou d'avoir recours à l'affinage de la coupelle; mais ! ces sortes de travaux ne conviennent guères qu'en docimastique , aussi ne sont-ils usités que dans l'orfévrerie & à la monnoie : c'est cependant par le procédé de la coupelle qu'on parvient à séparer le cuivre d'avec l'argent , ou d'avec l'or : il faut seulement observer ici , que quand ces métaux parfaits sont en fusion, il les faut garantir du contact de la vapeur des charbons ardens, qui leur enleveroit la malléabilité , l'une des principales propriétés de ces métaux , qu'on ne pourroit leur restituer qu'en les faisant fondre avec le nôtre : il arrive souvent que toutes ces différentes opérations sont encore insuffisantes , pour séparer ces métaux, sur-tout quand l'or est intimement uni à l'argent, (car tout ce que nous avons dit de la

M. Lehmann, dans son *Essai sur les couches de la terre*, *Traduct. franç. p. 34, Pl. 4, Fig. 3, A & B*, purification de l'argent par l'amalgame, &c. doit aussi s'appliquer à l'or, quand il est sous sa forme pure ou dans l'état d'alliage ;) alors il faut avoir recours à l'opération du départ, laquelle se fait en versant de l'esprit de nitre sur cet alliage : l'argent se dissolvera aussi-tôt ; mais l'or demeurera intact dans le fond du vase, & on le pourra mettre en lingot, au moyen de la fusion : pour obtenir l'argent que l'on a fait dissoudre par l'acide nîtreux, il suffit de verser de l'eau de sel sur cette dissolution, parce qu'il se précipite aussi-tôt en une poudre qu'on fait fondre ensuite avec le salpêtre, puis on le coule en lingot. *Voyez le procedé de M. HOMBERG pour la purification de l'argent, inféré dans les Mémoires de l'acad. royale des Sciences de Paris, ann. 1701, p. 43.*

Dans les travaux en grand qui se font en Europe pour la réduction des mines d'argent ; le lavage, le grillage & la fonte sont les voies ordinaires : on commence par faire un triage de la *mine bonne*, & rebuter tous les morceaux qui paroissent contenir trop peu de métal ou beaucoup de mine d'arsenic semblable au cobalt testacé, puis on porte cette *mine bonne* au bocard, dont les pilons tombent alternativement dans des auges qui contiennent la mine, & dans lesquels passe un courant d'eau qui emporte la plus grande partie de la terre ou du sable : on retire ensuite la partie métallique qui est suffisamment comminuée, & on l'expose sur des tables très-longues, disposées en pente, & au bas desquelles sont des auges longs, également déclives ; on lâche des robinets d'eau sur la poudre d'argent ; & au moyen d'un balai, on la conduit & ramene sans cesse d'un côté & d'autre, afin que l'eau, en lavant toutes les surfaces, emporte le reste des corps hétérogenes qui pouroient y être simplement interposés : on repete plusieurs fois cette opération ; enfin on laisse égoutter la matiere & on la porte au fourneau de fusion qu'on a préalablement échauffé : il faut ordinairement un feu de bois & de charbon, dont la durée soit continuée, pendant 6 jours & qui soit assez violent pour fondre la mine, scorifier, au moyen du plomb, tout ce qui est étranger à la nature de l'argent : ce métal, pour être au degré de pureté ordinaire, n'a besoin que d'être refondu avec un peu de salpêtre.

Comme l'argent se rencontre toujours dans la mine de plomb, & notamment dans celle qui est à petits grains, voici la maniere dont on procede à la réduction de cette mine & à la séparation des deux métaux, qu'elle contient. Par exemple, les mines de plomb des Indes, de Sainte-Marie en Alsace, de Cardigan en Angleterre, de Pompéan en Bretagne, & toutes celles qui produisent un cinquieme de quintal d'argent par vingt quintaux de mine de plomb, c'est-à-dire, une livre d'argent par quintal de plomb, on commence par en faire un choix, qu'on porte ensuite au bocard pour le réduire en petits morceaux, après quoi, on en remplit les deux tiers d'un vaisseau criblé, en

parle d'une mine d'argent en épis, qui, selon le témoignage de Wolfart, dans son *Historia*

dessous, & tout autour, de trous dont le diametre est beaucoup plus étroit que la grosseur des morceaux de mine : on lui fait subir un feu gradué au-dessus du terme de la fusion du plomb ; les fourneaux sont disposés de telle maniere que la flamme réfléchit sur la mine, sans chauffer les parois du vaisseau : il faut observer qu'on a ménagé autour du fourneau un trou par lequel on introduit une verge de fer pour remuer & retourner la mine, afin que celle qui est au fond, vienne au-dessus : alors le plomb fusible à une moindre chaleur que l'argent, abandonne ce dernier métal, sort dans l'état de fluidité par tous les trous, (*per descensum*) & coule hors du fourneau, au moyen d'une rigole faite exprès : on cesse le feu quand il ne sort plus de plomb ; & ce qui reste est de l'argent plus ou moins impur, mais qu'on purifie par la coupelle : quoique la quantité d'argent que l'on retire, par une telle methode, de ces mines, soit peu considérable, cependant elle suffit ordinairement pour subvenir aux dépenses qu'on est obligé de faire dans l'exploitation & le traitement de la mine de plomb ; d'où il s'ensuit qu'indépendamment de l'argent dont on ne paye point de change à l'étranger, l'on se procure en même tems le plomb qui est aussi un métal très-utile aux besoins de l'homme, ce qui fait deux biens réels dans un état.

Les orfévres nettoient l'argent de sa noirceur, en le faisant bouillir dans une dissolution de sel marin & de tartre : ils nomment cette opération *cuire l'argent à blanc* : l'argent de vaisselle contient toujours un vingt-quatrieme de cuivre, & l'argent de coupelle, un quatre-vingt-seizieme. On fait subir à l'argent presque toutes les mêmes épreuves & usages que l'or, en le faisant passer par la coupelle & en le mettant en lames, en trait, en feuilles, & en coquilles pour l'utilité des peintres & des doreurs. Le degré de pureté de l'argent se caractérise dans le commerce par *deniers*, & l'or par *karats* : par exemple, si une once d'or pur est à vingt-quatre karats, une telle once pesera vingt-quatre fois-vingt-quatre grains, parce que chaque karat pese vingt-quatre grains ; si l'or diminue à l'épreuve d'un karat ou de deux karats, on l'appellera *or à vingt-trois* ou *à vingt-deux karats* : nous disons qu'en matiere d'argent, on s'exprime par deniers ; mais on en double pour l'ordinaire la valeur, c'est à dire qu'on les réduit à moitié du nombre des karats pour exprimer la même pureté d'argent : ainsi au lieu de dire, *argent à vingt-quatre deniers*, on dit, *argent à douze deniers*, & selon sa perte, l'on dit *argent à onze deniers & demi, à onze deniers, &c.*

La proportion du poids de l'argent à celle de l'or, est de onze à vingt, c'est-à-dire que si une masse cubique d'argent pese onze marcs, un pareil volume d'or pesera vingt marcs : la proportion de la valeur de l'argent contre l'or en France, est d'un à quatorze, c'est-à-dire que si un marc d'argent vaut cinquante livres, un marc d'or vaudra sept cent livres : au reste, l'argent a rarement

natural. Haffiæ inferioris, *Part. I*, *pag.* 35;
produit cinquante marcs d'argent au quintal : on
la trouve à Franckenberg.

2. La mine d'argent argilleufe, repréfentant
des infectes ailés. [*Minera argenti argillofa*,
infecta alata repræfentans, *WALL.*]

. C'eft de l'argent prefque pur, ou un guhr
d'argent qui s'eft répandu en petite quantité, &
en maniere d'incruftation, fur une terre argilleufe
qui étoit déja toute couverte d'infectes ailés,
tant coléopteres, que névropteres, &c. On en
trouve auffi près de Franckenberg.

GENRE LIV.

VI. Or.

[*Aurum.* *Sol* **CHYMICOR.** *Pater fectæ*
ALCHYM. *Metallum fanctum.* *Rex me-*
tallorum. *Semen mineralium.* *Mas lunæ ;*
χρυσὸς **GRÆCORUM.**]

L'OR eft un métal parfait, jaune, qui a peu
d'éclat, & qui n'eft ni élaftique, ni fonore ;
cependant il eft compacte, très-flexible, le plus
pefant, le mieux lié, & le plus ductile de tous
les corps minéraux ; comme ce métal n'eft altéré
ni par l'air ni par l'eau, & qu'il demeure fixe
au feu, fa compofition doit être pure & indeftructible : auffi eft-il le plus précieux de tous les

fon prix fixe : il varie, felon les befoins de l'état & la volonté
du fouverain.

Les aftrologues ont appellé ce métal *luna*, lune, foit à caufe de
fa couleur blanche, ou parce qu'ils ont cru que l'argent étoit en
correfpondance avec la lune.

métaux ; il tient souvent le premier rang dans le régne minéral. Nous disons que l'or est le plus ductile ou extensible, & le plus malléable des métaux, en ce qu'on peut, dit Wallerius, avec un grain pesant de ce métal, en former un fil de cinq cens aunes de long, & qu'on a calculé qu'un ducat pouvoit dorer un cavalier, son cheval, & tout l'équipage qui en dépend : l'art du batteur d'or démontre journellement, qu'une once de ce métal peut être réduite en 1600 feuilles, chacune de trente-sept lignes en quarré, au moyen de la baudruche & du marteau ; ce qui, selon Furetiere, en multiplie l'étendue 159092 fois : l'art du tireur d'or fait également voir qu'un morceau d'or peut être étendu au point d'occuper un espace 651590 fois plus grand que celui qu'il occupoit auparavant. On lit dans les *Mémoires de l'académie royale des sciences*, *année* 1713, qu'une once d'or peut être tirée en un million quatre-vingt-quinze mille pieds de long, c'est-à-dire en une ligne de soixante & treize lieues de long, à deux mille cinq cent toises la lieue, qui font quinze mille pieds : l'or est, après l'étain & le plomb, le moins élastique, le moins sonore, & le moins dur des métaux ; mais il les surpasse tous en tenacité, (ou par la liaison de ses parties,) & en pesanteur, puisqu'il tombe au fond du vif-argent. Cependant sa pesanteur spécifique varie, de même que sa dureté, à raison des degrés de pureté ; c'est ainsi que l'or d'une guinée est, à volume égal, d'un poids moins considérable que le louis d'or, celui-ci moins que le ducat dont le pied cube pese 21220 onces. L'or est extrêmement flexible ; & quand, à force de le plier, on vient à le casser, il montre dans l'endroit de la fracture, de petits angles prismatiques : la couleur de l'or est d'un jaune plus ou moins vif

& brillant : l'or de l'Europe eſt plus haut en couleur que celui de l'Amérique qui eſt pâle ; & l'on prétend que celui de Malacca, qui ſe trouve dans l'iſle de Madagaſcar eſt tout-à-fait pâle, & ſe fond auſſi promptement que du plomb. Albinus, *Miſcell. Bohem. L. I, chap.* 14, aſſure qu'on en a trouvé en Boheme, à peu de diſtance de Prague, de tout-à-fait blanc ; mais il y a lieu de préſumer que cette couleur lui venoit de ſon alliage à quelques matieres étrangeres.

L'or entre un peu plus facilement en fuſion que le cuivre, & auſſi-tôt après avoir rougi ; on remarque que lorſqu'il ſe fond, il prend une couleur d'aigue-marine, ou d'un bleu céladon ; il eſt, de tous les métaux, celui qui s'échauffe le plus dans le feu, qui y demeure le plus fixe, & n'y ſouffre aucune altération, à moins qu'il ne ſoit mélangé : expoſé à l'action d'un miroir ardent, il entre promptement en fuſion ; pour lors il exhale une fumée très conſidérable ; & ce qui reſte, ſe change en chaux, & ſe vitrifie enſuite. M. Homberg prétend même que l'or s'y diſſipe au point qu'il en reſte à peine un dixieme : d'autres auteurs, & ſur-tout Colonne, dans ſon *Hiſtoire nat. T. II, p.* 366, doute fort de la vérité & de l'exactitude de cette expérience : ce métal réſiſte au plomb & à l'antimoine ; il eſt, de tous les metaux, celui qui s'amalgame le plus aiſément avec le mercure ; l'on diroit qu'il y a une eſpece de ſympathie, ou de puiſſance magnétique entre ces deux ſubſtances, tant elles ont la propriété de s'attirer réciproquement. L'or eſt encore le ſeul des métaux que l'on puiſſe regarder comme indeſtructible. Nous avons déja dit que ni l'air ni l'eau, de même que le feu, ne lui cauſent aucune altération ; il n'y a que la vapeur

de l'étain qui lui ôte sa malléabilité. *Voyez pag.* 117.
& celle de l'eau régale, qui rend sa surface un
peu raboteuse & comme enduite d'une espece de
rouille que l'on nomme *aurigo*. Il n'est point
attaqué par l'esprit de sel, ni par l'eau forte ;
mais si l'on réunit ces deux menstrues, ils se combi-
neront ensemble, & formeront ce qu'on appelle
eau régale, qui seule peut dissoudre l'or : un
phénomene aussi singulier que surprenant, c'est
que le naphte, de même que les huiles de vin,
de geniévre, de lavande, retirent l'or de sa dissolution ; ce métal produit encore un autre phénomene qui n'est pas moins étrange : c'est la propriété
de fulminer (quand il a été précipité par un
alcali,) d'une force si énorme, que la poudre à
canon, n'est à l'or fulminant, à cet égard, que
ce que 1 est à 64, c'est-à-dire que l'or fulminant
a, dans l'explosion, 64 fois autant de force élastique que la poudre à canon, ou bien qu'une
partie d'or fulminant produit autant d'effet, dans
la détonnation, que 64 parties de poudre à canon.
L'or differe des autres métaux en ce qu'il n'est
jamais minéralisé par le soufre ou l'arsenic (a) ;
il se trouve dans des mines qui lui sont propres
ou particulieres, & sur-tout dans les pays chauds,
comme en Asie, à Aracan, & dans le Pegu, au
Japon, & près Batavia ; en Afrique, dans la
Guinée, sur-tout à l'endroit nommé *Côte d'or*, & à

(a) HENCKEL, dans sa *Pyritologie*, *chap.* 11. insiste à
croire qu'il n'y a point d'or minéralisé ; par conséquent il
n'y a point de pyrite d'or, comme plusieurs prétendent en
avoir trouvé en Hongrie, en Suéde ; en Smoland : quand il se
rencontre dans les terres ou les pierres, on peut dire qu'il
étoit, formé lorsqu'il s'y est trouvé accidentellement enfer-
mé. On lit, dans les *Mémoires de l'académie royale des sciences
de Paris*, *ann.* 1709, *p.* 142, que l'or se produit réellement dans
les opérations du feu par lesquelles on fait passer ses mines,
& par les additions, soit de plomb, soit de mercure, &c. qu'on
emploie pour les purifier.

Malacca dans l'isle de Madagascar ; ou en Europe,
dans la Suéde (*a*) , en Norwege & en Hongrie ;
ou en Amérique, dans le pays de Maricabo , à
Valdivia dans le Chili , dans la province de
Quito , dans le Potosi au Pérou, dans le Mexique
& dans le Brésil. L'or de ces dernieres contrées
nous est apporté, en barres ou lingots , à Cadix ,
par les galions d'Espagne (*b*). Nous parlerons de
la maniere de fondre l'or à la suite de la description des différentes especes & variétés de
ce métal ; nous suivrons, pour leur distribution,
l'ordre qu'en ont donné la plûpart des minéra-
logistes.

ESPECE CCCX.

L'Or vierge , ou Or natif (*c*).

[*Aurum purum virgineum. Aurum nativum radi-*

(*a*) Ceux qui désireront des détails sur les mines d'or de Suéde,
qui sont près d'Ædelfors en Smoland , & sur celles d'Ashéda, de
même que sur les autres minéraux qui s'y rencontrent , peuvent
consulter l'*Histoire de l'académie royale de Suéde*, Vol. *VI*, p. 117.

(*b*) Pierre Pomet dit que la compagnie des Indes fait venir
du Sénégal un or appellé *aurillet*, c'est-à-dire, or travaillé par
les mains des sauvages : cet or est tiré du royaume de Galan,
qui est voisin de celui de Tombut ; les Hollandois en apportent
aussi de Sumatra.

(*c*) Wallerius, *observ.* 2, p. 587, dit qu'on a cru, pendant long-
tems, qu'il s'étoit trouvé de l'or en Hongrie, qui croissoit & végétoit
sous la forme de seps de vignes, ou en rameaux ; mais Raymap,
in Ephem. nat. cur. Vol. VI, p. 417, a prouvé clairement que cet
or n'étoit qu'un suc d'un jaune d'or qui découle quelquefois des
raisins , & qui est dissoluble dans l'eau, &c. Cependant on ne
doit pas nier que l'or ne se puisse accidentellement former dans
les entrailles de la terre, d'une maniere semblable ou à-peu-
près à des parties de végétaux : le nombre des morceaux qui se
voient dans la plûpart des collections de mines, tendent à prouver que si l'or ne végete pas , il est au moins susceptible de
prendre diverses figures, selon les circonstances locales, & non
pas, comme Cassius le prétend dans son Traité *de Auro*, p. 78.
On peut consulter un grand nombre de procédés sur les choses
nécessaires aux végétations métalliques , dans le *Palingenesie*

eatum. Aurum nativum lapidibus diversis vel mineris inhærens, fixum, WALL. Aurum nudum, genuini coloris, CARTH.]

L'OR vierge eft pur, nullement mélangé, ni minéralifé ; il a la couleur jaune aurore qui lui eft naturelle ; il eft quelquefois recouvert d'une pellicule de couleur de plomb, dont on le dépouille facilement : on trouve cet or ou dans la pierre cornée, ou dans le quartz, ou dans d'autres fubftances minérales, mais plus communément dans le fer & l'argent : il y eft fous différentes formes & figures, tantôt en petits points ou en grains, tantôt en feuilles ou en maffes, ou en rameaux, ou attachés à la furface, ou même quelquefois fous une forme & couleur qu'on ne peut difcerner qu'à l'aide de la vapeur du mercure, qui le fait blanchir auffi-tôt ; & parce qu'il ne fe détruit point dans le feu, il y conferve fa couleur naturelle.

On a,

1. L'or attaché à des pierres, [*Aurum nativum radicatum, lapidibus inhærens, WALL., Aurum nudum nativum, WOLTERSD.*]

Cet or eft en lames, ou en particules brillantes, comme de petits points : on le trouve dans différentes pierres ; tantôt dans la pierre à chaux ou le fpath, ou les marbres noirs & verds, tantôt dans les pierres réfractaires, comme le mica jaune, le talc, la pierre de corne, tantôt

plantarum de M. Francus de Franckenau, avec les remarques de *Neringius, édit. de Hall.* 1717, *in* 4o. *p.* 136.

On lit, dans les *Ephemer. nat. cur. T. V. p.* 281, *obf.* 194, un fait fingulier rapporté par M. Faber, qu'il y a un château à Ulme, où, fi l'on éleve deux femaines, des canards, tels qu'ils foient, on leur trouve dans l'eftomac de l'or fin en grains, jufqu'à feize & vingt-fept ; ce qu'on ne peut pas attribuer au fable, ou au fol de la maifon qu'on a renouvellé exprès.

dans les pierres vitrifiables, comme le grais, le *lapis lazuli*, les cryſtaux, mais le plus ordinairement dans le quartz blanc & dans l'ardoiſe de différentes couleurs.

2. L'or vierge joint à d'autres mines. [*Aurum nativum radicatum, mineris inhærens, WALL. Aurum minerâ variâ veſtitum, WOLTERSD.*]

M. Wallerius dit que les minéraux dans leſquels on trouve le plus communément de l'or, ſont, ou le cinnabre, qu'on nomme alors *mine d'or rouge*, ou la mine de cuivre d'un jaune pâle ou verdâtre & quartzeuſe, qu'on nomme *gilſt*, ou *gilſus*, lorſqu'elle eſt riche, & *pyrite d'or* qnand elle eſt pauvre : cet auteur dit que l'on trouve encore de l'or vierge dans la mine blanche d'arſenic, dans la pierre arſenicale, dans la mine d'antimoine, dans la blende, dans la mine de fer, dans la mine de cuivre vitreuſe, & dans celle qui eſt jaune, dans la galêne, dans les mines d'argent blanches, rouges, noires & vitreuſes, & quelquefois dans celle de mercure : celle de Carthagene au Mexique, reſſemble à une mine de cuivre chatoyante comme la gorge de pigeon, & qui auroit été grillée.

ESPECE CCCXI.

II. Or vierge répandu dans différentes eſpeces de terres ou de ſables.

[*Aurum nativum ſolutum. Aurum nativum, diverſo colore, terræ vel arenæ inhærens, ſolutum, WALL. Aurum nudum peregrini coloris, CARTH.*] (a)

CET or ne diffère du précédent, qu'en ce

(a) Quoique l'or ſoit réputé le métal le plus rare, cependant on en rencontre dans preſque tous les ſables du monde, ſurtout dans ceux des rivieres, à l'endroit où elles font angle : il y

que

que les particules qui la compofent, font détachées les unes des autres, plus ou moins petites, fans figure déterminée, & mêlées avec de la terre ou du fable de différentes couleurs, mais dont on peut les féparer par le lavage : cet or, à la vérité, eft plus ou moins pur ; l'un eft à dix-huit karats, & l'autre à vingt, &c. Voici les variétés qu'en donne M. Wallerius.

1. L'or mêlé avec de l'argille. [*Aurum nativum folutum, terris immixtum*, *WALL.*]

La figure de cet or eft irréguliere, tantôt en petites paillettes, tantôt en grains, ou autrement : il eft mêlé pour l'ordinaire dans une terre graffe, ou de l'ochre, ou de la marne ou de l'argille, dont la couleur eft

eft fous la forme de paillettes ou de grains jaunâtres & brillans : nous avons plufieurs rivieres en France dont les fables en contiennent des quantités trop petites pour être confidérables ; tels font le Rhin, le Rhône, le Doux en Franche-Comté, la riviere de Céfe dans les Cévennes, le Gardon près Montpellier, la Rigue proche Pamiers, l'Ariége, &c. *Voyez à ce fujet les Remarques de M. de Reaumur dans les Mémoires de l'académie royale de Sciences de Paris*, année 1708, p. 108 & 109. M. Ledelius dit qu'on en trouve auffi dans le Tage & l'Ebre, dans la Thrace, le Pactole de la Parte, le Thermodon de Cappadoce, l'Ayramis de la Caramanie : il n'y a guères de pays qui n'ait quelque fleuve aurifere. En Boheme, il y en a qui ont des grains d'or gros comme des pois : la Siléfie en a dans prefque tous fes fleuves, fur-tout ceux où l'on trouve des huitres. On prétend que leurs écailles dorées font un indice de l'exiftence de l'or dans ces eaux. Becher qui ne nie pas abfolument que les métaux fe forment dans l'eau, ne veut pas cependant que celui-ci y ait fon origine. Voyez *Ephem. nat. cur. T. XX, p. 5, obf. 1.* Cette efpece d'or qui fe trouve au fond des rivieres, a été detachée de fa miniere par des torrens d'eau qui ont coulé au travers, & en ont emporté la quantité qu'on y trouve. Lemery, *Traité univerfel des drogues fimples, p. 11, édit. de 1733*, dit qu'on voit beaucoup de Negres en Afrique qui ne font employés qu'à plonger & aller chercher de l'or ; & il ajoûte que c'eft peut-être ce qui a donné lieu à la toifon d'or des anciens. On en ramaffe auffi, de cette maniere, une grande quantité dans le Perou. M. Fréfier dit qu'on y trouve fouvent, dans le fond des rivieres, de l'or en petites maffes, du poids de quatre livres & quelquefois de foixante-fix marcs ; alors on les appelle *Pepites.*

Partie II.   Q

quelquefois blanche ou rouge, d'autres fois brune ou noire : on en sépare l'or par le lavage.

2. L'or en grains, mêlé avec du sable. [*Aurum nativum solutum, arenæ granulatim immixtum,* WALL.]

C'est un or en petits grains ou en poudre, qui se trouve dans un sable de riviere, & dont la couleur est rouge, ou jaune, ou bruné : il est quelquefois si atténué, qu'on ne peut en discerner la figure, même à l'aide du microscope, ni le séparer du sable par le lavage : on est obligé de se servir de l'amalgame.

3. L'or en paillettes, mêlé avec du sable. [*Aurum nativum solutum, arenæ in lamellis immixtum,* WALL.]

Cet or est en petites lames ou paillettes : on le trouve mêlé avec le sable du lit des rivieres & des ruisseaux ; tel est celui du Rhin.

4. L'or mêlé avec du sable sous la forme de grains rouges. [*Aurum nativum solutum, arenæ in granis rubris immixtum,* WALL.]

Cet or est pur ; mais il est mêlé, ou plutôt enduit de matieres étrangeres qui le rendent semblable à de la rouille de fer ; on l'appelle *aurigo.* Il est en grains opaques, toujours mêlé avec du sable.

5. L'or mêlé avec du sable, sous la forme de petits grenats transparens (*a*). [*Aurum nativum*

(*a*) L'on donne le nom de *grenats d'or* à deux substances bien différentes ; l'une, qui est en grains rouges & transparens comme le grenat & qui est de l'or ; l'autre n'est proprement qu'une mine de fer dure, jaunâtre, attirable à l'aimant, qu'on trouve en grains par petites couches dans le premier lit de la terre : ces grains participent accidentellement de quelques particules d'or, & qui ne méritent pas la peine qu'on en fasse la réduction : cette mine se nomme *Eisenram* en allemand ; sa couleur jaune n'est le plus souvent qu'une pure minéralisation : on peut s'assurer si cette couleur jaune & brillante est réellement de l'or, soit au moyen du mercure qui s'y unit étroitement & lui donne

*folutum , arenæ granulis pellucidis granaticis immixtum , W**ALL**.*]

Cet or eſt en grains tranſparens , & d'une couleur rouge foncée : c'eſt ce qui le rend ſemblable à des grenats, ou au *ſchirl ;* il fond à un feu violent , & devient d'une belle couleur jaune : il s'en trouve dans les monts Crapacks en Hongrie , & qu'on appelle grenats non mûrs, ou faux grenats ; mais l'or n'eſt attaché qu'à leur ſuperficie.

6. L'or mêlé avec du ſable, ſous la forme de grains noirs. [*Aurum nativum ſolutum , arenæ granis nigris immixtum , W**ALL**.*]

Cet or eſt en petits grains gris ou noirs, de même que le ſable dans lequel ils ſont interpoſés : on en trouve dans le lac de Geneve.

7. L'or mêlé avec du ſable ſous la forme de grains de couleur de plomb. [*Aurum nativum , ſolutum, granulis colore plumbeo arenæ immixtum , W**ALL**.*]

Il eſt en grains tendres & friables, d'une couleur de plomb , & mêlés avec du ſable.

8. L'or mêlé avec du ſable, ſous la forme de grains ſphériques. [*Aurum nativum ſolutum , arenæ granulis ſphæricis immixtum , W**ALL**.*]

La forme des grains de cet or eſt ſphérique : il ſe trouve mêlé à du ſable.

9. L'or mêlé avec du ſable , ſous la forme de grains lenticulaires. [*Aurum nativum ſolutum , arenæ granulis compreſſis immixtum , W**ALL**.*]

Il a une forme orbiculaire.

10. L'or en grains friables, mêlé avec du ſable. [*Aurum nativum ſolutum , arenæ granulis fragilioribus immixtum , W**ALL**.*]

une couleur blanche , ſoit par le moyen de la diſſolution d'étain qui lui fait prendre une couleur pourpre , ſoit enfin par le moyen du feu ; car ſi la couleur ne s'altere point , alors c'eſt une preuve que la mine eſt véritablement de l'or.

ORDRES. [*ORDINES.*]	GENRES. [*GENERA.*]	SOUS-DIVISIONS. [*SUBDIVISIONES.*]	ESPECES.	[*SPECIES.*]	L
Page *	Page *	Page *			Page *
I. Bitumes & Soufres. [*Bitumina & sulphura.*] ... 246	LV. Bitumes. [*Bitumina nativa.*] ... 247	I. Bitumes écailleux & non liquéfiables. [*Bituminosa squammosa haud liquefacienda.*] 249	CCCXII. Charbon de terre ou Houille.....	*Carbo petreus.*	249
		II. Bitumes liquides, mols, terreux & friables. [*Bitumina seu fluida, aut molliora, sive terrea, vel solidiusculo friabilia.*] ... 253	CCCXIII. Naphte. .... CCCXIV. Huile pétrole. .... CCCXV. Poix minérale ou Maltha. .... CCCXVI. Terre tourbe bitumineuse. .... CCCXVII. Asphalte de Judée.	*Naphta.* .... *Petroleum.* .... *Pix mineralis.* .... *Bitumen terrâ mineralisatum.* .... *Asphaltum Judaïcum.*	253 254 257 261 263
		III. Bitumes durs, cassans & susceptibles du poli. [*Bitumina duriora, fragiliora ac polituram admittentia.*] 266	CCCXVIII. Jays ou Jayet. .... CCCXIX. Succin ou Karabé, &c.	*Gagas.* .... *Succinum aut Karabe.*	266 268
		IV. Bitume d'une nature particuliere. [*Bitumen incertum haud polituram assumens.*] 273	CCCXX. Ambre gris.	*Ambra grisea; &c.*	274
	LVI. Soufres. [*Sulphura.*] 278		CCCXXI. Soufre vierge ou natif. ...... CCCXXII. Soufre mêlé à de la terre, &c. ...	*Sulphur vivum.* .... *Sulphur terrâ, &c. mineralisatum.* ...	280 283
	LVII. Productions de volcans. [*Producta igni-vomorum.*] ... 288		CCCXXIII. Pierre-ponce.	*Pumex.*	289

Partie II.

Ces grains, quoique riches en or, font fi peu malléables, qu'ils fe brifent auffi-tôt qu'on les frape.

11. L'or en grains malléables, mêlé avec du fable. [*Aurum nativum folutum, arenæ granulis malleabilibus immixtum, WALL.*]

Ces grains d'or ont à-peu-près la même ductilité & malléabilité du plomb; on peut les tailler avec un couteau : c'eft une des meilleures efpeces d'or (*a*).

(*a*) OBSERVATION. Nous avons dit que l'or a toujours fa forme métallique & qu'il eft communément pur ou vierge dans fa miniere : on l'appelle *or natif*, quoiqu'il foit prefque toujours allié avec un peu d'argent ; il eft ordinairement fi mol, qu'on lui fait aifément recevoir l'empreinte d'un cachet : les effayeurs appellent cet or pur, *or natif, facile à graver* : c'eft celui de la premiere efpece.

L'or qui fe trouve attaché au fer, aux pierres calcaires ou vitrifiables, ou réfractaires, forme des efpeces de filons plus ou moins longs & larges dans les montagnes : c'eft celui de la feconde efpece.

L'or qui fe rencontre dans les glaifes ou terres graffes, & dans les fables, eft en petites paillettes, & n'a befoin que d'une fimple lotion pour en être féparé ; c'eft ce qui eft caufe qu'on donne le nom d'*or de lavage*, à l'or de toutes les mines auriferes que l'on exploite par ce moyen ; cet or eft celui de la troifieme efpece ; on l'appelle auffi *or paléole*.

L'or qui eft en grains & que des plongeurs retirent du fond des rivieres, eft celui de la quatrieme efpece : il eft ordinairement très-pauvre.

Voici la méthode ufitée dans les travaux en grand pour fondre l'or ; lorfque ce métal eft embarraffé dans des terres tenaces, graffes, ou dans des pierres, on l'en fépare par les lavages, le pilage, par l'amalgame du mercure & par l'action du feu, de la même maniere que nous avons dit pour la purification de l'argent : fi la terre étoit trop tenace, il faudroit faire macérer la mine dans une eau de vinaigre chargée d'alun, afin de nettoyer la fuperficie de l'or, qui eft fouvent un obftacle à ce que l'amalgame fe faffe facilement : la mine qui eft mêlée avec des matieres minérales, volatiles, telles que l'antimoine, &c. n'a befoin que d'une feule torréfaction ; enfuite on la broie comme les mines terreufes ou pierreufes, au moyen des pilons ou bocards, & des meules employées pour la comminution des métaux : fi au contraire la mine d'or fe trouve unie à des matieres fixes qui exigent la fufion, pour lors il faut avoir recours au procédé que nous avons décrit pour la mine d'argent qui fe trouve dans

12. L'or en morceaux polis, mêlé avec du sable. [*Aurum nativum solutum , arenæ in frustulis politis immixtum , WALL.*]

C'est un or en petites masses tellement luisantes, qu'elles semblent avoir été polies : elles se trouvent mêlées avec du sable.

le même cas. Quand l'or est allié à une quantité d'argent, on l'en sépare ou de la maniere décrite à l'article de l'argent, ou en dissolvant l'or lui-même, au moyen de l'eau régale ; ce menstrue n'attaque point l'argent , de même que le dissolvant de l'argent n'a point de prise sur l'or : la dissolution de l'or a une belle couleur jaune orangée ; & pour en retirer le métal , il suffit de la faire évaporer jusqu'à siccité dans une terrine de grais : il reste une poudre qui est l'or & qu'on met ensuite dans un creuset avec du borax, du nître & un peu de cendre gravelée ; on fait subir à ce mélange un feu assez violent pour fondre tout ; & par ce moyen , on obtient une sorte de régule d'or : si ce métal étoit encore trop aigre & intraitable , on le feroit fondre avec l'antimoine.

On trouve chez les batteurs d'or de quatre sortes d'or en feuilles: le plus beau sert aux damasquineurs, on l'appelle *or d'épée* ; le second en pureté sert aux armuriers ; on le nomme *or de pistolet* ; le troisieme sert aux libraires , on l'appelle *or de relieur* ; le quatrieme sert aux peintres & en médecine , on l'appelle *or d'apothicaire.*

Les doreurs se servent d'un mélange d'or & d'argent, qu'ils appellent *amalgame d'or & d'argent* , parce qu'elle s'étend facilement sur leurs ouvrages.

Les essayeurs appellent *or trait* un lingot d'argent doré au feu , & qui a passé par la filiere : l'*or en lame* , qui est presque le même , est un fil applati entre deux rouleaux d'acier poli ; on l'emploie comme *l'or filé* dans la fabrique des étoffes de soie.

Ce que l'on nomme *or en coquilles* , sont des rognures de feuilles d'or appellées *bracteoles* , qu'on broie & qu'on incorpore avec du miel ; on les met ensuite dans des petites coquilles : cet or ainsi préparé sert aux peintres en mignature.

L'or de la monnoie est communément allié de même que l'argent.

Les degrés de la pureté de l'or sont désignés dans le langage des orfévres, par *karats* ; un karat d'or est la vingt-quatrieme partie de quelque quantité que ce soit d'or pur. L'or tout-à-fait pur est nommé *or à vingt-quatre karats* ; le karat est *un scrupule* ; le scrupule est *vingt-quatre grains* , ou le tiers *d'un gros* : si l'or diminue au feu, d'un *vingt-quatrieme* , il n'en restera plus que 23 parties ; & l'on dira *or à vingt-trois karats.*

Ce métal nommé en françois comme en hébreu doit , suivant la tradition , sa nomenclature à celui qui le découvrit le premier , lequel s'appelloit *Aurum & Or.*

IX. CLASSE.

SUBSTANCES INFLAMMABLES.

[*INFLAMMABILIA.*]

ON comprend dans cette claffe tous les corps minéraux qui ont, foit par eux-mêmes, foit par un mélange, la propriété de fe fondre au feu, de s'y enflammer, & de répandre enfuite une fumée d'une odeur forte : ils ne fe diffolvent point dans l'eau, ni pour la plûpart dans l'efprit de vin ; mais ils s'uniffent aux huiles graffes ; il y en a de liquides, de mollaffes, de folides, & d'affez durs pour recevoir le poli.

I. ORDRE OU DIVISION.

Bitumes & Soufres (*a*).

[*Bitumina & fulphura. Inflammabilia minéralia genuina*, CARTH.

CE font des corps minéraux inflammables ; volatils, plus ou moins gras au toucher, & odo-

(*a*) Les bitumes ayant tant de rapport avec le foufre par leur propriété de brûler & de s'enflammer aifément, ont été appellés par les chymiftes la *matiere inflammable des minéraux*, de même qu'ils ont nommé celle qui fe trouve dans les huiles, les baumes & les réfines *phlogiftique*, & celle des fubftances animales *phofphore*.

rans, qu'on trouve dans le sein de la terre, sous
différentes formes & couleurs ; tantôt liquides , &
découlans des rochers , comme les pétréoles ;
tantôt mollasses comme la poix minérale , les
maltha & les pissasphaltes ; tantôt solides comme
les asphaltes, le charbon de terre ; tantôt durs
comme les ambres , le jayet , ou enfin friables
& susceptibles de la crystallisation , tel que le
soufre : nous comprendrons toutes ces substances,
sous deux genres : le premier renfermera les bitumes,
& le second les soufres : nous avons cependant
ajoûté un troisieme genre, qui terminera cette
classe , lequel traitera des pierres produites par
les volcans

GENRE LV.

I. Bitumes.

[Bitumina nativa. Bitumen terrestre.]

LE bitume est un suc fossile, ou liquide, ou
mol , ou dur , & gras au toucher, dont la couleur
est tantôt jaunâtre, tantôt rougeâtre , & d'autres
fois noirâtre, nageant sur l'eau , fort inflammable,
donnant alors une fumée noire & suffoquante,
ou au moins d'une odeur forte & désagréable.

On a observé, 1° que plus les bitumes sont liquides, & plus ils sont inflammables & se consument
promptement ; 2° qu'ils répandent, en brûlant,
une fumée noire, dont l'odeur est tantôt gracieuse ,
& tantôt fétide ; 3° que ces exhalaisons sont
même quelquefois suffoquantes, & sur-tout quand
elles émanent d'un bitume solide ; 4° que les

bitumes concrets fe liquéfient facilement fur un feu modéré (excepté le charbon qui brûle fans fe liquéfier ;) 5° que les bitumes, ou liquides, ou concrets, donnent dans l'uftion une matiere fuligineufe, & laiffent en arriere une portion de terre, qui, fi l'on en continue la déflagration, devient une terre pure ; 6ª qu'ils nagent fur l'eau, mais ne s'y diffolvent point, finon une portion faline qui y eft quelquefois interpofée ; 7° qu'ils s'uniffent en quelque forte avec les huiles végétales (a) ; 8° enfin, qu'ils font en général nommés *fucs concrets foffiles*, parce qu'ils font condenfables & réfolubles, & laiffent des réfidus qui les rendent vifibles & palpables, après l'évaporation de l'eau avec laquelle ils font mêlés ; mais il eft difficile d'en difcerner les efpeces & les propriétés, s'ils n'ont point de rapport avec ceux qui font connus, ou s'ils font plufieurs enfemble (b). Nous en ferons quatre Sous-divifions.

(a) On prétend que l'union des bitumes naturels avec les huiles végétales n'eft qu'extérieure ; & comme les fophiftiqueurs mélangent fouvent l'huile de pétrole avec l'effence de térébenthine pour y gagner davantage, on peut en reconnoître la fraude, en ce que, comme les autres huiles effentielles végétales, l'efprit de vin qu'on y verfe devient auffi tôt coloré, ce qui n'arrive pas avec l'huile de petrole pure ; mais ceci a befoin de confirmation.

(b) Les naturaliftes ne fçavent pas encore directement à quoi l'on doit attribuer l'origine des bitumes en général ; cependant le plus grand nombre d'entr'eux regardent ces fubftances comme le réfultat de la décompofition de divers végétaux. Quelques phyficiens les ont regardés comme le principe des odeurs & des faveurs que nous trouvons dans la chair des animaux qui fervent à notre nourriture ; d'autres au contraire croient que ce font des foufres primitifs qui circulent dans les plantes & qui produifent la couleur des fleurs : auffi tous les différens fyftêmes de chaque fecte ne nous ont encore donné qu'une idée très-générale de la conftitution naturelle de chaque fubftance, & particuliérement des bitumes.

PREMIERE SOUS-DIVISION.

Bitumes écailleux & non liquéfiables.

[*Bitumina squammofa, haud liquefacienda.*]

ELLE comprend les différentes fortes de charbon de pierre.

ESPECE CCCXII.

I. Charbon de pierre, ou houille (*a*).

[*Carbo petreus. Bitumen lapide fiffili mineralifatum,* WALL. *Bitumen durum, fragile, lapideum,* WOLTERSD. *Bitumen folidum, lapideum fiffile,* CARTH. *Fiffilis bituminofus, Nonnullor. Lithantrax* GRÆCOR. *à* λίθος *lapis,* & ἄνθραξ *, carbo.*

LE charbon de terre ou de pierre, & qui

(*a*) L'opinion la plus commune de l'origine des charbons de terre tend à faire croire que cette matiere eft dûe à de grandes forêts, & fur-tout de bois réfineux, qui n'ont pû être enfevelies à une fi grande profondeur où on les trouve, que par des révolutions antérieures. Ceci étant, il faut fuppofer qu'elles ont été très·confidérables & très-fréquentes, vu la quantité immenfe de charbon de terre dont on trouve fouvent plufieurs couches les unes fur les autres, & fur lefquelles on rencontre effectivement en quelques endroits du bois qui n'eft point du tout décompofé, mais qni l'eft d'avantage, à mefure qu'il fe trouve confondu avec la mine de charbon : il en eft de même du jayet & du fuccin : l'ardoife qui recouvre le charbon eft communément remplie des empreintes de plantes qui fe trouvent ordinairement dans les forêts : telles que le fougeres, les capillaires, les lonchites en général, &c. Une autre preuve plus remarquable de l'extrême révolution qu'a dû foufrir le globe pour renfermer des végétaux, c'eft que, fuivant les obfervations que M. de Juffieu a faites dans les mines de S. Chaumont en Lyonnois, que nous avons eu occafion d'examiner auffi d'après cet illuftre naturalifte, toutes les plantes dont on y trouve les empreintes, font exotiques & entiérement différentes de celles qui croiffent actuellement dans notre climat. *Voyez les Mémoires de l'académie royale des fciences de Paris,* année 1718.

eſt connu dans tous les Pays-Bas, ſous le nom de
houille, eſt une pierre noire, feuilletée ou divi-
ſée par couches, fort bitumineuſe, terreſtre,
opaque, compacte, peſante, friable, d'une
odeur de ſoufre, qui pétille & ſe gerce, pour peu
qu'on l'humecte : elle s'enflamme difficilement;
mais quand une fois elle a pris feu, ſa flamme
dure plus long-tems, & donne une chaleur plus
vive qu'aucune autre matiere inflammable. M. Wallerius, *Obſ. pag. 360*, dit que, par l'épreuve du feu,
on diſtingue de trois ſortes de charbons foſſiles;
1° le charbon de terre écailleux qui demeure noir
après ſa combuſtion; 2° celui qui, après avoir
été brûlé, donne une matiere ſpongieuſe, ſemblable à des ſcories, ou à de la pierre ponce,
& qui auparavant étoit compacte, ou feuilletée
comme de l'ardoiſe; 3° enfin celui que le feu
réduit en cendres, & qui, avant ſa combuſtion,
avoit le tiſſu du bois : voici les différentes variétés
du charbon de pierre, d'après les minéralogiſtes
qui en ont parlé.

1. Le charbon foſſile dur, ou le charbon de
pierre. [*Carbo petreus durior. Lithantrax durior,*
WALL. Schiſtus carbonarius (*a*).]

(*a*) OBSERVATION. Les mines de charbon de pierre affectent aſſez les terreins montueux dont les voiſinages ſont ſouvent des rochers de la nature du grais, remplis d'ardoiſe alumineuſe & de pyrites. Voyez le *Mémoire de M. TRIEWALD*, dans
l'*Hiſtoire de l'académie royale de Suéde*, p 100, année 1740. On
trouve ordinairement ce charbon minéral diſpoſé par couches
écailleuſes, ou par filons recouverts d'un *tectum* calcaire au-
deſſus duquel eſt ſouvent un lit d'argille, ou d'ardoiſe, ou
d'une eſpece de pierre puante, enſuite une pierre noire feuilletée,
une eſpece de ſable, de la glaiſe, enfin la terre végétale : le nombre des couches de terres n'eſt pas fixé, puiſqu'il y a des mines
de charbon qui en ſont recouvertes de plus de vingt eſpeces,
comme on le remarque principalement dans les montagnes de
Neucaſtle en Angleterre, en Ecoſſe, en Irlande, en Hainault,
dans le pays de Liége, en Suéde, en Boheme, en Saxe, &
dans toutes les contrées où le bois ſemble manquer. Cependant,

Il est d'une consistance solide & peu cassante ;
il s'allume un peu difficilement ; mais il n'en

peu de royaumes sont tout-à-la-fois aussi fertiles en bois &
possedent autant de mines de charbon que la France ; chaque
province de ce royaume en est remplie : il suffit de citer la
Bourgogne, le Nivernois, le Lyonnois, le Forès, la Fosse d'Auvergne, la Normandie, &c. On observe que les minieres du
charbon de terre occupent toujours la partie la plus basse du
terrein, sur lequel les couches sont portées ou des montagnes
à couches : elles sont formées par veines, ou couches de quelque
nature qu'elles soient : il est assez rare de trouver le charbon
par filons & comme entassé sans aucune forme de lit : on remarque encore, que plus la veine aboutit hors de terre, ou
qu'elle est exposée à l'action de l'air, & plus le charbon en est
altéré dans sa couleur & dans sa consistance jusqu'à une toise de
profondeur. Tous les charbons de terre sont presque dans ce cas :
ils varient en qualité, suivant qu'ils sont pris plus ou moins profon-
dement, qu'ils sont plus ou moins compacts, brillans, chargés
de bitumes, de soufre & d'alun : les meilleures sortes de charbon destinées à l'usage des forges doivent être prises profon-
dément, peu chargées de soufre ; ils flambent moins & redui-
sent moins le fer en scories, & procurent moins de déchet.

L'usage des bitumes devient tous les jours de plus en plus
utile ; les charbons de terre que l'on ne peut s'empêcher de
mettre au nombre des bitumes, le sont devenus au point que
tout le monde sçait combien les forges de toutes especes ont
besoin de ce fossile, & combien il est nécessaire aux peuples
auxquels le bois & la tourbe manquent : en effet les maréchaux,
les serruriers, & autres ouvriers de ce genre, s'en servent pour
forger leur fer ; les fondeurs l'emploient, avec succès, dans la
plûpart de leurs réductions métalliques ; quoique Henckel le
désapprouve dans sa *Pyritologie*, parce que le charbon de bois
réussit mieux & réduit plutôt le métal, en le rendant plus malléable : le charbon de pierre produit non-seulement une chaleur
plus forte & plus longue ; mais il a encore cette grande propriété de rendre le fer plus traitable sous le marteau : l'on trouve
sur la plûpart des minieres de charbon une terre grossiere, noiratre,
luisante & d'un grain ferme ; les chaufourniers d'Angleterre &
de quelques autres endroits s'en servent pour faire leur chaux
& pour la cuire aussi : sous cette couche est précisément le
bon charbon, dont les Anglois se servent, comme nous fai-
sons du charbon de bois, ou du bois même, pour l'usage de
leur cuisine ou pour les chauffer en hiver. Ce charbon differe
de celui des fours à chaux, en ce qu'il est plus travaillé, plus
pur, & qu'il produit moins de scories : quelques personnes prétendent, avec assez peu de fondement, que les viandes cuites par
le feu de ce charbon deviennent plus succulentes ; on sçait cependant qu'elles y acquierent le plus souvent une mauvaise saveur :
la vapeur qui exhale de ce charbon, lorsqu'il brûle, noircit le
linge & rend le teint tout basané : elle cause à quantité de

brûle que plus long-tems : tel est celui qu'on trouve en Angleterre, & que l'on nomme *cannel-*

personnes, & notamment aux Anglois, des maladies de poitrine ou de consomption. Un phénomene singulier, c'est que si l'on arrose d'huile le charbon minéral, il s'éteint presqu'aussi-tôt, tandis que si on l'imbibe d'eau, il brûlera avec une violence extrême. Quand on veut exploiter une mine de charbon, on la creuse en maniere de puits, jusqu'à ce qu'on soit parvenu à la miniere ; ensuite on y fait des galeries qui ont pour l'ordinaire deux à trois pieds de largeur ; sur cinq de hauteur ; on étançonne vers l'ouverture, pour prevenir l'éboulement des terres dans les tems de pluie ; mais lorsqu'on a percé jusques dans le charbon pur, alors on ne fait que tracer en arc le plancher de la galerie, sans qu'on ait à craindre aucun accident : les mineurs ont seulement à combattre quelque chose de très-dangereux, qui les force souvent à abandonner un puits ou une galerie, & à fouiller ailleurs : c'est une vapeur qui est connue des ouvriers sous le nom de *mouffette*, de *méphitis*, de *pousse* & de *tousse* : elle n'est sensible, ni à la vue, ni à l'odorat : elle s'éleve à différentes hauteurs du bas des puits ou des galeries, & si l'on y plonge une lumiere, elle s'y éteint presqu'aussi-tôt : la même lumiere, ou d'une chandelle, ou d'une lampe, exposée dans d'autres endroits de la galerie, ou à quelques pouces de distance de la place ci-dessus, n'y souffre aucune altération ; si cette exhalaison ne s'éleve qu'à quelque pouce du sol, les ouvriers n'en seront incommodés que par un goût d'amertume qu'ils sentent à la bouche ; mais si la vapeur gagne la charbonniere, alors ils sentent un grand essoufflement : ils palissent, perdent la respiration ; enfin ils y laisseroient la vie, s'ils n'étoient promptement secourus en les changeant de place. Les charbonniers évitent ce danger, soit en pratiquant des soupiraux au haut de la mine, soit en perçant des contre-galeries : ils établissent de cette façon un courant d'air qui dissipe l'exhalaison à mesure qu'elle s'éleve, & y donne en même tems un air frais & nouveau. Ce phénomene ne se manifeste, dans le fond de ces mines, que depuis le commencement de Mai, jusqu'à la fin de Septembre, & seulement dans celles qui ne sont point exposées au nord, mais bien plus dans celles où les rayons du soleil & la chaleur de l'atmosphere se dirigent presque perpendiculairement.

L'on sçait que les bitumes & les charbons fossiles s'allument très-souvent d'eux-mêmes dans les entrailles de la terre, comme on le remarque dans quelques mines d'Angleterre. *Voyez* URB. HIÆRN. *de calore & igne*, *p.* 183 ; ce qui cause pour lors des altérations & bientôt des oscillations souterreines. *Voyez* PLOT. *Hist. nat. lib.* 3, *p.* 141. D'après ces phénomenes, il semble démontré que ces substances contiennent tous les principes inflammables & suffisans pour produire toutes les especes d'explosions chymiques que la nature opere de tems à autre, & en divers lieux du monde : il ne faut pas cependant confondre

coal ; il est si pur & si compacte, qu'on peut en faire différens ouvrages.

2. Le charbon fossile friable dur, ou le charbon de terre. [*Carbo terreus friabilis. Litanhrax fragilior, WALL.*]

Ses propriétés sont tout opposées à celles du précédent.

II. SOUS-DIVISION.

Bitumes liquides, mols, terreux & friables.

[*Bitumina seu fluida, aut molliora, seu terrea, vel solidiusculo-friabilia.*]

TELS sont les pétroles, le maltha, la tourbe bitumineuse & l'asphalte : tous ces bitumes ont une odeur très-fétide.

ESPECE CCCXIII.

I. Naphte.

[*Naphta nativa. Naphta AUCTOR. Bitumen fluidissimum, subtilissimum, & levissimum, WALL. & CARTH. Oleum montanum album, ignem attrahens, WOLTERSD. Oleum Babylonicum.*]

C'EST le plus fluide, le plus subtil & le plus leger de tous les bitumes liquides : il surnage à toutes les liqueurs & à tous les esprits. Pomet dit que ce

avec ces embrasemens souterreins les étincelles qu'on voit quelquefois sauter & s'élever à plusieurs pieds au-dessus de la neige, pendant l'hiver, lorsqu'il fait un beau soleil, sur les endroits qui renferment des charbons de terre, des sources, des pierres à chaux, & des mines : ce sont encore des especes de mouffettes que les rayons du soleil font sortir de la terre.

bitume eft immifcible avec aucun corps; fa couleur eft ordinairement blanche, ou rouge, ou verdâtre, ou jaunâtre : il attire la flamme, & s'allume à une petite diftance du feu ; il attire l'or qui eft en diffolution dans l'eau régale : Voyez *WALLERIUS*, *pag.* 352 ; quoique très-volatil, il exhale une odeur peu fétide ; mais il a une faveur âcre & pénétrante : on le voit quelquefois diftiller goutte à goutte, & de lui-même, à travers des filons d'une montagne qui fe trouve en Italie, près de Modene ; on le nomme *naphte clair* : il eft rarement pur (*a*) ; on le trouve plus communément dans la Perfe, & dans la péninfule appellée *Mediæ - Okefra.* Voyez *Engelb. Kempf. Amœnit. exot. fafcic.* 2, *relat.* 2, 5 & 7.

Tout le naphte qui fe debite dans le commerce, eft une pétréole blanche (*b*).

ÉSPECE CCCXIV.

II. Huile Pétrole.

[*Petroleum. Oleum petræ. Oleum terræ. Bitumen craffius, fluidum, obfcurè brunum,* WALL. *Oleum montanum coloratum,* WOLTERSD.

(*a*) Quelques perfonnes croient que l'écoulement de ce naphte eft caufé por la chaleur du foleil ; mais en confidérant bien toutes les circonftances, on reconnoîtra qu'il eft le réfultat d'une *diftillation fouterreine*, & que la chaleur qui l'a fait monter, réfide neceffairement dans les lieux intérieurs de la terre, près de l'endroit où on le trouve.

(*b*) M. *Pott, De acido vitriol. vinofo*, en donnant la manière de combiner l'huile de vitriol rectifiée avec l'efprit de vin alkoolifée, dit qu'on en obtient une huile femblable à du naphte naturel, d'où il réfulteroit que le naphte pourroit être un compofé de l'acide vitriolique, uni au principe inflammable : on nomme également cette huile artificielle, *naphte, huile étherée ou gas* : elle a, de même que le vrai naphte, la propriété de s'enflammer à une certaine diftance du feu & d'attirer l'or, &c.

*Bitumen fluidum, spiciusculum, CARTHEUS.
Petræ-oleum, de πέλσα petra & ἐλαίον oleum.*]

C'EST un bitume fluide comme de l'huile,
plus épais que le naphte, mais moins subtil & moins
inflammable ; il n'attire point l'or : cette huile
bitumineuse a une odeur balsamique, forte, peu
agréable, un goût acide & pénétrant ; elle exhale
dans le feu une vapeur fétide : elle découle des
rochers, à travers des terres & des pierres, (*Petroleum lapide exsudans,*) en Sicile & en plusieurs
autres lieux d'Italie : on en trouve aussi dans le
Languedoc, au village de Gabian, près de Beziers :
on en rencontre encore en Ecosse, dans la fameuse
fontaine ardente de Sainte-Catherine *Aqua petro-
lina*, & dans l'Amérique à Colao & à Syrnam,
où elle est appellée *huile minérale des Barbades* :
on en trouve quelquefois près de Rattwik en
Dalécarlie. Voyez l'*Hist.* de *l'acad. royale de
Suéde*, 1740, *pag.* 203. L'huile de pétrole est
de diverses couleurs : tantôt elle est d'un jaune
clair ; telle est celle de Modene, que l'on nomme par excellence *naphte clair*, ou pétrole blanche,
oleum petræ ex albo flavescens : tantôt elle est
rouge & teignant en jaune ; telle est celle de
Gabian, *oleum petræ ex flavo rubescens*, *aut
oleum montanum luteum, sive badium*, WOLT.
Tantôt elle est noire, ou d'un brun foncé &
teint en rouge fauve ; telle est celle d'Ecosse
en Angleterre, à deux milles d'Edimbourg, *oleum
terræ rufo nigrescens : petroleum atri coloris, aut
naphta nigra.* Voyez *GUALTER. CHARLETON. in
Schediasmat. de variis fossil. generib. ejus exer-
tationib. de different. & nominib. animal. adjecto.*
Kempfer, *l. c.* §. 8, dit que les Turcs appellent
ce naphte noir *kara-naphti*, & qu'il en suinte

beaucoup de la terre dans la péninfule d'*Okeſtà*, où il ſe deſſeche en forme de poix ; mais quand elle coule dans des citernes ou des puits, elle y conſerve ſa fluidité.

(*a*) OBSERVATION. Les huiles de pétrole ſont, ainſi que le naphte, la baſe de tous les bitumes : ils ne different entr'eux que par le plus ou le moins de terre qui s'y trouve mélangée, &c. Voici la maniere de retirer & d'accélérer l'écoulement de cette huile minérale dans le duché de Modene , principalement auprès du fort Mont-Baranſon dans un terrein nommé *il Fiumetto* : on fait horizontalement trois trous, en maniere de tranchée, & à diſtance égale , ſur l'élévation de la roche appellée *Mont-Feſtin* d'où découle ordinairement la pétrole : cette manœuvre en donne de trois eſpeces, au moyen de trois canaux qui vont ſe rendre dans autant de chaudieres différentes : 1° celle qui découle par la tranchée du haut de la colline dans la premiere rigole eſt d'un jaune clair, legere , tranſparente & très-volatile ; c'eſt une eſpece de naphte clair : 2° celle qui ſort par la tranchée du milieu de la roche , eſt rouge, jaunâtre, plus peſante que la précédente, & moins volatile ; c'eſt-là la ſeconde ſorte de pétrole : 3° enfin celle que l'on obtient par le trou du rez-de-chauſſée eſt d'un rouge noirâtre ; c'eſt la plus peſante, la plus épaiſſe , & la moins volatile de toutes les pétréoles : on peut croire que ces diverſes pétréoles ne ſe trouvent ainſi placées & colorées différemment les unes des autres , qu'à raiſon du mélange qui a altéré leur plus ou moins grande volatilité & fluidité, & que c'eſt par la chaleur ſouterreine qu'elles ont été exaltées au travers des ſinus de la colline , & fixées à différentes hauteurs ; cette conjecture paroît d'autant moins hazardée, que ſi l'on fouille à quelques pieds de profondeur du rez-de-chauſſée ci-deſſus, on trouvera une pétrole très-épaiſſe, enſuite mollaſſe , enfin tout-à-fait ſolide : ainſi l'on pourroit conclure que la ſeule différence entre les pétroles, le maltha, l'aſphalte & autres ſubſtances ſemblables , dont nous parlerons dans les eſpeces ſuivantes , ne ſeroit dûe qu'aux divers degrés de conſiſtance, c'eſt-à-dire, à l'évaporation que l'action d'un feu ſouterrein leur a fait éprouver , & à l'union plus ou moins intime qu'elles ont contractée avec l'acide vitriolique , puis au mélange des matieres étrangeres interpoſées.

M. l'abbé des *Sauvages* dit qu'on trouve encore en France, dans la troiſieme chaîne du terrein des environs d'Alais, une fontaine noirâtre appellée ſelon le nom vulgaire *la fontaine de la Pégo* dont l'eau eſt toute couverte de pétrole & en a un goût fort deſagréable : on lit auſſi dans les *Mémoires de l'académie royale des ſciences de Paris*, l'extrait d'une lettre adreſſée à M. de Reaumur, & qui dit qu'en France , dans le prieuré de de Trémolac, de l'ordre de Clugny, à cinq lièues de Bergerac, eſt un ruiſſeau couvert d'huile pétrole , inflammable & brûlant : la propriété de ce ruiſſeau fut découverte, il y a quelques années, par un voleur d'écreviſſes, qui, pour mieux appercevoir

ESPECE

ESPECE CCCXV.

III. Poix minérale ou Maltha.

[*Pix mineralis: Maltha. Bitumen ſegne, craſſum,*
nigrum, WALL. Oleum montanum atrum,

les trous où elles ſe cachent, ſe ſervoit de torches de pailles
allumées : tant que cet homme marcha ſur le gravier du lit preſqué
horiſontal de ce ruiſſeau, le feu ne prit point à la ſuperficie ; mais
étant arrivé à des endroits plus inégaux & parſemés de creux,
il fut bien étonné de voir que le ruiſſeau donna une flamme d'une
couleur bleuâtre, au point qu'il en eut ſa chemiſe brûlée : il faut abſolument qu'il regorge de l'huile de pétrole du fond ou des côtés
de ce ruiſſeau. Plutarque *in vitâ Alexandri, p. 561*, parle d'un
puits dont l'eau étoit couverte d'une huile claire comme l'huile
d'olive : Ctéſias, qui, au rapport de Xenophon, étoit premier
médecin d'Ataxerxès roi de Perſe, dit dans ſon *Hiſtoire des Indes*,
dont on trouve l'extrait dans la Bibliothéque de Photius, que dans
le pays des Pygmées, il y avoit un lac de huit cent ſtades de
circonférence, ſur lequel, lorſqu'il n'étoit pas agité par le
vent, ſurnageoit une huile qu'on ramaſſoit avec ſoin. *Voyez*
BARKUYSEN, Acroamat. p. 157. Ceci eſt en partie confirmé
par Kempfer. Cet auteur dit que l'huile de pétrole ſert à éclairer
en Perſe & en pluſieurs autres lieux où le naphte clair &
pur eſt rare : on ſçait qu'à Bachou, *Bachu*, ville ſituée dans la
Perſe ſur le bord de la mer Caſpienne, à trois milles d'Aſtrakan,
& où il n'y a point de bois, l'huile minérale y eſt l'objet d'un
commerce très-étendu : on prétend que l'on y puiſe, dans plus
de vingt puits dont la profondeur eſt conſidérable, & dans pluſieurs autres mines, une telle abondance de naphte, que le ſou-
verain en tire tous les ans pour vingt mille roubles de taxes,
ce qui fait cent mille livres, argent de France : les marchands
de cette contrée envoient dans les pays étrangers le naphte le
plus pur & le plus liquide, & gardent pour la conſommation
de leur pays le plus commun, que l'on brûle dans les égliſes
& les maiſons, dans des lampes garnies de méches groſſes
comme le pouce : on s'en ſert auſſi en place de bois. M. Lehmann
dit que pour cet effet on jette deux ou trois poignées de terre
dans l'atre de la cheminée : on verſe enſuite du naphte par-
deſſus, puis on l'allume avec du papier ; & ſur le champ il donne
une flamme aſſez vive, pour faire bouillir l'eau beaucoup plus
promptement que ne fait le feu du bois. Cet auteur dit que plus on
remue la terre qui a été imbibée de ce naphte, & plus elle brûle
avec vivacité : il réſulte de cette uſtion une odeur très-diſgra-
cieuſe accompagnée d'une fumée qui noircit entiérement les
habitations ; cependant les alimens n'en contractent abſolument
aucun mauvais goût. Le prix & le débit de cette drogue ont
excité pluſieurs perſonnes à en faire d'artificielle. Suivant Neu-

liquido - tenax , aut axungia terræ , WOLT.
Bitumen femi-fluidum , glutinofum , ni grum ,

mann, on en peut compofer une avec de la réfine de fapin;
mais cela ne fuffit pas : on mélange pour l'ordinaire de l'effence
de térebenthine avec un peu d'huile de Cade & de celle de
Gabian : on y ajoûte auffi un peu de talc ; & par ce moyen on
obtiendra une forte de pétrole artificielle qui a beaucoup de
rapport avec celle qui eft naturelle, foit pour la couleur ou l'odeur,
foit pour la pefanteur & toutes les propriétés extérieures : elle
eft également inflammable ; mais elle colore l'efprit de vin , ce
que ne fait pas la pétrole pure, au jugement de plufieurs perfonnes.

L'huile de pierre ou pétrole eft eftimée en médecine, comme
alexipharmaque : les maréchaux s'en fervent comme d'un refolutif
& déterfif.

Vanhelmont exalte la propriété de la pétrole naturelle pour
la guerifon des membres gelés & pour préferver du froid : il dit
qu'un homme qui feroit enduit de cette huile minérale n'auroit
jamais froid ; mais nous confeillons fort à ceux qui voudroient
éprouver ce fpécifique , de ne pas approcher du feu, immédiatement après cette friction. L'on croit que ce fut dans un tel
bitume que Medée trempa la couronne de Creufe fille de Créon,
pour la brûler. Il y a deja long-tems que l'huile de pétrole entre
dans la compofition des feux d'artifice, & qu'elle fert à l'artillerie : l'hiftoire porte qu'elle étoit la bafe inflammable du feu
grégois ; ce feu qui brûloit jufques dans la mer, & qui même
augmentoit de force dans l'eau , fut ainfi appellé, parce que
les Grecs furent les premiers qui s'en fervirent vers l'an 660.
Il fut inventé par un ingénieur d'Héliopolis en Syrie, nommé
Callinicus qui s'en fervit fi bien dans les batailles, que les géné-
raux de l'armée navale de Conftantin Pogonat livrerent aux
Sarrazins auprès de Cyrique en l'Hellefpont, qu'il brûla toute
leur flotte fur laquelle on prétend qu'il y avoit plus de trois
mille hommes. Quelques hiftoriens difent que ce feu eft plus
ancien, & qu'il fut inventé par Marcus Craffus : on trouve
en effet des auteurs qui font mention que les Grecs & les
Romains s'en font fervis dans leurs guerres : nous ajoûterons
à cette hiftoire trois des manieres dont quelques modernes
compofent le feu grégois ; 1° on fait un mélange de foufre
vif, farcocole, fel marin décrépité , pétrole, & d'huile végétale
cuite , de chaque, parties égales; 2° celui-ci eft compofé de cinq
parties de poudre à canon, trois de falpêtre, deux de foufre,
une de colophone , autant de térébenthine , demi-partie d'huile
de lin , & autant d'efprit de vin; 3° c'eft un mélange, d'huile
de pétrole une once, autant d'huile de térébenthine , fix gros de
camphre, quatre gros de colophone : on fait fondre le tout enfemble, & l'on en imbibe des étoupes , qu'on lance tout en-
flammées, à droit, à gauche , en haut, en bas, &c. fur des corps
combuftibles ou non combuftibles ; alors ce feu ne pourra être
éteint, avant qu'il foit entiérement confumé, finon avec le vinaigre ;
mais cette expérience a befoin d'être répétée.

ᵲARTH. *Kedria terrestris. Assa fœtida mineralis.*]

LA poix minérale est décrite par divers naturalistes sous le nom de *maltha*, de *poix deterre*, de *bitume mollasse* ou *limonneuse*, de *pissasphalte naturel* & de *bitume de Babylone*. Ce que l'on entend aujourd'hui par le nom de *poix minérale*, est une espece de bitume noirâtre, ou de différentes couleurs, très-mollasse, plus épais que le goudron, tenace & s'attachant fortement aux doigts lorsqu'on le touche, inflammable, d'une odeur forte & désagréable, sur-tout lorsqu'il est enflammé, lequel se tiroit autrefois de plusieurs endroits, comme du lieu où étoit l'ancienne Babylone, des environs de Raguse dans la Grece, d'un certain étang de Samosate, ville de Comagene en Syrie, & de divers autres pays : celui de Comagene étoit le vrai maltha (*a*) ; mais on ne nous apporte plus de cette poix minérale ; celle que voyons aujourd'hui se trouve dans la principauté de Neufchatel & de Wallengin, dans l'Italie, & en plusieurs provinces du royaume de France, entre autres, en Auvergne, à une petite lieue de Clermont-Ferrand, où est un rocher, ou plutôt un monticule d'environ vingt à trente pieds de haut,

(*a*) Pline dit que le maltha est un bitume si gluant, qu'il s'attache à tout ce qu'il rencontre, d'où lui est venu le nom de *Maltha*. Il ajoûte que ce bitume fut d'un grand secours aux habitans de Samosate dans le tems du siége que Lucullus tint devant cette ville ; car dès que ce limon touchoit un soldat, il le brûloit dans ses armes ; & on n'avoit d'autre moyen d'éteindre la flamme, qu'en jettant de la terre dessus, parce qu'il est du naturel des bitumes minéraux, qui brûlent dans l'eau : il faut nécessairement supposer qu'on lançoit ce bitume tout enflammé sur les soldats comme sur les harnois : car quelqu'inflammable qu'il soit, il n'eût jamais pu brûler sans cette précaution, à moins qu'on ne se fût servi de l'invention d'Archimede, c'est-à-dire, des miroirs ardens ; alors la chose, pour réussir, n'avoit besoin que d'un beau soleil.

que l'on nomme le *Puits de la Pege* ou *le Mont
de Pege*, & duquel il en découle presque continuellement (*a*).

On a,

1. La poix minérale. [*Pix mineralis.*]

Ce bitume est très-mollasse, tenace & visqueux,
d'une couleur semblable à la belle poix noire de
Stockholm, & d'une odeur très-disgracieuse : on en
trouve en Norwege & en Auvergne.

2. Le bitume limonneux, [*Maltha.*]

Il est epais, roussâtre, visqueux, très-tenace,
grossier, grainu, d'une couleur noire brunâtre,
& d'une odeur fétide : on en trouve près de
Schinneberg & de Thal, dans la vallée de
Fontana & autres endroits, dans le canton d'Ap-
penzel.

L'odeur puante & la tenacité qu'ont ces deux
sortes de bitumes les ont fait appeller des Allemands *Teuffel-dreck*, & des Latins *Stercus dia-
boli mineralis.* Dans les pays où l'on en trouve
en grande quantité, on s'en sert avec succès pour
godronner les barques, les vaisseaux, & pour

______

(*a*) En considérant ce rocher, nous y avons apperçu vers sa
base différentes issues par lesquelles sortoient, tantôt un peu d'air,
tantôt une vapeur legere qui rougissoit le papier bleu, & tantôt
une quantité de poix, en forme d'une corde longue de deux
pieds, & grosse du pouce : au bas de ces issues & à un ou
deux pieds de distance, sont naturellement pratiqués différens
réservoirs pleins d'une eau blanche & salée, dans laquelle le
bitume tombe & s'y condense : à droite & à gauche de ces
réservoirs ou l'on ramasse de ce bitume, l'on en voit encore
des traînées qui partent de l'adossement du monticule & qui
suintent à travers d'une sorte de saxum ferrugineux & noirâtre,
rempli de pierres plus ou moins dures & dont la position est ver-
ticale : ces traînées de bitume, ou vont gagner d'autres creux
qui sont au bas du monticule, ou se dispersent çà & là sur
un petit chemin qui s'y trouve. L'écoulement de ce bitume fait
soupçonner un feu souterrein dans les montagnes des environs
qui d'ailleurs sont toutes calcinées, tronquées & évasées en
entonnoir.

graiſſer les roues des voitures ; ils conviennent fort
dans la compoſition du ſpalme factice qui ſert
dans beaucoup d'occaſions à enduire & à lier
les corps qu'on veut garantir de l'humidité. Quelques auteurs prétendent, que ce fut avec cette
eſpece de bitume minéral, que furent cimentés
les murs de Babylone, & les tours d'Égypte.

3. La piſſaſphalte. [*Piſſaſphalta. Pix montana,
ceræ inſtar tenax*, WOLTERSD.]

Elle a une conſiſtance ſemblable à la pix-aſphalte
artificielle qui eſt végétale ; c'eſt un mélange de poix
noire & d'aſphalte, & dont les anciens ſe ſervoient
très-communément pour embaumer les corps morts :
le mot de piſſaſphalte vient de *πίσσα*, *pix*, poix &
de *ἄσφαλτ⊙*, *bitumen*, aſphalte, comme qui diroit,
mélange de poix & d'aſphalte.

ESPECE CCCXVI.

III. Bitume mêlé à de la terre, ou Terre tourbe bitumineuſe.

[*Bitumen terrâ mineraliſatum*, WALL. *Bitumen
ſolidum, rude, terreum, friabile*, WOLTERSD.
Bitumen ſolidum, terreſtre, friabile, CARTH.
*Terra bituminoſa. Turfa montana. Ampelitis &
Pharmacitis Nonnullor.*]

CETTE terre brûle très-facilement au ſortir
de la tourbiere ; elle contient de l'huile de pétrole,
groſſiere ; ce qui lui donne une odeur forte : ſa
couleur eſt noirâtre.

Il y a,

1. La terre tourbe bitumineuſe de Grenoble.
[*Terra bituminoſa, turfacea*, WALL. *Eſp.* 205,
Gleba Gratianopolitana, WORMII.]

La couleur en eſt noirâtre , brunâtre : elle eſt unie , grainelée & compoſée de parties tellement tenaces ou liées les unes aux autres , que quand on la tire , on peut la couper en morceaux de différentes formes , ſans qu'elle ſe défigure , même après avoir été ſéchée : elle brûle très-bien. On la trouve en Dauphiné à deux lieues de Grenoble. Voyez *WORMII Muſæum*. On en trouve auſſi en Suiſſe , près de Zurick. Voyez *BRUCKMANN Magnalia Dei , Tom. II , pag.* 57. Quelquefois elle eſt remplie de plantes non dénaturées , *ceſpitibus intertextis.*

2. La terre bitumineuſe feuilletée. [*Terra bituminoſa fiſſilis , WALL. Terra ampelitis , AGRICOLÆ. Terra pharmacitis.*]

Elle reſſemble beaucoup à la pierre ampélite , ou crayon noir décrit dans les ardoiſes ; elle ſe diviſe par couches ou par feuillets , comme les charbons de terre ou l'ardoiſe : elle eſt rarement dure , communément tendre , poreuſe , plus ou moins inflammable , à proportion du bitume qu'elle contient. Boccone dit qu'on en trouve ſur les monts Hiblées près le mont Etna , dans un endroit nommé *Mililli.*

3. La terre bitumineuſe en pouſſiere. [*Terra bituminoſa humacea , WALL.*]

La couleur de cette terre eſt noire ; elle brûle aſſez bien dans le feu ; elle eſt d'une conſiſtance friable & ſi tendre , qu'elle ſe réduit totalement en pouſſiere , lorſqu'on l'expoſe à l'air pour la faire ſécher , tellement que le vent l'emporte pour la plûpart ; on en trouve en Suéde & en Ruſſie , dans les paroiſſes de Damnas en Smoland , & d'Eryck-Stad en Dalécarlie. Voyez *Urb. Hiœrne reſponſ. pag.* 307 , *&c.*

ESPECE CCCXVII.

IV. Asphalte (*a*) ou Bitume de Judée.

[*Asphaltum. Bitumem Judaïcum. Bitumen solidum,
coagulatum , WALL. Bitumen , durum , fragile ,
& nitidum , WOLTERSD. Bitumen solidum ,
fragile glabrum, nitidum, nigrum, CARTH.
Pix montana dura. Karabe Sodomæ. Mumia
Nonnullorum &c.*]

L'ASPHALTE ou bitume de Judée est une
substance minérale, solide , un peu dure, pesante ,
brillante, d'une belle couleur noire, unie & nette ,
cassante, très-luisante dans l'endroit de ses fractures ,
friable, facile à mettre en poudre, inflammable &
exhalant sur le feu une odeur âcre, sulfureuse ,
forte & désagréable ; il est inodore à froid , &
a la propriété de nager sur la surface de l'eau ;
si on se contente de le froter un peu, il répan-
dra une legere odeur de bitume , & se réduira
facilement en une poudre grasse d'une couleur
brunâtre ; Lemery, *Traité universel des drogues
simples , édit. de* 1733 , dit que l'asphalte se

(*a*) « Lemery dit que le nom d'*asphaltus* vient de la
» mer Asphaltide qui signifie *mer d'assurance*, parc. qu'étant fort
» salée & couverte de bitume , elle soutient presque toutes les
» matieres qu'on jette dedans.

» On dit que le mot *bitumen* vient du nom Grec πίτυς qui
» signifie un *pin* & qu'on a changé par corruption le π en β ; de
» sorte qu'on devroit prononcer *pitumen* au lieu de *bitumen*.

» Cette étymologie vient de ce que les anciens croyoient
» que le bitume de Judée étoit une poix qui couloit des pins &
» de plusieurs autres arbres dans le lac de Sodome ; aussi voit-on
» que les Juifs étoient dans cette opinion , puisque le prophete
» Esdras parlant de Sodome & de Gomorrhe , dit que leur terre
» est ensevelie sous de la poix & des monceaux de cendres : ».
*Gens mala quid fecerim , Sodomæ & Gomorræ , quorum terra jacet
in piceis glebis & aggeribus cinerum.*

» trouve nageant fur la fuperficie du lac, ou mer
» Afphaltique, qu'on appelle autrement *mer Morte*
» où étoient autrefois les villes de Sodome &
» de Gomorré ; ce bitume eft dégorgé de tems
» en tems, en maniere de poix liquide, de la
» terre qui eft fous cette mer ; & étant monté
» fur l'eau, comme font toutes les matieres graif-
» feufes, il y eft condenfé peu-à-peu par la chaleur
» du foleil, & par le fel qui s'y mêle. Les
» habitans du pays font contraints de l'attirer à
» terre, non-feulement parce qu'il raporte un
» grand profit, mais auffi parce que ce lac étant
» trop chargé de bitume, il s'en éleve une odeur
» puante & maligne qui fe répand dans l'air,
» altere beaucoup leur fanté, & abrége leurs
» jours. Les oifeaux qui paffent deffus, tombent
» morts ; & cette mer eft appellée *morte*, parce
» qu'à caufe de fa puanteur, de fon amertumë,
» & de fa forte falure, il n'y peut vivre aucun
» poiffon ni aucun autre animal. » Nous ne voyons
que très-rarement de ce bitume folide, dont on
trouve auffi fur plufieurs lacs en Chine, & que
les anciens emploient fi communément dans la
compofition de leurs embaumemens, connus
aujourd'hui dans le commerce, & chez les curieux,
fous le nom de *baume de momies*. La plûpart
de l'afphalte des boutiques fe trouve dans les
mines de Dannemorre, & notamment dans la
principauté de Neuf-châtel (*a*) & de Wallengin ;

(*a*) Nous avons vifité fur les lieux ces mines d'afphalte
pour lefquelles on accorde les mêmes conceffions & prérogatives que pour les mines métalliques ; mais nous n'y
avons pu rencontrer d'afphalte auffi noir & auffi pur que celui
du commerce : nous nous informâmes de l'emploi que l'on
faifoit de cette terre bitumineufe ; & l'on nous apprit qu'on en
envoyoit une partie dans les pays étrangers pour fpalmer, &
qu'on faifoit bouillir l'autre dans de l'eau, afin que le bitume
s'en dégageât, fous la forme de pétrole ; on fait enfuite cuire ce

il eſt de très-bonne qualité : on le trouve dans ſa miniere, parmi des pierres calcaires, ſchiſteuſes, charbonneuſes, & des matieres ſouvent métalliques ; ſa couleur eſt, ou noirâtre, ou griſâtre, ou fauve ; alors il eſt rarement pur, & paroît n'être qu'une terre endurcie & pénétrée par le bitume : on l'appelle *aſphaltum foſſile*, par oppoſition à celui qui ſe trouve ſur les eaux, & que l'on nomme *aſphaltum aquis innatans* ; celui dont la couleur eſt griſâtre, peut être taillé en vaſes & autres bijoux, &c. L'aſphalte noir ſert aux Arabes & aux Indiens pour godronner leurs vâiſſeaux, comme on fait en Europe avec la poix ; il entre dans la compoſition des beaux noirs luiſans, & des beaux vernis noirs de la Chine, dans les feux d'artifices de l'Orient, que l'on fait brûler ſur l'eau, & quelquefois dans ceux de l'Europe, dans les fauſſes momies de l'Egypte, & dans la grande thériaque d'Andro.maque.

bitume ; & par ce procédé, on obtient tantôt de groſſe huile de pétrole, tantôt de la piſſaphalte qui endurcie, donne le piſſaſphalte noir, & le ſédiment une ſorte de maltha.

Auparavant qu'on eût découvert ces mines, les Levantins vendoient très-cher l'aſphalte oriental ; d'autre part, le bénéfice exceſſif que ſe croyoient être auſſi en droit de faire les commiſſionnaires Européens ; par les mains deſquels il paſſoit ; tout a obligé d'en compoſer d'artificiel, tantôt avec de la poix noire végétale cuite juſqu'à conſiſtance ſolide ; tantôt en faiſant fondre enſemble, parties égales de cette poix & de bitume de Judée, ou d'un autre aſphalte ; la matiere étant refroidie, reſſembloit extérieurement au vrai aſphalte : quoique la poſſibilité de ce fait ſoit niée par Aldrovandi, *pag. 369*, & par Dalechamp dans ſon *Muſæo metallico*, elle n'en eſt pas moins vraie ; au ſurplus, l'on a des moyens pour en reconnoître la fraude, par l'intervention de l'eſprit de vin, qui ne prend avec l'aſphalte qu'une couleur d'un beau jaune tranſparent, & qui diſſout la plus grande partie de la poix végétale.

III. SOUS-DIVISION.

Bitumes durs , caffans , & fufceptibles du poli.

[*Bitumina duriora , fragiliora ac polituram admittentia.*]

TELS font le jayet & le fuccin.

ESPECE CCCXVIII.

I. Jays ou Jayet.

[*Gagas. Pix montana duriffima , nigra , polituram admittens. Bitumen duriffimum , lapideum purum , WALL. Bitumen durum , compactum , polituram admittens , WOLTERSD. Bitumen folidum , durum , glabrum , nitidum atri coloris , CARTH. Gagas , Succinum nigrum. Lithos gagates. Gemma Samothracea , PLINII. Lapis Thracius , DIOSCORID. Pangitis STRA-BONII. Lapis obfidianus Nonnullorum* (a).]

LE jays eft une efpece de bitume terrftre,

(a) On trouve dans Pline la defcription d'une pierre nommée *obfidienne*, du nom d'Obfidius qui l'apporta le premier de l'Ethiopie. M. le comte de Caylus fi avantageufement connu des fçavans , a étudié particuliérement ce paffage de Pline : & fes obfervations lui ont donné matiere à un excellent *Mémoire* qu'il a lu à l'academie des infcriptions le 10 Juin 1760 , auquel M. de Juffieu, par fes profondes connoiffances & fes grandes recherches, a fourni toutes les remarques qui font du reffort du naturalifte; & MM. Majault & Roux les expériences chymiques. Il refulte de ce Mémoire, que le *lapis obfidianus*, n'eft ni le *Lapis obfidius* du commentateur Saumaife, ni une efpece de jayet, comme l'a cru Agricola, & après lui Cæfius & Wallerius, ni un marbre noir , comme le penfent Aldrovande & fes fectateurs , mais une forte de *laitier*, fourni par des volcans , femblable en tout point à la pierre de Gallinace des Peruviens.

ou de fuccin noir, fort compacte, & qui a la confiftance & la dureté d'une pierre ; il eft uni & luifant dans fes fractures, s'enflamme dans le feu, en exhalant une odeur très-fétide : étant froté, il répand une odeur charbonneufe, ou de bitume de Judée, & acquiert alors la propriété d'attirer, comme fait la cire d'Efpagne, ou le fuccin ordinaire, quand on leur a fait fubir l'action du frotemenr : le jays nage fur l'eau ; il eft fufceptible d'un beau poli, ce qui fait que bien des perfonnes le confondent fouvent avec la belle agathe noire de la Dalécarlie orientale ; mais, comme dit M. Wallerius, il eft aifé de l'en diftinguer par fa legéreté, par fon opacité, & par la propriété qu'il a de s'allumer, & d'attirer de même que le fuccin.

On trouve le jayet par couches comme le charbon de terre, & toujours couvert d'une efflorefcence, dont la faveur eft vitriolique, dans des rochers voifins des mines de charbons de terre, comme on le remarque en plufieurs endroits de l'Europe, & notamment en Suéde, en Allemagne, en Irlande, quelquefois dans la Provence, entre la Sainte-Baume & Toulon, & dans le Languedoc : c'eft à Wirtemberg qu'on le travaille ; on en fait des boëtes, des bracelets, des pendans d'oreilles, & d'autres ornemens femblables : on trouve même du jayet dans ce duché, qui a exactement la forme d'un arbre, & dans lequel on reconnoît tout ce qui caracterife le tiffu ligneux. Voyez *Selecta phyficq-œconomica*, *Vol. I*, *pag.* 442 (*a*).

(*a*) Quelques naturaliftes regardent le jayet comme une huile minérale defféchée par les feux fouterreins, & dont les parties-volatiles qui font, difent-ils, la vraie pétrole, a été exaltée pour être transformée en une efpece de fuccin, ou d'ambre noir, exempt de ces parties terreufes fi vifiblement abondantes

On prétend que le nom de *Gagates* á été donné au jayet, de *Gaga*, ville & riviere de Lycie, d'où on le tiroit autrefois, de même qu'on l'a appellé *Lapis Thracius*, pierre Thracienne, *à Thracio flumine quod Pontum vocant*.

ESPECE CCCXIX.

II. Succin, Karabé, Ambre jaune.

[*Succinum* AUCTOR. *Karabe* PERSARUM. *Ambra citrina* ARABUM. *Ambarum* BARBARUM. *Ampar citrinaceum*, *Nonnullorrum*. *Glessum* GERMAN. *Sacal aut Secal* ÆGYPTORUM. *Bitumen solidum, durum, nitidum, suave olens*, CARTH.]

LE succin est un bitumé insipide, presque inodore, quoique friable & cassant; il a cependant la dureté d'une pierre, & peut recevoir un beau poli : il se liquéfie sur le feu, s'y enflamme très-facilement en exhalant une odeur peu agréable, (mais assez gracieuse) étant en poudre, & laisse après l'ustion un résidu poreux, noirâtre, semblable à un bitume grossier; il est de différentes couleurs, tantôt clair & transparent, tantôt marbré & presque opaque, ou noir, & entiérement opaque : celui-ci ne tombe point au fond de l'eau,

dans le charbon de terre. Plusieurs autres pensent au contraire que le jayet est un succin dont l'huile a été retirée par la chaleur souterreine, & que c'est d'une telle opération que provient le naphte & la pétrole. M. Wallerius, *Observat. sur le bitume terrestre*, p. 364, dit qu'il entre dans la composition du naphte trois principes, sçavoir, de l'eau, d'une matiere inflammable & d'un acide; lorsque cette combinaison vient, dit-il, à se joindre avec de la terre que l'acide du soufre met en dissolution, pour lors il se fait de l'huile de pétrole; si la terre au contraire n'étoit point soluble, alors il en résulteroit un bitume solide appellé *asphalte*, & qui, par l'exsiccation naturelle, deviendroit à la longue un jayet.

comme les autres fortes de fuccins folides & en maffes : on trouve le fuccin, ou dans la terre, ou fur les bords de la mer.

On a ,

1. Le fuccin tranfparent. [*Succinum pellucidum*, WALL. *Succinum diaphanum*, CARTH.]

Il eft également dur, clair, & auffi tranfparent que du cryftal ; il attire moins que le fuccin opaque : on en trouve de blanc, de rouge plus ou moins foncé, de jaune, de pâle, de couleut citrine & dorée : on appelle celui qui a cette derniere couleur *chryfelectrum* : on rencontre ces fortes de fuccins fur les rivages de Raufchen & de Kleincuren en Suéde.

2. Le fuccin opaque (*a*). *Succinum opacum* AUCTOR.]

Il eft plus opaque que demi-tranfparent, & a beaucoup d'électricité : il s'en trouve de blanc, *lacteum* ; de jaunâtre, *luteum aut cereum ;* de brun, *fufcum ;* de rouge, *rubrum*, &c. Ces fortes de fuccins font toujours écailleux, pleins de nuages, ou ondulés, & fouvent remplis de terre, ce qui en produit un bien plus grand nombre de variétés : on en trouve en Mifnie, fur le mont des Charbons, près Drefde.

(*a*) M. Wallerius, *Obf. pag.* 370, donne la maniere de rendre tranfparent le fuccin opaque : 1° on l'enveloppe dans du papier, & on le met en digeftion ou en cémentation, pendant environ quarante heures, dans un pot empli de fable : 2° enfuite on le met, pendant deux jours, avec de l'huile de navette dans un autre pot de terre expofé fur un feu dont on augmente les degrés, & avec précaution. Quelques perfonnes difent avoir fait de l'ambre jaune artificiel, en cuifant de la térébenthine, d'autres avec les jaunes d'œufs & la gomme arabique, d'autres avec le cryftal en poudre & un peu de fafran, d'autres avec le maftick & le curcuma ; mais nous avons de la peine à croire qu'on puiffe cuire ces compofitions d'une maniere affez dure & diaphane, pour fouffrir l'action du tour ou du poli, comme le fuccin.

3. Le fuccin coloré. [*Succinum coloratum*, *Succinum mixtione peregrinâ coloratum*, WALL.]

Outre les couleurs qui lui font ordinairement comme naturelles, il contient d'autres matieres colorantes : il eft ou demi-tranfparent ou opaque, tantôt verdâtre ou bleuâtre, & tantôt marbré de toutes les couleurs, *fuccinum variegatum aut coloribus mixtis*. Voyez KENTMANN *in nomenclat. foffil*. (a).

(a) OBSERVATION. Il eft peu de fubftances dans la nature qui ait caufé plus de controverfes chez les auteurs, tant anciens que modernes, que l'ambre jaune : celui que l'on appelle *ambre gris* a produit les mêmes difficultés : on les a d'abord confideres comme des corps compofés, enfuite comme corps fimples. Cependant quelques perfonnes préfument, avec affez de vraifemblance, qu'il en eft de ces deux ambres, comme de tous les bitumes en général, que les meilleures obfervations font regarder comme le réfultat réfineux de quelques fubftances végétales, qui ayant féjourné dans la terre, ont accidentellement contracté union avec les acides minéraux, & ont acquis, par ce moyen, l'épaiffiffement, la confiftance, & les propriétés qu'on leur reconnoît : ce fyftême, quelque hardi & outré qu'il paroiffe à certaines perfonnes, eft cependant affez fondé fur l'expérience : on fçait que fi l'on mêle de l'huile de pétrole avec ce que l'on nomme en chymie *acide vitriolique*, il en réfultera un bitume artificiel, très-femblable à la *piffafphalte*, s'il eft mollaffe, ou au *bitume de Judée*, s'il eft fec, dur & triable, enfin au *maltha*, felon la proportion de terre plus ou moins grande qu'il contiendra, d'où l'on pourroit en quelque forte conclure que c'eft ainfi, ou à-peu-près, que fe forme le fuccin *d'une réfine végétale minéralifée dans l'état de fluidité, par un* halitus *d'acide fulfureux ou vitriolique*, &c.

Plufieurs auteurs du dernier fiécle ont cherché ailleurs l'origine de l'ambre jaune : les uns ont dit que c'étoit un mélange de gommes & de réfines qui découloient des peupliers, des pins & des fapins qui bordent la mer Baltique ; d'autres ont rejetté cette penfée & ont écrit que c'étoit un bitume pur qui n'exiftoit qu'au fond de la mer, c'eft-à-dire, un fuc de la terre, que la mer avoit détaché de fon baffin, & que fes vagues avoient pouffé fur les bords de fon lit, où il s'étoit condenfé & endurci, tel que nous le voyons ; mais on a bien lieu de révoquer en doute que la mer foit néceffaire pour la formation du fuccin : car, comme nous le ferons remarquer dans un moment, il ne s'y trouve qu'accidentellement : auffi Neumann a-t-il eu raifon de dire que le fuccin ne croît pas dans la mer ; que la qualité huileufe minérale de ce bitume réfifte à la plfipart des diffolvans, même à l'efprit de vin, & que les fourmis, les mouches, les

On distingue encore le succin en ambre jauné
marin & fluviatile, en ambre jaune fossile, selon

araignées, & tous les autres insectes qui s'y trouvent, ont été
retenus au moment que l'ambre jauné étoit dans l'état de liquidité : c'étoit à l'occasion de ces mêmes animaux, que le poëte
Martial avoit dit :

Cum phaëontéâ formica vagatur in umbrâ
Impliciüt tenuem succina gutta feram.

En effet la maniere dont se trouve le succin sous différentes formes
& dans divers endroits, donne lieu de croire que cette substance
bitumineuse doit son origine à quelques révolutions arrivées au
globe de la terre, dans des lieux où se trouvoient des forêts d'arbres
résineux ; ces arbres engloutis ont été réduits en charbon par
la chaleur souterreine : ce charbon aura été ensuite minéralisé,
de-là le charbon de pierre ; dans ce même instant une portion
de la matiere volatile huileuse ou résineuse, qui étoit contenue en abondance dans ces végétaux, en a été chassée, exaltée,
& accidentellement combinée avec un minéralisateur provenant
de la décomposition des pyrites ou des terres, soit alumineuses,
soit sulfureuses ou vitrioliques qui accompagnent communément les lieux dans lesquels la nature opere de pareils phénomenes : c'est encore dans ce même instant de combinaison plus
ou moins exacte, que les corps étrangers qu'on y remarque quelquefois, se sont trouvés détenus, & que le total aura enfin acquis
différentes consistances & couleurs selon la durée du feu souterrein,
sa violence, & notamment sa distance : il résulteroit de cet exposé,
que le succin n'est point une production particuliere de la mer,
ni une substance purement végétale, ni proprement minérale, mais
comme nous l'avons dit, une combinaison de deux substances de
ces deux regnes : si quelque chose peut beaucoup appuyer ce systê-
me, c'est que, 1° de l'aveu des voyageurs, il y a des minieres d'ambre jaune au bas des montagnes, & dans des terres fort éloignées &
assez hautes pour n'être pas inondées de la mer : elles sont infini-
ment plus élevées que le niveau de la mer, comme on le remarque dans les mines qu'on en a découvert, en 1738, en Russie,
dans l'Ukraine près de Kiovie : 2° c'est que dans la Prusse ducale, dans la province de Samland, où le droit de tirer le
succin de la terre est regardé comme droit régalien ou de la
couronne, on fouille la terre avec des fers pointus, & le succin
s'y trouve ordinairement enveloppé dans des couches de sable
qui sont souvent couvertes d'une terre argilleuse & alumineuse,
& par-dessus d'un lit de charbons de terre, friable, brunâtre
ou noirâtre, semblable au bois fossile, & mélangée d'une terre
vitrolique & bitumineuse. Voyez *Wallerius*, *Observation I.*
p. 368. T. I de sa Minéralogie : 3° le succin qui se trouve ainsi dans
ces carrieres y est très-abondant, très-beau ; tel est celui que
l'on rencontre près de Zoednick dans de la mine de fer : 4° le
succin paroît d'autant moins s'élever du fond de la mer pour
nager à sa superficie, qu'il est le seul des bitumes (excepté le

les lieux d'où on le retire : on voit quelquefois
une espece de succin que l'on recherche beaucoup

succin noir) qui se précipite dans l'eau : les autres bitumes,
tant mollasses que fluides & solides, y surnagent.

On trouve encore beaucoup de succin, dans d'autres endroits
de la Prusse, & notamment auprès de la mer Prussienne, au
bord de Sudavie, où est une colline qui en est entiérement
remplie de tout-à-fait semblable & avec les mêmes circonstances que dans la mine de la province de Samland.
M. Hartmann prétend même que cette colline est la matrice
de tout l'ambre jaune : on ne peut cependant pas nier que le
succin ne se trouve quelquefois sur les parages des mers du nord :
l'observation suivante qui se lit dans M. Wallerius en fournit un
exemple ; mais nos lecteurs s'appercevront sans peine, que ce
bitume étoit deja formé avant d'être dans la mer : cet auteur
dit qu'on retire avec des filets le succin de la mer Baltique
près des côtes d'Allemagne, à trente ou quarante brasses de
profondeur, sur-tout après qu'un vent du nord a régné & qu'on
apperçoit beaucoup d'herbes marines jettées par les vagues sur
le bord du rivage & vers la côte ; le succin s'y trouve en
abondance & en morceaux détachés par le choc des vagues
qui frapent contre des rochers composés de banc de sables,
de lits de charbons, & d'ambre jaune : les ouvriers nomment
ce succin *succinum haustile* : quelquefois on saisit l'heure que la
mer se retire immédiatement après une tempéte, & l'on va
le chercher ou le fouiller dans les buttes de pierres sablonneuses,
que la mer a formées & où elle l'a comme enterré par le reflux de ses vagues : c'est ainsi qu'on recueille le succin en Scan-
dinavie : alors on le nomme *succinum marinum sabulosumve haustile* : ce succin n'a pas toujours une égale dureté : il est souvent
mollasse, ductile ; mais quand une fois il est exposé à l'air, il
devient en très-peu de tems solide & assez dur pour être
poli. On voit dans quelques cabinets des morceaux de matieres
transparentes que l'on appelle *succin mollasse & élastique* ; mais
ceux que nous avons examinés & qu'on nommoit ainsi, n'étoient
qu'une gomme de prunier, qui empâtoient la langue, comme
fait la gomme arabique. M. Slotz cite dans les *Ephem. nat. cur.
nov. T. I, obs.* 133, *p.* 267, une liqueur huileuse jaunâtre, qu'on
apporte de Valachie & qui sent le succin lorsqu'on la brûle :
il pense que c'est le succin liquide de Paracelse : nous la regar-
dons comme une pétrole blanche, jaunâtre, à demi-épaissie,
& avec d'autant plus de vraisemblance, que les habitans s'en
servent à graisser leurs roues, qui, si on ne les arrose d'eau, prennent souvent feu : ils en imbibent aussi les cuirs pour les harnois :
ils prétendent que cette substance chasse les insectes de dessus
les animaux.

Tout l'ambre jaune ou le *succin du commerce* nous est apporté
de la Prusse ducale & d'autres lieux du nord ; il n'est pas rare
d'en trouver dans la Silésie, dans la Marche, la Boheme, la
Moravie, l'Angleterre, & sur-tout en Saxe : la quantité du succin

en pharmacie ; il eſt tout blanc : on l'appelle
leucelectrum à λευχὸς album , & electrum , ſuccinum

IV. SOUS-DIVISION.

Bitume d'une nature particuliere.

[*Bitumen incertum , haud polituram aſſumens.*]

Telles ſont les différentes ſortes d'ambre
gris.

qui ſe trouve dans cette derniere contrée , a fourni une diſſertation imprimée dans les *Acta phyſico medica , acad. nat. cur. Vol. IV,
obſ. 87 , p. 313 ,* & dont on peut conſulter l'extrait inſéré à la
fin de la *Pyritologie de Henckel , trad. franç. p. 497 ,* laquelle
porte à croire que le ſuccin pourroit bien n'être formé que de la
matiere inflammable & acide de la pyrite alumineuſe & vitriolique : cette idée ſpécieuſe eſt fondée ſur la propriété qu'a l'eſprit de vin de diſſoudre le ſuccin , parce que cette diſſolution ne
peut s'opérer qu'au moyen de l'acide vitriolique contenu dans
le ſuccin , qui , par un tour de main , s'unit à l'eſprit de vin ,
de même que dans l'opération de l'æther. On a encore trouvé
du ſuccin près de Soiſſons & dans pluſieurs autres endroits de
la France , notamment en Provence près Siſteron ſur les côtes de
Marſeille , dans les montagnes & les fentes des rochers : le ſuccin
eſt ordinairement en morceaux d'un volume plus ou moins conſidérable ; les uns ſont des fragmens clairs & obſcurs , de la
groſſeur d'une olive ; les autres ſont des morceaux beaux , luiſans , diaphanes & gros comme la tête d'un homme : on fait ,
avec l'ambre jaune , au moyen du tour , des bijoux , des col-
liers , des bracelets , des petits cabinets , des quadrilles , des vaſes
& toutes ſortes d'uſtenſiles des plus agréables , que l'on envoie
en Perſe , en Chine , en Turquie , & chez les Sauvages , où ils
ſont eſtimés comme des grandes raretés : lorſque ces bijoux ſe
caſſent , on peut les raccommoder en les collant enſemble , au
moyen de l'huile de tartre , après les avoir d'abord expoſés devant le feu : le ſuccin eſt la baſe d'un grand nombre de beaux
& d'excellens *vernis de lacque.*
La vertu qu'a le ſuccin d'attirer la paille & le papier , comme
font les corps gras , par l'action du frotement , l'a fait appeller
karabé , nom Perſan qui ſignifie *tire-paille ,* & parce qu'il a de
la reſſemblance avec un métal nommé *electrum ,* qui eſt un
alliage de cinq parties d'or , ſur une d'argent. Voyez *Lemery ,
Diction. univ. des drogues.*

ESPECE CCCXX.

I. Ambre gris (*a*).

[*Ambra* AUCTORUM *&* ARABUM. *Ambra*

(*a*) OBSERVATION. Les sentimens ne sont pas moins partagés sur l'origine, la nature & la formation de l'ambre gris, que sur celle du succin : quelques naturalistes ont écrit que c'étoit une écume de la mer desséchée & endurcie par les rayons du soleil ; d'autres, comme Cardan, des écumes de veaux marins condensées ; d'autres, un naphte ou une petrole qui regorge du fond de la mer ; ou, comme dit Serapion, une pissasphalte qui découle en maniere de baume liquide par les fentes de certains rochers dans la mer ; d'autres, comme Fernandez Lopez, des excrémens d'animaux, qui vivent d'herbes odoriférantes dans les isles Maldives ; d'autres, comme Hill, que c'est un fossile naturel à la formation duquel la mer n'a aucune part ; d'autres enfin, comme Pomet & Lemery, que c'est un amas de rayons de cire & de miel formés par des abeilles sur des grands rochers qui sont au bord de la mer des Indes, & que des tremblemens de terre font renverser, ou que les vagues de la mer détachent : selon ces auteurs, toutes ces différentes matieres doivent être élaborées, cuites, confondues ou mélangées, ensuite lavées ou purifiées par l'agitation & la propriété de l'eau de la mer, pour être réduites en ambre gris, tel que nous le voyons ; mais toutes ces définitions sont bien contestées, & l'ambre gris est encore une énigme quant à son origine. L'on ne peut disconvenir que l'ambre gris ne tienne quelque chose des propriétés du régne animal : outre que plusieurs voyageurs dignes de foi, ont eu occasion d'en voir des masses cassées, remplies de parties ou de productions d'animaux, & qu'au rapport d'Anderson, dans son *Histoire du Groënland*, l'on en ait trouvé de tout formé & de toute qualité dans la vessie du cachalot : les analyses de quelques chymistes ne le donnent pas moins comme appartenant au régne animal : cependant M. Wallerius, *Obs.* 1, *p.* 373, dit que l'huile qu'on tire de l'ambre ressemble à celle de pétrole, & son sel volatil à celui qu'on obtient des charbons fossiles & du succin ; & comme il se trouve de l'ambre gris d'une très-mauvaise odeur & des corps bitumineux, agréables à l'odorat, & à-peu-près de la même forme & consistance de l'ambre gris, on seroit porté à croire que la matiere appellée *ambre gris* est un naphte particulier très-blanc, très-liquide, qui a filtré au travers de quelques filons très-poreux de la terre, comme il se remarque dans le Nord, ensuite a été charrié par quelque courant d'eau dans la mer ; le contact de l'air, l'acide du sel marin, l'auront d'abord un peu coagulé : c'est en cet état de viscosité qu'il se sera attaché contre les différens corps mols & gras, & d'autres différentes formes & qualités : plus la matiere bitumineuse a été fluide & volatile, plus son

grisea, aut colore griseo, LEMERY. *Bitumen solidum, tenax, flagrans, suavem odorem spargens,* WOLT. *Bitumen solidum, molle, opacum, suave, olens,* CARTH. *Ambra cineritia* BARBAR. ἄμϐαρ GRÆCORUM. *Ambarum cineraceum, aut griseum, vulgare. Succinum orientale bene olens.*]

C'EST une substance opaque, raboteuse, odeur fétide se sera dissipée, & mieux elle se sera jointe à des parties ou productions d'animaux marins dont elle aura retenu les propriétés constituantes : enfin, plus le hazard aura fait rencontrer de ces diverses masses naissantes & mollasses, plus les morceaux d'ambre gris seront gros, variés dans leur forme & leur composition; si au contraire le bitume, dans les premiers instans qu'il est apporté dans la mer ou qu'il dégorge de dessous cet élement, étoit trop épais, il ne pourroit guères se charger d'une quantité de corps étrangers qui absorberoient sa mauvaise odeur ; & l'ambre qui en résulteroit seroit brun ou noir, d'une seule couleur, & mollasse, tel est celui du golfe de Bengale : au reste, de quelque opinion que l'on soit, touchant la nature de l'ambre gris, il faut nécessairement admettre que sa matiere a été quelque tems liquide avant que de se durcir dans l'état où nous la voyons, pour que les corps étrangers qu'elle contient y aient pénétré & s'y soient conservés en leur entier, de même qu'elle aura eu alors plus de facilité par sa propriété molle & visqueuse de s'unir à quantité de corps homogenes & hétérogenes pour produire des morceaux d'ambre d'un volume plus ou moins considérable : telle étoit la masse d'ambre gris, du poids de cent quatre-vingt-deux livres, que la compagnie des Indes orientales de Hollande avoit autrefois, & qu'elle avoit acheté onze mille écus ou rixdallers : ce morceau a été dépecé & vendu en détail. Telle est encore cette autre grosse masse d'ambre gris, du poids de deux cent vingt-cinq livres, qui fut exposée à la vente de l'Orient en 1715, par la compagnie des Indes de France, lequel a été vendu cinquante-deux mille livres : nous avons été requis cette année, par un riche négociant de Marseille, de nous transporter dans une maison de cette ville de Paris, où l'on avoit fait venir cette piéce d'ambre, afin de l'examiner, de façon qu'il n'y eût point de perte pour l'acquéreur dont le dessein étoit de la dépecer pour la vendre au petit poids : nous fîmes faire une sonde de fer, pour la percer de part en part : la croûte extérieure nous a paru être de bon ambre gris ; elle est feuilletée, remplie de becs d'oiseaux : la seconde couche est défectueuse en différens endroits ; elle est blanchâtre, calcaire, inodore, mais d'un goût de sel marin : tout le milieu de la masse est brunâtre, mollasse, & d'une odeur tout-à-fait semblable à de l'asphalte réduit en poudre.

S ij

grife, marbrée, d'une confiftance entre le mol & le dur, graiffeufe, tenace comme de la cire, & qui paroît ordinairement compofée de feuillets ou d'écailles ; elle eft liquéfiable, inflammable, d'une odeur agréable, volatile & legere : on la trouve en morceaux inégaux, de différentes groffeurs, flottante fur les eaux en divers endroits de l'Océan, & principalement fur les rivages glacés des deux Indes.

On a,

1. L'ambre de plufieurs couleurs. [*Ambra grifea vulgaris. Ambra binis vel trinis coloribus variegata*, WALL.]

Il eft intérieurement rempli de taches blanches, noires, jaunes & mollaffes ; extérieurement il paroît compofé de couches grifâtres, obfcures, mélangées de corps étrangers, comme des plumes, des becs d'oifeaux, des arrêtes, des petits poif-fons, des feuilles, &c. On nomme celui qui eft moucheté de jaune, *ambra grifea maculis flavis.* C'eft le plus recherché de tous ; on appelle celui qui eft moucheté de noir, *ambra grifea punctulis nigris*, WALL. On le trouve fur la rive de l'ifle de Madagafcar.

2. L'ambre d'une feule couleur. [*Ambra uni-color* AUCTOR.]

Il eft ou tout-à-fait jaunâtre, ou blanchâtre, & n'a prefque point d'odeur, ou tout-à-fait brun ou noir, & répand une odeur d'huile animale ou bitumineufe, mais toujours défagréable ; il nous vient de Coromandel & de Bengale : on trouve quelquefois une fubftance fort analogue dans les baleines.

L'on appelle l'ambre tout-à-fait blanchâtre, ou jaunâtre, *ambre de qualité* ou à *la condition*, parce qu'il fervoit, dit Pomet, aux perfonnes de qualité, qui le prenoient autrefois dans des bouillons pour rétablir la chaleur naturelle : il y a encore une autre efpece d'ambre en ufage chez la plûpart des parfumeurs, tant à caufe de fa bonne odeur, que parce qu'il eft à beaucoup meilleur marché que l'ambre gris proprement dit ; c'eft un ambre noir, appellé *ambre renardé* ou *ambre de matelot :* il eft fec & caffant ; c'eft en quoi il differe de l'ambre de Bengale, qui, malgré fa couleur également noirâtre, eft mollaffe, vifqueux, & femblable au *Labdanum* pur du mont Ida

L'ambre que nous employons ordinairement, nous vient des ifles de Madagafcar & de Sumatra, par l'entremife des compagnies des Indes de France, de Hollande & de Lisbonne.

Tavernier, *à la pag* 313 *de fon fecond Tome,* dit que la plus grande quantité d'ambre gris fe trouve à la côte de Mélinde, & notamment à l'embouchure de la riviere *Rio di Sena.* Il dit encore que quand le gouverneur de Mozambique revient à Goa, au bout de trois ans que fon gouvernement eft fini, il apporte d'ordinaire avec lui environ pour trois cent mille *pardos* d'ambre gris ; ce qui fait cent mille écus, argent de France.

Tous les ambres font eftimés de puiffans prolifiques, & propres à fortifier le cœur, l'eftomac, le cerveau, & à récréer les efprits vitaux & animaux : les parfumeurs l'emploient, à caufe de fa bonne odeur. Ils en font des effences douces, flateufes & agréables, qui conviennent dans les liqueurs & dans les pommades.

On choifit l'ambre gris, grifâtre, tanné à l'extérieur, peu pefant, fans faveur, fe caffant inégalement, paroiffant écailleux, raboteux, marbré de taches noires & jaunâtres en dedans, inflammable, fuave, entiérement liquéfiable fur les charbons ardens , & s'y confumant totalement , fans donner beaucoup de fumée, mais répandant une odeur agréable , & devenant plus flateur à l'odorat , quand on le mêle avec le fucre en poudre : on peut auffi tempérer l'odeur defagréable & bitumineufe de l'ambre noir , en le mêlant avec de la civette & le mufc : ce bitume, quoique tenace , ne doit point s'attacher au fer chaud , telle qu'une pointe de couteau , mais comme fe coller au fond du mortier dans lequel on le pile à froid : fi on le fait fondre à la flamme d'une bougie dans une cuiller d'argent , il entrera parfaitement en fufion, fans qu'il s'y forme de bulles : il prendra alors une couleur plus brune , & deviendra maniable comme de la cire : l'ambre gris nage fur l'eau , &c. Toutes propriétés que n'a point l'ambre gris factice qui nous vient, ou de Hollande, ou de Bayonne , & qui laiffe beaucoup de terre après fon uftion.

GENRE LVI.

II. Soufres.

[Sulphura AUCTORUM. Apyrothium Nonnullorum.]

L'ON appelle *foufres* des corps inflammables, liquéfiables , & fufceptibles de cryftallifation , non diffolubles dans l'eau, mais qui produifent à la diftillation un efprit acide, pénétrant & fort auftere : on trouve cette fubftance fous différentes formes , & dans des états bien différens : ces corps different des bitumes coagulés proprement dits , en ce qu'ils ne font point mollaffes, ni très-durs , mais folides, quoique tendres, friables & infipides : expofés fur le feu & dans des vaiffeaux fermés, ils fe fubliment en une poudre plus ou moins jaune ; à feu ouvert, ils produifent une vapeur âcre, qui a la propriété de minéralifer la plûpart des matieres métalliques : l'on peut encore définir le foufre une fubftance miné-rale, concrete, à la maniere du bitume coagulé , folide & féche, cependant tendre & friable , qui fe précipite au fond de l'eau & contient beaucoup d'air, mais point du tout de métal, très-inflammable &· liquéfiable, ou fe fondant dans un creufet fans s'allumer, & prenant alors une couleur rouge qui redevient jaune auffi-tôt que le foufre s'eft figé, fe confumant prefqu'en-tiérement dans le feu, felon fon degré de pureté, & y produifant une flamme bleue, qui exhale à l'air libre une vapeur acide & fort âcre au goût, fétide, pénétrante , comme vitriolique & nuifible à la refp'ration , ou fuffoquante , mais dans des vafes fermés , fe fublimant à un degré de feu très-modéré , en petits flocons brillans, jaunâtres , dans l'état d'une poudre connue fous le nom de *fleur de foufre* ; étant mêlé avec les métaux, il les minéralife & leur ôte le fon : le foufre fe trouve tout formé, tantôt pur ou vierge , & tantôt mélangé avec de la terre (*a*).

(*a*) On préfume que le foufre vierge n'eft point d'une for-mation primitive , en ce qu'on le trouve par couches dans les endroits où il y a, ou du moins où il y a eu des feux fouter-reins ou des volcans : cependant on en rencontre de cryftallifé dans plufieurs endroits , & où l'on n'a pas lieu de foupçonner qu'il y exifte , ni qu'il y ait jamais eu de révolution locale , c'eft-à-dire de feu fouterrein. Lemery, dans fon *Traité univ. des drogues fimples , édit. de* 1733 , dit qu'il y a bien de l'apparence que le foufre eft un vitriol naturellement exalté dans la terre

ESPECE CCCXXI.

I. Soufre vierge ou natif.

[*Sulphur vivum. Sulphur nativum purum ,
flavum , WALL. Sulphur virgineum aut nudum ,
nativum , luteum , diaphanum , WOLTERSD.
Sulphur nudum , firmiter cohærens , purum ,
flavum , CARTH. Apyrothium Nonnullor.*]

IL y en a de différentes formes & couleurs ;
par le moyen des feux fouterreins ; & cette hypothefe eft fondée
fur ce que l'on trouve quelquefois dans le foufre, avant qu'il
ait été fondu, des petits morceaux de vitriol ; mais un tel fyftême n'a rien de concluant : il tend au plus à prouver que le
foufre eft fouvent mélangé avec du vitriol, encore ce fel n'eft-
il jamais bien formé ; il faut que le foufre en foit chaffé ou
décompofé pour que le vitriol fe forme: nous ne prétendons cependant pas douter que le foufre ne contienne ou à-peu-près un des
principes du vitriol ; on fçait même que la plûpart du foufre
naturel ne provient que de la décompofition des pyrites, finon
abondantes en foufre, au moins vitrioliques : les premiers peuvent fe fublimer dans les cavités fouterreines par le feu de la
nature ; les fecondes font croire que le foufre eft une jufte
combinaifon de l'acide vitriolique, provenant de leur décompofition même & qui eft uni à une terre phlogiftique quelconque.
Nous avons dit, dans la defcription des vitriols, &c. que le
foufre contenoit l'acide propre à la formation du vitriol, de
l'alun, de quelques pyrites, c'eft-à-dire que l'acide qui fe trouve
dans toutes ces fubftances eft à-peu-près le même : il fuffiroit, pour
appuyer ce fyftême fur l'indentité de cet acide dans ces diverfes fubftances , de citer le phénomene que l'on remarque
à deux cent pas plus bas que la bouche de la foufriere de la
Guadeloupe : à cette diftance fe trouvent près d'une terre pyriteufe trois petites mares d'eaux thermales, diftantes l'une de
l'autre de quatre à cinq toifes chacune ; la premiere, & qui eft la
plus grande, a environ une toife de diametre , fon eau eft
blanchâtre & a le goût de l'alun : la feconde eft un peu plus
grande : fa couleur eft brune & a le goût de l'eau où les forgerons éteignent leur fer : la troifieme eft jaunâtre, bleuâtre &
a le goût de vitriol : il n'eft pas rare d'y en trouver de
tout cryftallifé : enfin un peu plus loin eft une petite fource
qui regorge d'un foufre femblable à celui qui fe trouve dans
le haut de la même montagne. Nous avons déja infinué, dans
notre *Mémoire lu à l'academie royale des fciences en 1760*, quelques idées fur la formation du foufre.

il eſt plus ou moins brillant, tantôt jaune ou citron, tantôt blanchâtre, & tantôt rouge : on en reconnoît la pureté dans le feu où il s'enflamme ſur le champ , & s'y conſume entiérement , *Sulphur ſolum urens* , ISIDOR. On l'appelle *ſoufre vierge* & *natif* , parce qu'il eſt pur & tout formé par la nature, ainſi qu'on le remarque à Pouzzol & à Volterre , villes de l'Italie , & en pluſieurs autres lieux du monde.

On a,

1. Le ſoufre vierge tranſparent. [*Sulphur virgineum, diaphanum. Sulphur vivum, pellucidum* WALL.]

Il y en a de pluſieurs ſortes ; l'un eſt totalement compacte, dur, tranſparent, comme diaphane & cryſtallin, cependant friable ; tel eſt le ſoufre rouge de l'iſle Melo , de Quito , ou Quidon ou Guidoa , & de la Guadeloupe , *Sulphur nativum rubrum, diaphanum* , WOLTERSDORF. *Sulphur nudum, firmiter cohærens, arſenicale, rubrum,* CARTH. Ce ſoufre contient en effet un peu d'arſenic , & même reſſemble beaucoup au réalgar ou à la rubine d'arſenic : tantôt le ſoufre tranſparent eſt d'une couleur citrine, imitant le ſuccin ; tel eſt celui qu'on trouve dans les Indes orientales , dans la Hongrie , dans la montagne Afinde , près de Bex , dans le canton de Berne , & dans la Ruſſie , &c. *Sulphur nativum, luteum, diaphanum* , WOLTERSD. Tantôt il n'eſt que demi-tranſparent , *ſubdiaphanum* , liſſe & luiſant , d'une couleur d'or ; tel eſt celui de l'Archipel & de quelques endroits de l'Amérique , ſur-tout dans les mêmes lieux où l'on trouve le ſoufre rouge tranſparent : on trouve toutes ces ſortes de ſoufres en morceaux plus ou moins gros, formant des veines dans des maſſes de terre ou de pierre : celui de l'Amérique ſe trouve à une certaine diſtance de la bouche du volcan appellé *la ſoufriere* : ce ſont des Négres qui vont l'y ramaſſer.

2. Le ſoufre vierge opaque. [*Sulphur virgineum, opacum. Sulphur vivum, opacum, WALL. Sulphur nativum, opacum, colore vario WOLTERSD.*

Il eſt d'un jaune pâle ou citron & changeant, mais peu ou point tranſparent : tels ſont ceux de Rome, d'Ancone, de Marême & de Sicile.

3. Le ſoufre vierge en filets. [*Sulphur virgineum fibroſum. Sulphur vivum capillare, WALL.*]

On le trouve en filets dans les fentes de l'Hécla, du mont Veſuve, de la ſoufriere à la Guadeloupe, de tous les autres volcans ou montagnes qui vomiſſent du feu.

4. Le ſoufre vif en fleurs. [*Flores ſulphuris nativæ. Sulphur vivum, pulverulentum, aquis effloreſcens, WALL. Sulphur nudum flaveſcens, friabile, thermarum, WOLT. Sulphur nudum pulverulentum, dilutè flavum, CARTH.*]

Nous avons déja eu occaſion de citer, dans *l'Hydrologie, pag.* 41, les eaux dans leſquelles on rencontre ces fleurs de ſoufre ; telles ſont celles d'Aix-la-Chapelle, de Tivoli, près de Rome, & d'autres endroits. Voyez *SCHEUCHER, Oryctograph. Helvetic. pag.* 180. On trouve ces fleurs minérales nageantes ſur ces eaux, ou attachées aux parois des canaux, ou tuyaux par où elles paſſent, & imitant la forme des épis de bled entrelacés : on trouve auſſi de la fleur de ſoufre naturelle à deux lieues de Beſançon, dans *des Geodes* en ſilex, de la groſſeur du poing :

fa couleur eſt d'un blanc ſale, & ſon odeur eſt forte : on en rencontre encore à la bouche des volcans, & au bas des montagnes qui en ſont voiſines : Henckel prétend dans ſa *Pyritologie*, qu'il ſe trouve auſſi du ſoufre dans l'eau de la mer, & dans la matiere graſſe & viſqueuſe du ſol des Océans.

ESPECE CCCXXII.

II. Soufre mêlé à de la terre ou de la Pierre.

[*Sulphur terrâ aut lapide, aut alio mixto, mineraliſatum. Terra ſulphurea. Sulphur nativum, mixtionis peregrinæ coloratum, WALL. Sulphur coloratum impurum.*]

CE ſoufre ſe trouve ordinairement mélangé avec des maſſes de terres douces, argilleuſes, ou calcaires, différemment colorées, & plus ou moins brillantes ; ce mélange de terre ſulfureuſe eſt toujours opaque, & s'enflamme difficilement : on appelle particuliérement cette eſpece de ſoufre, *ſoufre minéral* (a).

(a) OBSERVATION. Indépendamment des différentes ſortes de ſoufres dont nous venons de parler, on en trouve dans pluſieurs autres matieres qui en contiennent ſi abondamment, qu'on pourroit les regarder en quelque ſorte comme les principales minieres du ſoufre; telle eſt la pyrite d'un jaune pâle, (& jamais d'un jaune foncé ni blanche; car dans le premier cas, elle contiendroit beaucoup plus de cuivre que de ſoufre, & dans le dernier cas, elle participeroit d'une abondance d'arſenic. (*Voyez la Claſſe V, qui traite des pyrites.*) Le ſoufre eſt ſouvent mêle avec pluſieurs ſortes de terres ou de pierres : il y eſt en plus ou moins grande quantité, ſur-tout dans celles qui ſont colorées, ou dans des ſubſtances, ſoit minérales, ſoit métalliques, telles que les mines de plomb, de cuivre, de fer, d'arſenic rouge, d'orpiment & de cinnabre, & dans pluſieurs autres mines, dont il eſt impoſſible de faire ici l'énumération. Nous avons eu occaſion de voir que toutes les mines qui ſont ornées des belles couleurs de gorge de pigeon,

On a,

1. Le soufre mélangé blanc. [*Sulphur coloratum album*, WALL.]

dénotent particuliérement la préfence de ce minéral ; mais nous avons de même infinué dans la claffe des métaux, qu'il n'étoit pas avantageux de le féparer exprès de ces mines, parce qu'il eft néceffaire dans leur traitement ; par exemple, dans celui de la galêne ou de la mine de plomb, il fert à diffoudre les autres fubftances minérales, & facilite la formation de la matte : il n'y a donc que de la feule pyrite jaune pâle, qui donne des étincelles avec le briquet, & qui produit un tiers de foufre dont on pourroit tirer le plus avantageufement du foufre : Voyez l'*Hiftoire des pyrites par* HENCKEL ; une autre miniere de foufre, & celle que l'on travaille le plus ordinairement, eft cet amas de terres ou pierres fulfureufes qui fe trouvent en Italie : on en retire le foufre par la fimple fufion : en voici le procédé décrit par M. l'abbé Nollet, dans les *Mémoires de l'académie royale des fciences, année* 1752. On prend, dit-il, une maniere de terre durcie blanche, qui reffemble à de la marne, ou plutôt une pierre tendre qu'on trouve par monceaux au pied des rochers qui entourent la Solfatara ; ces pierres qui proviennent de la cime du volcan, & qui font pénétrées de foufre, font diftribuées par portions dans des pots de terre qui contiennent environ 20 à 25 pintes, mefure de Paris ; ces pots font exactement fermés par un couvercle qui eft luté : on les place dans un fourneau fait exprès, de maniere qu'un quart de leur pourtour fait faillie hors du fourneau, & demeure découvert audehors : une femblable partie fait faillie dans l'épaiffeur du mur : chacun de ces pots communique par un tuyau d'environ un pied de longueur & de 18 lignes de diametre, avec un autre pot placé tout-à-fait hors du fourneau, & un peu plus haut que les premiers : ces derniers pots font vuides & fermés exactement, excepté vers le bas où on a ménagé un trou d'environ 15 à 18 lignes ; le foufre développé de fa mine par le feu qu'on allume dans le fourneau, monte en fumée, & paffe dans le pot extérieur, où ne trouvant plus le même degré de chaleur, il paffe de l'état de vapeur à celui de fluide, & coule par l'ouverture inférieure dans une tinette placée au-deffous. Ces tinettes font évafées par le haut, & garnies de trois cercles de fer : lorfque le foufre eft refroidi, on les démonte, en faifant tomber les cercles à coups de marteau, & on a la maffe de foufre entiere ; jufqu'ici, c'eft M. l'abbé Nollet qui parle, & qui nous inftruit que les Italiens tirent de cette même terre un alun dont nous avons parlé en fon lieu. Cette defcription eft à-peu-près celle que Pline nous a donnée fur le foufre, lorfqu'il dit qu'on retiroit de fon tems du foufre de la campagne de Naples, dans les collines nommées λευϱονοῦ ou terres blanches, & qu'après l'avoir retiré de la terre, on l'achevoit par le feu.

Kentmann dit qu’on trouve cette forte de foufre
fur le mont Vefuve, mêlé, ou avec de la terre

Pour revenir à la purification du foufre qui, dans cette premiere opération, n’eft nommé que *foufre impur*, *foufre de ti-*
nette, ou *de la premiere fonte*, ou *foufre commun*, on refond ce
foufre dans d’autres pots également percés par la partie inférieure; la matiere liquéfiée coule infenfiblement dans des tinettes; le foufre étant coagulé, on démonte de nouveau les tinettes: alors il eft en maffes jaunes, belles, luifantes, feches &
friables, & prend le nom du lieu où il a été préparé, comme
foufre de Pouzzol, *foufre de Marême*, *foufre de Rome* ou *de Si-*
cile, ou *d’Ancone*, &c. C’eft notamment de ce dernier endroit
qu’on en apporte par cargaifons à Marfeille, &c. pour l’ufage de
l’artillerie. On fait refondre pour la troifieme fois ce foufre dans
des grands pots, dont la gueule eft très-évafée; & lorfqu’il eft
en fufion, on en prend par cuillerées qu’on verfe dans des
moules de buis qui fe divifent en deux, & dont l’ouverture eft
de 15 à 16 lignes de diametre, & la profondeur de neuf à
dix pouces ou environ: ce moule étant rempli de foufre liqué-
fié, on le plonge auffi-tôt dans un fceau d’eau froide; alors le
foufre prend en fe coagulant la forme d’un cylindre ou de la lingotiere, qu’il fuffit d’ouvrir pour l’avoir fous cette forme:
cette opération s’appelle *mouler* ou *faire du foufre en gros ca-*
non; lorfqu’on en veut former en petit canon, l’on fe fert de
rouleaux appellés *canéfices* qui font de la même longueur que
les gros moules de buis, mais dont le diametre eft beaucoup
plus petit; ces moules font fendus en quatre parties jufqu’à un
pouce près de la bafe, qui eft fortement cerclée, au moyen d’une
ficelle, & naturellement bouchée par le nœud du rofeau:
quand on les a remplis de foufre fondu, on les laiffe également
tomber dans de l’eau; & pour en retirer le bâton de foufre,
il fuffit de dilater les quatre parties du moule: cette opération
qui eft en quelque forte l’ouvrage des femmes & des enfans,
fe fait avec une adreffe & une célérité qui furprend le fpec-
tateur: le foufre ainfi préparé fe caffe fi facilement à la moindre chaleur, qu’il fuffit de le preffer dans la paume de la main:
par ce moyen, on dilate l’air qui y eft renfermé, & auffi-tôt
l’on entend un petit bruit qui annonce que le bâton eft caffé:
l’intérieur paroît tout cryftallifé en aiguilles qui s’entrelacent
comme dans l’antimoine. Par ce procédé, l’on fépare le foufre
le plus pur, de fes parties hétérogenes; & pour rendre toutes
les préparations du foufre à bon marché, on met le foufre
impur qui fe trouve dépofé au fond des vaiffeaux dans des
grandes cornues placées au bain de fable fur un vafte fourneau
fait en rond; chacune de ces cornues a un col très-large &
fort long d’une forme déclive, & paffe au travers d’une muraille
dans une chambre où eft une efpece d’armoire qui fert de récipient ou de réfervoir, & dont la capacité eft telle, qu’elle
peut contenir jufqu’à un millier de matiere; le canal ou col
de la cornue s’y emboëte très-exactement: c’eft ainfi qu’une feule
femme conduit, avec un feu de charbon de pierre affez vif, qua-

calcaire, ou avec une pierre tendre, alumineuse :
il est néanmoins aussi doux au toucher que la

tre cornues, lesquelles contiennent assez de matiere pour produire quatre à six cent livres de fleur de soufre ; & comme la sublimation s'opere en six heures de tems ou environ, l'on peut
dans le même jour faire deux opérations semblables : aussi chaque *soufrier* ou *fabriquant de soufre* n'est nullement en peine
de fournir tous les jours, avec un tourneau semblable, dix quintaux de fleurs de soufre ; avantage singulier que ne produisent
pas les aludels dont on se sert dans nos laboratoires ; on ne rejette point encore les résidus ou *caput mortuum* de ces sublimations ; quand on en a une bonne quantité, on les fait fondre
de la même maniere, ou à-peu-près, que nous avons décrite pour
la seconde purification du soufre ; & par ce moyen l'on obtient
un soufre opaque, verdâtre, grisâtre, doux au toucher, à sa
superficie, comme de la glaise, poreux & brillant intérieurement,
s'enflammant difficilement, rendant une flamme bleue d'une
odeur acide, piquante, désagréable, & aussi incommode à la
poitrine que toutes les autres sortes de soufre : c'est le *soufre
cabalin* que l'on appelle improprement dans les boutiques *soufre vif*. Le détail de cette opération est d'après les fabriques de
soufre que l'on voit à Marseille. Le procédé pour retirer le soufre des pyrites sulfureuses, est un peu différent : on fait un
choix des pyrites les plus pauvres en métal, mais très-abondantes en soufre ; celles qui sont d'un jaune pâle, & qui donnent facilement, & le plus abondamment, des étincelles avec
le briquet, on les écrase, on les met ensuite dans des cucurbites de terre, dont l'arrangement est à-peu-près conforme à la
méchanique usitée à la Solfatara, comme nous l'avons dit ci-dessus ; on met beaucoup d'eau dans les récipiens, afin que le soufre s'y
coagule promptement : on se sert, pour mouler cette sorte de soufre,
de lingotieres de fer que l'on a préalablement graissées d'huile de
lin ou de colsa. Mais nous n'avons rien de plus instructif sur
cette derniere opération, que ce qu'on lit dans l'*Histoire des
pyrites de* HENCKEL. L'on travaille aussi en Hollande à la fonte
du soufre ; soit qu'on y mélange celui d'Italie avec celui qu'on
retire des pyrites, ou que les ouvriers de ce pays ayent un tour
de main particulier, leur soufre est toujours plus jaune, & a un
œil plus beau que celui de Marseille : on en raffine quelquefois à
Venise : il est encore plus pâle que celui de Marseille ; mais il
rend davantage d'esprit acide que les autres soufres : les cabaretiers l'emploient le plus ordinairement pour soufrer les tonneaux de vin qui doivent être long-tems exposés sur mer, afin
que la couleur de cette liqueur ne s'altere point, &c. Le soufre
sert aux bonnetiers, aux gaziers, &c. pour blanchir les étoffes
de laine & de soie, les draps, les couvertures & autres étoffes semblables.

Le soufre, & en général les substances fossiles inflammables exhalent dans leur ustion des vapeurs suffoquantes & mortelles à toutes les especes d'animaux, même
aux hommes : il est cependant regardé comme un antidote

terre glaise ; quand la couleur en est grisâtre & que la terre , quoique friable , paroît être purement argil-

efficace contre l'air pestilentiel, & pour chasser la gale : on lit dans les *Mémoires de l'académie royale des sciences de Paris*, que la flamme du soufre n'est pas plus chaude que celle de toute autre matiere enflammée, & que le soufre ne rend pas les charbons plus ardens, qu'il les nourrit seulement, & que sa flamme brûle beaucoup moins que celle d'une chandelle qui est beaucoup moins chaude que la surface d'un charbon bien embrasé ; il en est de même de la flamme de l'esprit de vin, de celles des résines & des bitumes en général, parce qu'ils ne brûlent qu'en leur surface : on prétend que le secret du fameux mangeur de feu ne consistoit qu'à froter d'esprit de soufre les parties qui touchoient au feu ; par ce moyen, il évitoit de se brûler : il ne doit point être étonnant (continue l'hîstorien de l'académie) que quelques personnes qui font profession de manger du feu, fassent plutôt l'expérience sur de la poix ou du soufre : la nature fortifiée par l'habitude, en impose singuliérement aux ignorans. Le soufre entre dans la composition de la poudre à canon. On lit dans les *Annales chinoises*, que l'usage du soufre dans les feux d'artifice, appellés *poudre enflammée*, est très-ancienne, & que cette poudre étoit en usage dans ce pays, avant que d'être connue en Europe, & que les peuples de l'une & l'autre contrée se connussent même par le commerce : quelques personnes attribuent la découverte de la poudre à canon à un moine de Fribourg en Brisgaw, alchimiste renommé, appellé *Berthold Schuvartz* ou *Schuva le noir*, & qui vivoit au quatorzieme siécle : on dit qu'en 1380 il enseigna aussi aux Vénitiens à se servir des canons pour la bataille de *Fossa Claudia*, où ils remporterent une grande victoire sur les Génois. D'autres prétendent que l'invention de la poudre à canon est dûe à Roger Bacon, Anglois, & l'art de s'en servir à Berthold Schuvartz, l'un & l'autre alchymistes & cordeliers ; d'où il paroît fort incertain si nous sommes redevables aux Chinois du secret de la poudre à canon, ou si ce fut le hazard qui la fit découvrir aux Européens du quatorzieme siécle, ainsi que la maniere de s'en servir. On nous reprocheroit peut-être de ne rien dire de la composition de la poudre à canon, appellée *Pulvis tormentarius aut Pyrius*. Nous nous contenterons de dire qu'elle est composée d'une partie de soufre jaune d'Ancone, autant de charbon de bois legers, tels que le saule ou le bois d'aune, ou le coudrier, ou le *rhamnus*, (l'un & l'autre mis en poudre séparément dans des moulins faits exprès,) & de sept parties de salpêtre bien sec, soit de celui de France ou de celui des Indes. C'est de ces justes proportions de matieres & de leur pureté, que dépendent les degrés de bonté de la poudre à canon que M. Wallerius nomme *præparatum sulphureum, sulphure, nitro, & carbonibus mixtum*. On doit faire attention que toutes les parties de ce mélange mises en pâte soient également triturées & grainelées, sans quoi la poudre ne produiroit que des coups avortés &

leufe, alors on l'appelle du nom propre de *terre sulfureufe* : ce mélange s'enflamme & fe fond' difficilement , à moins que la terre n'en foit retirée par la fufion, lorfqu'on purifie ce minéral.

2. Le foufre mélangé verd. [*Sulphur coloratum viride* , WALL.

Bruckmann , *Magnalia Dei* , pag , 54 , dit qu'il s'en trouve auffi fur le mont Vefuve, & qui eft affez brillant ; fa couleur verte décele un mélange de particules hétérogenes.

3. Le foufre mélangé noir. [*Sulphur coloratum nigrum* , WALL.]

Kentmann foupçonne, avec affez de vraifem-blance, que c'eft un mélange de foufre & de bitume terreftre ; fon odeur eft fétide.

GENRE LVII.

II I. Productions de volcans.

[*Producta igni-vomorum.*]

LEs fubftances qui compofent ce genre, font des plus difficiles à ranger dans l'hiftoire naturelle : on les regarde comme des productions pierreufes, &c.

n'auroit point une force élaftique égale , ni une flamme noire qui eft un des caractères principaux de fa bonté : le falpêtre eft regardé comme l'ame ou le principal agent de la poudre à canon, le foufre comme la partie la plus inflammable , & le charbon comme la matiere la plus propre à exciter la détonna-tion , & à faciliter l'explofion : on doit conferver la poudre à canon dans des tonneaux bien clos, privés du contact de l'air, & dans des lieux fecs. Voyez dans les *Actes de l'académie royale de Suède* 1739, *Vol. I* , *p. 38* , &c. le *Mémoire* d'*AUGUSTE CHRENS-WERD*. Tout le monde connoît les propriétés de la poudre à canon dans l'art militaire, auffi l'appelle-t-on l'*hydre du genre humain* ; on s'en fert auffi pour ébranler & pour morceler les mines les plus dures, ainfi que pour défunir les corps qui réfiftent à l'effort du levier & du coin, &c.

formées

ORDRES. [ORDINES.]	GENRES. [GENERA.]	SOUS-DIVISIONS. [SUBDIVISIONES.]		ESPECES.	[SPECIES.]	Page*
Page*	Page*	Page*				
	LVIII. Végétaux changés en pierre. [*Phytolithi.*] ... 293	I. Pétrifications végétales. [*Petrefacta vegetabilia.*] ... 294	CCCXXIV.	Végétaux, ou Plantes pétrifiées	*Petrificata vegetabilia.*	294
			CCCXXV.	Tiges de plantes pétrifiées	*Litho-calamus.*	295
			CCCXXVI.	Racines pétrifiées	*Rizolithus.*	Ibid.
			CCCXXVII.	Bois pétrifiés	*Lignum petrefactum.*	Ibid.
			CCCXXVIII.	Feuilles pétrifiées	*Lithobiblia.*	296
			CCCXXIX.	Fruits pétrifiés	*Carpolithi.*	Ibid.
		II. Plantes imprimées sur la pierre. [*Phytotypolithi.*] ... 297	CCCXXX.	Empreintes de végétaux	*Phytotypolithi vegetabilium.*	297
		III. Végétaux devenus terre. [*Terrefacta vegetabilia.*] ... 299	CCCXXXI.	Bois ou Racines changées en terre	*Terrificata vegetabilia.*	299
		IV. Végétaux changés en minéraux. [*Mineralisata vegetabilia.*] ... 300	CCCXXXII.	Bois minéralisé	*Lignum mineralisatum.*	301
			CCCXXXIII.	Bois devenus charbons sous terre	*Arbores subterranea carbonaria.*	302
	LIX. Pétrifications animales. [*Zoo-lithi.*] ... 303	I. Pétrifications d'insectes. [*Entomolithi.*] ... 303	CCCXXXIV.	Productions à polypier fossiles	*Lithophyta. Madrepora. Corallia; &c.*	304
			CCCXXXV.	Pétrifications de Trochites	*Trochites.*	307
			CCCXXXVI.	Coquilles fossiles, ou Testacites	*Conchylio-lithes.*	309
			CCCXXXVII.	Vers marins pétrifiés	*Helmintholites*	311
			CCCXXXVIII.	Insectes crustacés pétrifiés	*Aftacolites.*	Ibid.
			CCCXXXIX.	Insectes volans pétrifiés	*Enthomolithi.*	311
		II. Poissons pétrifiés. [*Ichtyolites.*] 312	CCCXL.	Pétrifications de poissons	*Ichtyolithi.*	Ibid.
			CCCXLI.	Pétrifications d'amphibies	*Amphibiolites.*	313
		III. Oiseaux pétrifiés. [*Ornitholites.*] 314	CCCXLII.	Pétrifications d'oiseaux	*Ornitholithi.*	314
		IV. Quadrupedes pétrifiés. [*Zoolites, &c.*] ... 315	CCCXLIII.	Pétrifications de quadrupedes	*Xilosteites quadrupedum.*	315
			CCCXLIV.	Pétrifications humaines	*Anthropolithi.*	317
		V. Animaux imprimés dans la pierre. [*Zoo-typolithes.*] ... 318	CCCXLV.	Empreintes d'animaux	*Typolithi animalium,*	319
			CCCXLVI.	Noyaux de coquilles	*Macro-typolithi, &c.*	320
		VI. Animaux minéralisés. [*Animalia mineralisata.*] ... 320	CCCXLVII.	Animaux pénétrés de substances minérales	*Animalia pyrite, aut bitumine mineralisata.*	Ibid.
	LX. Calculs. [*Calculi.*] ... 321		CCCXLVIII.	Calculs ou Pierres des végétaux	*Calculi vegetabilium.*	321
			CCCXLIX.	Calculs ou Pierres des animaux	*Calculi animalium.*	322
	LXI. Pierres figurées, appellées Jeux de la nature. [*Figurata.*] ... 326		CCCL.	Pierres qui portent l'image des végétaux & des animaux	*Zoo-phytomorphites.*	326
			CCCLI.	Pierres taillées	*Lithotomi.*	328
			CCCLII.	Pierres figurées, artificielles, ou supposées	*Lithoglyphi arte-facti.*	329

Partie II.

formées par la deſtruction d'autres corps foſſiles, & qui ont pris de la liaiſon par l'action
d'un feu ſouterrein ; c'eſt-à-dire, que ces matieres
ſont le réſultat des fermentations, des embraſe-
mens ſouterreins & des éruptions des volcans,
qui, dans leurs terribles effets, les ont vomis
d'une maniere quelconque : nous avons cru ne
pouvoir mieux les placer, qu'à la fin de toutes
les ſubſtances, particuliérement propres au régne
minéral , parce qu'elles ſont notamment produites par une ſuite de cauſes qui ont formé
les matieres dont nous avons parlé dans cette
claſſe.

E S P E C E CCCXXIII.

I. Pierre-ponce.

[*Pumex* Auctor. *Porus igneus lapidis lithan-*
tracis , Wall. *Pori ignei.*]

C'est une eſpece de pierre d'un gris blanchâtre, poreuſe, legere, au point de nager ſur l'eau,
plus ou moins compacte, inégale, rude au toucher,
d'un tiſſu fibreux, & luiſant entiérement comme ſi
c'étoit de l'asbeſte, ne faiſant point d'efferveſcence avec les acides, ne donnant point d'étincelles avec le briquet, (excepté celle qui eſt très-
peſante & griſe,) entrant en fuſion & produiſant
une ſorte de verre. La ponce n'a point de figure
déterminée ; elle eſt tantôt en morceaux gros,
arrondis , legers, blancs & friables ; d'autres
fois en pains quarrés, applatis, durs & demeurent ſuſpendus dans l'eau, ſans s'y précipiter &
ſans nager à ſa ſurface : elle a communément
une odeur marécageuſe, & une ſaveur pierreuſe

Partie II. T

un peu falée : les ponces blanches les plus legeres,
les plus fpongieufes & les plus groffes fervent
aux parcheminiers, aux marbriers ; celles qui font
petites, fervent aux potiers d'étain, aux menuifiers
& aux doreurs : les ponces grifes & plates font
utiles aux corroyeurs & aux chapeliers ; on s'en
fert à Naples, pour faire du ciment avec de la
chaux ; ce mortier eft employé dans la conftruc-
tion des terraffes : il a la même propriété que le
ciment fait avec la pozzolane, c'eft-à-dire de
prendre corps à un tel dégré de dureté, qu'à peine
les ferremens y ont prife, quelque tems après qu'il
a été mis en œuvre. L'on rencontre encore,
mais rarement, des pierres de ponce rouges,
jaunes & noires : la plûpart des différentes fortes
de pierres de ponce fe trouvent en Sicile, vers
le mont Vefuve, le mont Etna & l'Hécla, dans
le voifinage de tous les volcans, d'où elles font
forties : on en rencontre quelquefois en Allemagne, au confluent de la Mofelle & du Rhin ;
dans les environs des eaux thermales, des fontaines bitumineufes, ou des minieres de charbons
de terre, de jays & d'afphalte : on a vu en
1726, entre le cap de Bonne Efpérance & les
ifles de Saint-Paul & d'Amfterdam, la mer toute
couverte de ponce, fur un efpace de plus de cinq cent
lieues, pendant neuf à dix jours de fuite : plufieurs
naturaliftes doutent fi cette forte de production
qui eft toute perforée, & quelquefois filamen-
teufe, eft l'ouvrage des volcans, ou fi elle eft
une forte d'asbefte, ou le réfultat d'un charbon
foffile calciné par les feux fouterreins, & emporté
par des ouragans, ou des torrens d'eau qui fe
rendent à la mer : la variété de ces fentimens ne
décide rien fur la nature de cette pierre, d'autant plus qu'elle préfente tous les jours des

caractéres si nouveaux, qu'elle contredit les hypo-
théses les plus palpables ; la diversité des couleurs,
la pesanteur, la porosité, la forme & la grosseur
qu'ont la plûpart des pierres de ponce ; tout ne
semble dû qu'aux divers degrés de feu qu'elles
ont éprouvés dans le sein de la terre, & aux autres
circonstances locales (*a*).

(*a*) OBSERVATION. Il en est de même de toutes les
laves, qui probablement ont été dans un certain état de fluidité pour pouvoir couler & s'attacher à différentes matieres, &
que des feux terribles recelés dans le sein de quelques montagnes,
dont ils minent les voûtes, vomissent ou lancent avec des torrens
ou tourbillons de flammes & de fumée, sous la forme d'une grêle
d'éclats de pierres ou de fleuves de matieres fondues, & plus ou
moins embrasées, quelquefois même vitrifiées ; (car les matieres
les plus rapaces, les plus intraitables ou réfractaires, ne peuvent
résister à la violence de ces feux si redoutables :) quelques-unes
de ces laves sont tout-à-fait compactes & peu poreuses ; leur
tissu est plus ou moins serré, & souvent assez dur pour souffrir un poli vif : aussi les emploie-t-on communément dans la
construction des bâtimens, & dans leurs ornemens, comme
chambranles, dessus de commodes, &c. Nous avons dit ci-
dessus, que la plûpart des laves différoient entr'elles par la grandeur, la figure & la pesanteur spécifique ; le tout ne dépend
que du degré du feu qu'elles ont éprouvé, & de la violence du
feu, ainsi que du contact de l'air, &c. En effet on trouve des
laves courbées, & composées de plusieurs couches d'une couleur noirâtre, rougeâtre, tantôt grisâtre, tachetees de petits
points marbrés & brillans, qui font le caractere distinctif des
portions d'une matiere quartzeuse, vitrifiée, unies à d'autres
corps non vitrifiés, & qui paroissent être une substance métallique ferrugineuse.

Peut-être que les ponces & les laves en général qui sont bien
certainement produites par le feu de la nature, ne sont, par rapport aux matieres fondues, & vitrifiées dans les volcans, que
ce qu'est le mâche-fer, eu égard au laitier dans nos fonderies :
le laitier des volcans est précisément le même que ces portions
de verre brillant, que l'on voit dans les cabinets des curieux ;
la couleur de ce verre est communément d'un verd noirâtre,
peu ou point transparent, très-dur, faisant feu avec le briquet :
on peut même le regarder comme une espece de verre metallique, ou un verre de nature ordinaire, opérée par la combinaison d'un sel avec un sable, ou avec quelqu'autre matiere
vitrifiable, ou peut-être, comme le présume M. Guettard, une
sorte de verre formé par la fusion des glaises métalliques : c'est
d'un verre semblable dont nous avons parlé sous le nom de
pierre obsidienne, ou de *pierre de gallinace* : *Obs.* 1. *Esp.* 316, p. 166.

X. CLASSE.

FOSSILES ÉTRANGERS A LA TERRE.

[*FOSSILIA AUT MINERALIA HETEROMORPHA.*]

Quoique ces sortes de corps conviennent, en beaucoup de choses, avec la terre ou la pierre, cependant on reconnoît facilement qu'ils tirent leur origine, ou des végétaux, ou des animaux : on les appelle vulgairement Fossiles, ou Pétrifications, *fossilia aut petrificata.*

Les substances, ou végétales, ou animales que l'on trouve renfermées dans le sein de la terre, sous différens états, & à diverses profondeurs, sont plus ou moins solides : il y a, 1° celles que l'on rencontre sans être altérées, c'est-à-dire, qui ont conservé leur tissu ou leur structure originaire, & leur composition premiere, en un mot, qni ne different de leur état primitif, que par l'élément où elles se trouvent, *corpora inhumata ;* 2º celles qui sont réellement changées en terre, *terrefacta ;* ou en pierres de différentes duretés, *petrefacta* (*a*); ou qui ont été minéralisées, *mineralisata :* quoique celles-ci ayent subi dans

(*a*) Les pétrifications des coquilles proprement dites sont toujours changées en une substance ou quartzeuse, ou silicée, ou calcaire, ou spatheuse : elles se trouvent rarement isolées ; mais, selon la remarque de M. Rouelle, toujours par familles : elles sont communément attachées à de la terre, ou à de la pierre, qui sont ou du filex, ou de la pierre à chaux, ou de l'ardoise, ou du sable, ou du *sarum* , & rarement à du quartz ou du spath.

la terre un changemenr dans les propriétés particulieres qui les caractérifoient, elles ont encore
confervé leur compofition organique, qui fert à
les faire reconnoître par-tout où on les rencontre.
3° D'autres enfin ne paroiffent que fous la forme
d'un noyau ou d'une empreinte, *effigiata*, &c.

Comme le nombre des pétrifications eft des
plus étendu, & pour éviter toute obfcurité qui
pourroit fe rencontrer ici, nous nous contenterons
de fuivre avec précifion les fous-divifions ci-deffus :
quant à la nomenclature des variétés, il n'eft guères
poffible de s'y arrêter, pour les raifons inférées dans
la préface ou difcours préliminaire de cet ouvrage :
c'eft pourquoi cette claffe eft moins une fuite de
minéralogie, qu'un extrait d'un fyftême fur les pétrifications, dont nous citerons quelques exemples (*a*), en nous fervant de l'épithéte gréque υτὲς, par
abbréviation de λιϑ⊙ pierreux,& que nous joindrons
avec le nom latin, ou même grec de chaque fubftance, que nous voudrons défigner.

(*a*) On peut confulter fur les pétrifications le *Mufæum dilu-*
vianum de Joh. Jacob. Scheuchz. imprimé à Zurich en 1716 ; le
Specimen lithograph. Helvetic. curiof. ibid. 1760 ; le feco
lume de la Minéralogie de Wallerius, &c.

GENRE LVIII.

I. Végétaux changés en pierre.

[*Phytolithi. Petrificata vegetabilia WALLER.*]

CE sont des arbres entiers (*a*), ou des plantes, ou des arbrisseaux, ou des parties de végétaux, que l'on trouve accidentellement changées en pierre dans le sein de la terre: ces végétaux sont simplement minéralisés, *mineralisata*, ou conservés dans leur état naturel, & seulement endurcis, *indurata*; d'autres fois on n'en trouve que des empreintes, *typolitha*; ou bien on les rencontre tous réduits en charbon, par l'action du feu souterrein, *carbone-facta*, ou comme embaumés, *bitumine uncta*, &c.

PREMIÈRE SOUS-DIVISION.

Pétrifications végétales. [*Petrefacta vegetabilia.*]

CE sont toutes les parties de végétaux qu'on rencontre en relief, dans les terres & les pierres, & qui ne participent pas toujours de la nature de la substance qui leur sert d'enveloppe ou de matrice.

ESPECE CCCXXIV.

I. Végétaux ou plantes pétrifiées.

[*Plantæ petrificatæ. Petrificata vegetabilia plantarum*, WALL.]

Telles sont les mousses, la prêle, quelques

(*a*) Albin, *chronic. p.* 58, dit qu'on a autrefois rencontré dans la vallée de Joachim en Boheme un arbre entiérement pétrifié.

fougeres, différentes herbes & plantes changées en pierre ; mais qui se rencontrent rarement.

ESPECE CCCXXV.

II. Tiges de plantes pétrifiées.

[*Litho-calamus. Petrificatum vegetabile, caulis plantarum, WALL.*]

ON n'a encore pour exemple que des tuyaux, ou tiges de plantes, & des roseaux.

ESPECE CCCXXVI.

III. Racines pétrifiées.

[*Rizolithus. Petrificatum vegetabile radicis arborum vel plantarum, WALL. Osteocolla Nonnullorum (a).*]

CE sont des racines de plantes, ou d'arbres qui se sont changées en pierres, & que l'on rencontre ordinairement dans des terreins sablonneux : l'on trouve quelquefois des grosses racines pétrifiées, & qui, dans l'endroit de leurs fractures, ne ressemblent pas mal au tronc d'un arbre ; alors, pour les désigner, on leur ajoûte l'épithete de *stelechites ;* ou si elles ressemblent à un os rompu, on y substitue, *ossi-fragus.*

ESPECE CCCXXVII.

IV. Bois pétrifiés.

[*Lignum petrefactum. Lithoxylon. Petrificata vegetabilia arborum, WALL.*]

CE sont des portions du tronc de différens

______

(a) Voyez Joh. GOTTLIEB GLEDITSCH, *Schediasma de hoc fossili* (osteocolla) dans les *Mémoires de l'académie royale des sciences de Berlin, Vol. III,* année 1748.

àrbres, (*Voyez VOLCKMANN. Silef. fubterr.*
Part. I, cap. 4, §. 24,) qui ont été entiérement
changées en pierre, & qu'on trouve communément dans des terreins à couches ; il n'eft guères
poffible d'en déterminer les efpeces : fouvent ces
fortes de végétaux pétrifiés font percés de trous,
ou comme rongés de vers; alors on les nomme
ligna multifora, ou *lithoxilum polyforum.*

E S P E C E CCCXXVIII.

V. Feuilles pétrifiées.

[*Lithobiblia. Lithophylla. Petrificata vegetabilia
foliorum, plantarum vel arborum, WALL.*]

On a des exemples de feuilles de rofeaux
pétrifiées, & de plufieurs autres : on en trouve
en divers endroits de la France, & notamment
près de Montpellier. Voyez *SCHEUCHZ. Herbar.
diluv.*

E S P E C E CCCXXIX.

VI. Fruits pétrifiés.

[*Carpoliti. Petrificata vegetabilia fructuum,
plantarum vel arborum, WALL.*]

On ne connoît guères que les groffes noix
de pétrifiées, encore n'y a-t-il que l'amande ; car
la coque eft encore dans fon état naturel : cette
chofe finguliere fe rencontre dans les environs de
Befançon : tous les fruits pétrifiés, tels que les
glands, les châtaignes, les filiques, &c. & dont
parlent plufieurs auteurs, pourroient peut-être
bien n'être qu'une fimple incruftation.

II. SOUS-DIVISION.

Plantes imprimées fur la pierre.

[*Phytotypolithi* AUCTOR.]

ON donne ce nom à des végétaux imprimés fur de la pierre : ce font des plantes qui ont été enfermées accidentellement dans des terres d'abord molles, argilleufes, mais qui fe font enfuite endurcies par le laps du tems, de la même maniere que les ardoifes : ces pierres encore molles ont facilement reçu l'empreinte parfaite & en creux de la plante, ou de quelqu'une de fes parties, & qui s'eft ordinairement détruite ; & comme elles ont laiffé vuide l'efpace qu'elles occupoient, on en peut encore difcerner l'efpece fur ces pierres, aux traits évidens & relatifs, tant de la ftructure, que de la grandeur naturelle de la plante.

ESPECE CCCXXX.

I. Empreintes de végétaux (*a*).

[*Phytotypolithi vegetabilium.*]

ON compte plufieurs efpeces d'empreintes végé-

(*a*) Nous rapporterons ici une remarque faite fur les pierres empreintes de végétaux, par rapport à leurs propriétés & fin-gularités, & qu'on lit dans M. Wallerius, *Obf.* 1, *p.* 22, *Vol. II.* Cet auteur dit que 1º toutes les empreintes, « fe trouvent dans » de l'ardoife grife ou noire ; 2º c'eft dans le voifinage des » mines de charbons foffiles qu'on les rencontre en Allemagne, » en Angleterre & en France ; 3º il eft rare que les empreintes » foient de plantes du pays où on les trouve ; mais celles que

tales, telles que toutes les especes de capillaires
dans les plantes, les tuyaux de plantes, les
feuilles d'arbres ou de plantes, quelques graines,
siliques & épis dans les fruits, &c. Les lithographes suivent le même ordre. dans la distribution
des variétés qui se trouvent dans les empreintes
dont nous venons de parler, que les botanistes
ont établi dans les classes des plantes vivantes.
*Voyez ce qu'a dit M. DE JUSSIEU des em-
preintes des plantes sur les pierres, Hist. de
l'acad. royale des sciences de Paris, ann. 1718, &*

» l'on trouve en Europe sont pour l'ordinaire de plantes exo-
» tiques, c'est-à-dire d'Asie ou d'Amérique : 4º les feuilles dont
» on trouve les empreintes sont toujours étendues, & jamais elles
» ne sont pliées ou tortillées, d'où l'on peut conclure, avec assez
» de vraisemblance, que ces plantes ou feuilles nageoient sur
» l'eau : 5º ces empreintes s'accordent en tous points, c'est-à-
» dire pour la grandeur, leurs fibres, leurs rameaux, &c.
» avec leurs analogues, ou avec les plantes qui ont formé ces
» empreintes : 6º l'empreinte d'un même côté se trouve pour
» l'ordinaire dans les feuilles de l'ardoise, tant supérieures qu'in-
» férieures ; il est très-rare qu'une couche fasse voir la surface
» supérieure de la feuille, & que l'autre montre la surface in-
» férieure. M. de Jussieu, dans les *Mémoires de l'académie
» royale des sciences de Paris*, 1718, p. 363 & suiv. con-
» clut de-là, que ces feuilles ou plantes ont dû nager dans une
» eau limonneuse fort épaisse, que par la suite la terre s'est pré-
» cipitée sur la feuille flottante ; qu'elle en a pris de cette ma-
» niere la forme ou l'empreinte ; que la feuille étant venue à
» se pourrir, il s'est joint à la terre empreinte d'autres ma-
» tieres bitumineuses, & que quand le tout s'est précipité, il
» a donné à une terre encore plus molle l'empreinte qu'il avoit
» deja reçue.

Nous avons fait plusieurs observations sur cette même matiere dans nos différens voyages, dont nous espérons rendre
compte un jour au public. Nous rapporterons seulement ici, que
dans notre *Litholisation* publique de 1758, nous trouvames dans
une des carrieres de pierre à plâtre situées à Charonne près
Paris, dans un enclos nommé *le parc de Fontarabie*, parmi
une couche de terre argilleuse feuilletée, & dont nous avons fait
mention, *Esp. XXXV de cet ouvrage* ; nous rencontrames, dis-je,
en y fouillant pour avoir des italagmites qui se convertissent en
silex, un morceau de cette même glaise lamelleuse, qui contenoit une lonchite en nature, très-bien conservée, à la couleur près, & très-flexible : nous conservons ce morceau rare
dans notre cabinet.

les *Mémoires de la même académie*, 1718, *pag*. 363.
Voyez aussi SCHEUCHZ. in Oryctographiâ Helvet.
pag. 209. Suivant l'opinion de ce scavant,
toutes les pétrifications doivent leur origine
à la révolution générale qui s'est faite sur notre
globe , & cette catastrophe a dû arriver
dans le printemps; cette hypothèse est fondée
sur ce que l'on trouve des empreintes d'épis de
bled sur des ardoises.

III. SOUS-DIVISION.

Végétaux devenus terre.

[*Terrificata aut Terrefacta vegetabilia AUCTOR.*]

CE sont des arbres & plantes qui se sont
changés en terre , mais qui ont toujours retenu
leur premiere forme & figure.

E S P E C E CCCXXXI.

I. Bois ou racines changés en terre.

[*Terrificata vegetabilia arboris aut radicis*
AUCTOR.]

LES exemples des substances végétales, pour-
ries & changées en une terre argilleuse ou sablon-
neuse ; sans avoir même perdu leur tissu organique , n'est pas rare : on en trouve en Finlande ,
sur le bord du lac de Langelma, dans le territoire
de Tavasthus , & dans les environs d'Upsal ,
sur-tout près d'Ernstadt : on en a rencontré aussi
des morceaux dans le Soissonnois, & dans les
environs d'Etampes, qui sont recouverts de leur

écorce, & qui, dans l'endroit de leur fracture, laiſſent encore diſtinguer les couches ſucceſſives ou le progrès de l'*intus-ſuſception*, qu'ils avoient reçu autrefois : on peut conſulter dans les *Actes de l'academ. royale de Suéde*, *Vol. III*, *p. 16*, *le Mémoire de* D. TILAS.

IV. SOUS-DIVISION.

Végétaux changés en minéraux.

[*Mineraliſata vegetablia AUCTOR.*]

CE ſont des ſubſtances végétales, qui ſont minéraliſées de différentes manieres, ſoit par des vapeurs minérales, ſoit par une terre minérale précipitée ; tantôt elles ſont ſimplement enduites, ou de ſubſtances ſalines, *inſalita*, ou bitumineuſes, *bitumine uncta*, ou pyriteuſes, *pyritacea* ; tantôt elles ſont pénétrées dans leur entier de ces ſubſtances mêmes, ſelon la dureé du tems, & l'état où ces végétaux étoient, lorſqu'ils ont été cachés dans les entrailles de la terre : quelquefois ils ſont totalement changés en minéral, ſans avoir perdu la figure & le tiſſu qu'ils avoient auparavant, tels qu'on en a trouvé dans les fouilles pour la conſtruction de l'Ecole militaire près Paris ; nous en avons auſſi rencontré près des charbonnieres du pays de Liége, d'Angleterre, &c. Mais on les trouve plus communément ſans avoir ſubi intérieurement aucune tranſmutation ; telle eſt la plûpart de ces bois foſſiles, ſimplement incruſtés, & ſur leſquels ſe forme l'oſtéocolle, dont nous avons parlé, *Eſp. X*, *pag. 29* ; & *CXVIII*, *pag. 174 de la premiere Partie*.

Espece CCCXXXII.

I. Bois minéralifé.

[Lignum mineralifatum Auctor. Lithoxiloïdes.]

On ne rencontre guères que du bois demi-minéralifé, dans le fens où nous confidérons ici la minéralifation. ; 1° l'un qui eft alumineux, *aluminofum*, & qui reffemble un peu à du charbon foffile : il eft cependant plus leger, d'une couleur brune, & a confervé fon tiffu ligneux : il a la propriété des ardoifes alumineufes, qui, expofées par tas à l'air libre, s'enflamment de tems en tems d'elles-mêmes ; auffi eft-on obligé d'arrofer continuellement cette forte de bois foffile avec de l'eau : on en trouve près de Caop & de Duben en Mifnie. ; 2° l'autre qui eft pyriteux, *pyritaceum*, comme on le remarque près de Carlshafen en Scanie, près de Liége, de Valenciennes, dans le Forez, dans l'Auvergne, dans le Soiffonnois, dans les environs de Paris, près de Paffy, &c. Henckel, dans fa *pyritologie*, *pag.* 224 & 247, dit auffi en avoir vu ; 3° on trouve du bois minéralifé ferrugineux, *ferruginofum* : il a une couleur jaunâtre, & l'on foupçonne que ce métal s'eft interpofé dans les fibres ligneufes, par précipitation ; c'eft la raifon pourquoi le fer y eft dans l'etat d'ochre, & que le bois a confervé fon tiffu, & a acquis de la confiftance : on en trouve dans un grand nombre d'endroits de la France, & en Boheme, près d'Orbriffau. Liebknecht, *Difcurfus de Diluvio. M. pag.* 306, dit qu'on a trouvé en Heffe, près de Solms-Laubach, un bois inconnu, minéralifé de cette façon.

Espece CCCXXXIII.

I I. Bois devenus charbon sous terre.

[*Arbores subterraneæ carbonariæ* , *WALL.*]

Ce sont des bois devenus fossiles , & convertis
en charbon , par l'action d'un feu souterrein , sans
cependant avoir rien perdu de leur figure , ni de
leur grandeur naturelle : ce charbon ressemble
beaucoup à celui de bois , & représente encore
des troncs , des rameaux, &c. Cette sorte de fossile
est legere , peu dure , & se trouve quelquefois
près des charbonnieres d'Angleterre & de France:
on en rencontre aussi en Allemagne , près de Quer-
furt ; on est encore incertain si ce fossile seroit le
même bois brûlé que celui dont on lit dans les
Transactions philosoph. N. 228 & 277 , & dans
Ray , *de Ortu & Interitu. M. pag.* 337 & 345 , qu'il
s'en trouve , en plusieurs endroits de l'Angleterre ,
des forêts souterreines entieres : ces sortes de bois
appellés simplement fossiles , à cause de l'élément
où ils se trouvent alors renfermés , sont très-durs ,
noirâtres à l'extérieur ; mais ils ont intérieurement
toutes les propriétés d'un bon bois ordinaire de
charpente , puisqu'on peut les fendre , les travailler & les employer aux bâtimens ; & l'on
pourroit croire qu'ils ont été durcis & comme
embaumés par la proximité du feu qui en a
brûlé une partie , comme nous l'avons vu ci-dessus ,
& leur a fait alors exhaler une vapeur qui aura
minéralisé extérieurement l'autre partie : ceci étant ,
il n'est pas étrange que des bois restent ensevelis pendant plusieurs siécles dans la terre à des profondeurs plus ou moins considérables , sans se détruire.

GENRE LIX.

II. Pétrifications animales.

Zoolithi. Petrificata animalia AUCTOR.]

CE font des animaux entiers, ou des parties d'animaux, ou même leurs loges que l'on trouve dans le fein de la terre, tantôt changés en pierre, tantôt confervés d'une façon particuliere, ou de la même maniere que nous avons dit pour les végétaux : on en rencontre fous tous les divers états & formes différentes ; il n'eft pas même rare de les trouver en nature, ou empreintes feulement fur des pierres : nous ferons fix fous-divifions de ces fortes corps relativement à la nature, à la propriété, & aux principales diffé-rences qui fe trouvent entre les animaux vivans.

I. SOUS-DIVISION.

Pétrifications d'infectes.

[Entomolithi. Petrificata animalia infectorum, WALLER.]

TELLES font les différentes productions à polypier, les zoophites, les coquilles foffiles ou teftacites, les cruftacites, les infectes volatils.

Espece CCCXXXIV.

I. Productions de polypier fossiles.

[*Litophytha. Madrepora. Corallia & eadem fossilia.*]

Ce font les productions ou habitations de diverfes fortes d'infectes marins, ou polypes de mer : ces édifices font des manieres de ruches qui ont une durété plus ou moins confidérable : leur figure extérieure eft pour l'ordinaire déterminée, communément en rameaux ; mais leur texture intérieure eft tout-à-fait particuliere ; ce font ces fortes de corps organifés qui fervent de matrice à la matiere filicée, & qui lui font prendre, en fe coagulant, des figures déterminées.

On a ,

1. Les litophites. [*Lithophyta* Auctor. *Lithoxila Nonnullor.*]

Ils ont un tiffu fibreux, & reffemblent beaucoup à de la corne ; les cératophytes, *keratophita*, qui ref-femblent à de la bruyere, &c. doivent être placés ici.

2. Coraux. [*Corallites. Ifis* Linnæi, *&c.*]

Les coraux ne font point perforés ; ils ont la forme d'arbriffeaux, avec un tronc & des branches ; la furface extérieure en eft unie & liffe : on les trouve raremenr fous un autre état que celui qui leur eft naturel au fortir de la mer, c'eft-à-dire, qu'ils font ordinairement un mouvement d'effervefcence avec les acides : on n'en rencontre guères que de blancs.

On peut faire fuccéder aux coraux ce que l'on nomme Hippurites corallins, ou Coraux arti-
culés,

culés, *hippuriti corallini, corallia geniculata*, & qui tiennent autant des litophites, que des coraux proprement dits : les coraux géniculés font des efpeces de coraux tubulaires, cannelés à la furface, qui ont une figure conique ou cylindrique, dont les tubes font comme cimentés les uns deffus les autres ; les jointures ou articulations forment des manieres de *nodus* qui vont toujours en diminuant comme feroient de gobelets empilés, & qui font fouvent de là nature du litophite. Les porpites font encore différens des hippurites ; on les regarde comme de petits coraux elliptiques ou arrondis, de la grandeur d'une petite piéce de monnoie & de la même forme qu'un bouton de crin : on y remarque une furface, ou convexe, ou plate, comme dans la pierre lenticulaire, mais toujours garnis de cercles ou de rayons très-faciles à diftinguer les uns des autres.

3. Madrepores. [*Madreporites AUCTORUM. Aftroïtæ pervii, ramofi.*]

Ce font des corps pierreux qui ont la forme d'arbriffeaux : ils font garnis de branches de différentes formes, qui partent d'un même tronc, & ornés, à leur extrémité, de toiles qui s'étendent dans toute leur fuperficie & leur longueur générale.

4. Les millepores. [*Milleporites Nonnullor.*]

Leur forme reffemble tantôt à des arbriffeaux ou à de petits buiffons épineux ou en tubercules, tantôt à des feuilles, ou à un bois de cerf : leurs furfaces font par-tout ponctuées ou perforées comme fi on les avoit percées avec des aiguilles, ce qui les rend toujours plus ou moins rudes au toucher.

5. Les rétépores. [*Retéporites. Efcarites.*]

Partie II.　　　　　　　　V

Ils font toujours minces, & femblables à des écorces qui fe croifent à-peu-près comme le *lichen petreus cornua Damæ referens.* Ils reffemblent parfaitement à cette forte de dentelle que l'on appelle *point d'Angleterre ;* c'eft pourquoi on les nomme *manchettes de Neptune :* on appelle ceux qui reffemblent à des feuilles entrelaffées, *frondipores.*

. 6. Les tubulites ou tubipores. [*Tubulites aut Tubiporites.*]

. Ils font compofés d'un affemblage de tubes, tantôt prifmatiques, quadrangulaires, ou pentagones, ou hexagones & courbes, tantôt, & plus communément cylindriques, paralleles les uns aux autres, comme des tuyaux d'orgues, féparés & diftribués avec plus ou moins d'ordre, fe réuniffant quelquefois dans un même centre : leur furface eft pour l'ordinaire affez unie & liffe, ou feulement un peu ponctuée, excepté ceux qui font en chaînons, *catenulatites.*

7. Les aftroïtes. [*Aftroïtes* (*a*).]

Elles font compofées de plufieurs tuyaux paralleles ou cylindriques ou angulaires, placés perpendiculairement, & fi étroitement unis les uns aux autres, qu'ils femblent ne former qu'une maffe affez femblable à une éponge dont les trous feroient comme des petites étoiles infcrites dans un cercle : on trouve des aftroïtes plus ou moins folides, ou tubulées, ou ftriées comme du bois, ou de figure indéterminée : on en trouve d'ovales, qu'on nomme *pierres d'araignées,* parce qu'elles reffemblent à cette forte d'infecte, à qui l'on auroit coupé la tête & les pattes.

8. Les fongipores, ou fongites. [*Fungiporites,*

(*a*) Les lithographes diftinguent les aftroïtes des aftéries, en ce qu'elles ont des étoiles infcrites dans un cercle, au lieu que les aftéries les ont angulaires.

Alcyonites. Fungites , Coralloïdes undulati ,
Auctor.].

Ce font des especes d'aftroïtes qui font ondu-
lées, & qui tantôt reffemblent à des champignons
de cuifine, dont la partie inférieure feroit en deffus,
fungites maritimi : elles font ornées de creux ou
fillons ouverts, femblables à des feuilles placées
les unes à côté des autres, & à une certaine
diftance : tantôt ces tuyaux ou fillons font fermés,
& reffemblent à des maffes de petits vers entortillés les uns dans les autres, ou plutôt aux
anfractuofités du cerveau; c'eft pourquoi on les
nomme *cerveau de Neptune :* on comprend encore,
parmi ces fortes de corps, les *fongites* ou *ficoïdes* ,
qui ont différentes formes & figures, femblables
ou à des truffes, ou à des morilles, ou à des
figues, ou à de l'agaric, ou à des veffes de
loup, ou à des champignons, &c.

ESPECE CCCXXXV.

II. Pétrifications de trochites.

[*Trochites. Trochita. Petrificata animalia , arti-*
culorum ftellarum marinarum, forma rotæ ,
centro cavæ , Wall.]

LES trochites font des articulations ifolées
ou détachées des vertebres du dos d'une efpece
de ver marin que l'on nomme *étoile de mer* ,
& quelquefois *tête de Médufe :* elles font changées en pierre communément fpatheufe ; la figure
en eft ronde comme des petites roues de moulin, percées en leur milieu : on en trouve l'analogue vivant dans les mers, ainfi que des fuivans ;
lorfque ces articulations cylindriques oblongues
font jointes plufieurs enfemble, & mifes les unes

sur les autres, ayant un point central creux, &
la surface coupée par des cercles; alors on les
appelle *entrochites* : elles ont des rayons tantôt
larges, & tantôt déliés ; quand les entrochites
s'étendent en bras, c'est-à-dire, qu'il part comme
d'une tige commune, qui est un assemblage de
pierres anguleuses des petites entrochites en maniere
de rameaux, ou à-peu-près comme les os des
doigts partent de la paume de la main, on les
nomme *entrochites rameuses* : si ces mêmes articulations cylindriques, ou angulaires, ou oblongues,
& assemblées en nombre, sont ornées en dessus &
en dessous, d'une étoile à cinq pointes burinées
& divisées à la surface par des cercles; alors on
les nomme *astéries* ou *astérites*, enfin si des astéries à-
peu-près semblables aux entrochites, partent d'une
tige ou racine commune, de même que la base
d'un artichaut, & en imitant un lys, dont les
feuilles ne sont point encore épanouies, on leur
donne le nom d'*encrinites* ou de *lilium lapideum* :
cette derniere espece de pétrification est fort rare ;
l'on prétend que c'est une étoile de mer pétrifiée
à l'instant où ses membres etoient en contrac-
tion.

On pourroit encore ajoûter ici les *pisolites*,
les *zoolites*, les *hammites*, les *cenchrites*, les
orobites, dont parlent tous les lithographes, &
qui sont des globules terreuses, ou pierreuses,
sphériques, ou inégales, de différentes couleurs
ou grosseurs, composées de couches, & qui
ressemblent assez, ou à des œufs de différens
poissons, ou à des graines végétales, ou à des
petites stalagmites détachées, mais que plusieurs
regardent comme des tubercules, ou des parties
d'étoile marine.

ESPECE CCCXXXVI.

III. Coquilles fossiles ou Testacites.

[Conchylio-lithes. Testacites. Conchylia fossilia aut lapidea. Petrificata animalia testacea, WALL.]

LES coquilles qu'on rencontre dans le sein de la terre, sont connues de presque tous les lithologistes sous le nom propre de *fossile :* ces sortes de corps sont plus ou moins altérés ; on en trouve qui sont changés, ou en une *matiere silicée*, ou en pierre à chaux & spatheuse ; quelquefois ils sont conservés dans leur état naturel, d'autres fois ils sont détruits au point qu'on les trouve réduits en sables, ou seulement en empreinte ou en noyaux, &c. Les collections que les naturalistes font de ces fossiles, prouvent qu'il y en a non-seulement un très-grand nombre de répandus dans les entrailles de la terre, mais qu'il s'en trouve aussi de plusieurs genres & especes, dont on ne rencontre pas les analogues dans les mers ; & en général, si l'on examine avec attention ces sortes de fossiles, on y reconnoîtra, par la comparaison avec les coquilles que nous fournissent aujourd'hui les mers, des nuances absolument différentes dans la configuraration ; nous croyons encore pouvoir ajoûter une observation que nous avons faite depuis plusieurs années ; c'est que la plûpart des coquilles fossiles qui se trouvent dans notre pays, (& qui selon la remarque de M. Rouelle, se rencontrent toujours par bandes ou familles,) ont presque toutes leurs analogues vivans dans la mer des Indes, de même que l'on ne rencontre guères l'analogue des pétrifications de ces contrées, que dans nos mers . Nous ne diſſimulerons point que l'idée de cette obſervation qui n'eſt pas abſolument générale , ne nous eſt venue qu'après celle de M. de Juſſieu ſur les plantes , & dont nous avons rapporté l'anecdote , *Obſ. CCCXXX dans la note de la page 297, de la ſeconde Partie* de cet ouvrage.

On fait ordinairement trois diviſions des coquilles foſſiles, qu'on peut ranger ſuivant l'ordre des conchyliologiſtes modernes , ſçavoir , 1º en *univalves*, ou coquilles d'une ſeule piéce , *cochlites* ; 2º en *bivalves* ou coquilles de deux piéces ou écailles , *conchites* ; 3º & en *multivalves* ou coquilles de pluſieurs piéces , *conchites polyvalvæ*.

Les univalves comprennent, 1º les lepas , *lepadites* ou *patellites* ; 2º les oreilles , *haliotites* ; 3º les dentales , *dentalites* ; les antales , *antalites* ; & les vermiſſeaux , *vermiculites* ; 4º les nautiles , *nautilites* ; les cornes d'Ammon , *ammonites* ; les tuyaux cloiſonnés , *orthoceratites aut lituites* ; 5º les limaçons , *cochlites* ; les nérites , *neritites* ; les ſabots , *trochilites* ; 6º les buccins , *buccinites* ; les ſtrombites , *ſtrombites* ; 7º les vis , *turbinites* ; 8º les cornets , *volutites* ; 9º les cylindres ou rouleaux , *rhombites* ; 10º les murex , *muricites* ; 11º les pourpres , *purpurites* ; 12º les conques ſphériques , *globoſites* ; 10º les porcelaines , *porcellanites* , 14º enfin les opercules de toutes les univalves , *operculites*. Les bivales renferment , 1º les huitres , *oſtracites* ; les gryphites , *gryphites* ; 2º les cames , *chamites* ; 3º les moules , *muſculites* ; les anomies , *terebratulites* (a) ; les tellines , *tellinites* ;

(a) On n'eſt pas encore bien d'accord ſi les coquilles appellées *anomies* ou *térébratules* appartiennent au genre des muſculites , ou à celui des oſtracites : il en eſt de même des oſtréopeĉinites , dont le noyau & ſon apophyſe , donnent *figuram hyſteroïdeam* , la figure des parties génitales de la femme : on ne ſçait pas encore ſi cette coquille appartient aux térébratulites ou aux peĉtunculites.

4º les cœurs, *bucardites* ; 5º les peignes, *pec-tinites* ; 6º les manches de couteaux, *solenites*.

Les multivales contiennent 1º les pholades, *pholadites* ; 2º les pousse-pieds, *pollicipedites* ; & les conques anatiferes, *conchites anatiferæ* ; 3º les glands, *balanites* ; 4º les ourfins, *echinites* ; 5º enfin les mammelons d'ourfin, *rhyncolithi* ; & notamment les pointes de ces dernieres fortes de coquilles, telles que les pierres de Judée, *phœnicites* ; les bélemnites, *belemnites* (a).

E S P E C E CCCXXXVII.

IV. Vers pétrifiés.

[*Helmintholithes. Petrificata animalia vermium ;* W*ALL.*]

IL n'eft pas encore certain fi l'on a rencontré des vers terreftres pétrifiés, ni en empreintes ; mais on trouve beaucoup de vers marins, entr'autres, des tubulites, ou vermiculites.

E S P E C E CCCXXXVIII.

V. Infectes cruftacés pétrifiés.

[*Aftacolites. Petrificata animalia infectorum cruftaceorum,* W*ALL.*]

ON comprend, fous ce nom, les infectes cruf-

(a) Les bélemnites font des corps durs, pierreux, d'une figure conique, creux dans l'intérieur : on y remarque des ftries qui vont d'un centre à la circonférence, & quelquefois vers la bafe, des cercles concentriques très-diftingués les uns des autres : il n'eft pas encore certain fi la bélemnite eft un nautile droit, ou une efpece d'holoturie, ou une forte d'or-thocératite : quelques perfonnes croient que la bélemnite eft une pointe d'une efpece d'ourfin particuliere, fondées fur ce que l'on en a trouvé depuis quelques années, deux ou trois qui étoient pointues par les deux extrémités, & qui accompagnoient des ourfins d'une forme pyramydale ; mais nous doutons fort que ces bélemnites n'ayent été mutilés & roulés.

tacés qui ont été, sinon totalement changés en
pierre, au moins confervés en entier, ou par
partie dans de la terre : tels font les écreviffes,
les crevettes, les homars pétrifiés : on ne rencontre communément que les pattes, ou les
queues de ces animaux.

ESPECE CCCXXXIX.

VI. Infectes volans pétrifiés.

[*Entomolithi. Pterygii. Petrificata animalia ;
insectorum volatilium*, WALL.]

QUELQUES perfonnes difent avoir rencon-
tré des pétrifications d'infectes volans ; cependant
tous ceux que nous avons vus fous cette déno-
mination, n'étoient que des empreintes de colé pte-
res, de névropteres, de lépidopteres, d'nymé-
nopteres, de dypteres & d'apteres, &c.

II. SOUS-DIVISION.

Poiffons pétrifiés. [*Ichtyolites.*]

CE font des poiffons que l'on trouve pétrifiés
en relief, quelquefois en empreintes dans des
pierres d'une nature différente de l'ardoife à poiffons, & fouvent de celle de la pétrification
elle-même.

ESPECE CCCXL.

I. Pétrifications de poiffons.

[*Ichtyolithi. Petrificata animalia pifcium*,
WALL.]

ON les rencontre rarement en entier, finon

ceux qui font écailleux. Voyez *SCHEUCHZ. in Querel. pifcium*, & *Muf. diluv.* Il eft plus ordinaire d'en trouver feulement, ou les têtes, ou les ouïes, ou les queues, & notamment les arrêtes, tels que leurs fquelettes, & leur vertebres : on rencontre encore communément les dents de ces animaux, foit du cheval marin, foit de la lamie, ou du requin (*a*), & de la dorade (*b*) : on en trouve auffi qui ont une parfaite reffemblance avec celles du brochet.

ESPECE CCCXLI.

II. Pétrifications d'Amphibies, ou Amphibies pétrifiés.

[*Amphibiolithes. Petrificata animalia amphibiorum*, *WALL.*]

ON comprend, fous ce nom, des pétrifications de lézards ou de crocodiles, de crapauds, de ferpens, & autres animaux de ce genre, changés en pierre, ou entiers, ou par parties : on ne

(*a*) Ces dents font improprement connues fous le nom de Langues de ferpens ou d'oifeaux, *gloffopetræ, ornithogloffa.* Il conviendroit mieux de les nommer *odontopetree* ou *ichtyodontes ; odontolithes feu ichtyodontes.* Les unes ont une bafe triangulaire, *bafi triangulari*, d'autres font fourchues, *bafi fufcata*, & toujours pointues, *cufpidati :* celles qui font pyramidales droites font unies, tandis que celles qui forment un curvi-ligne font crenelées par les bords comme une fcie.

(*b*) Les dents molaires de la dorade font connues fous le nom de *crapaudines*, *bufonites*, *chelonites*, *batrachytes*, *carapatinites*, &c. quoiqu'elles n'ayent rien de commun, ni avec les crapauds, ni avec les grenouilles, pas même avec les os du col de ces fortes d'animaux. Les crapaudines font ou rondes, ou convexes, ou oblongues, polies, & mouchetées de couleur grife ou rougeâtre, ou olivâtre, convexes d'un côté ; & fouvent concaves de l'autre ; on en trouve depuis la groffeur d'un petit pois, jufqu'à celle d'une aveline : les dents du cheval marin ont une certaine conformité avec les dents molaires des chevaux ordinaires.

rencontre le plus communément, que des fquelettes de lézards, & fur-tout de crocodiles. Voyez *SCHEUCHZ. in Vind. & Querel. pifcium. pag.* 30, *Tab.* 4; & *BRUCKMANN. in Thefaur. fubt. ducat. Brunfvig. Tab.* 3; & *SPENER. Differt. de Crocod. marino. fof.*

III. SOUS-DIVISION.

Oifeaux pétrifiés.

[*Ornitholithes.*]

ON comprend dans cette fous-divifion les oifeaux ou les parties d'oifeaux pétrifiés.

ESPECE CCCXLII.

I. Pétrifications d'oifeaux.

[*Ornitholithes. Petrificata animalia avium ; WALL.*]

ON ne rencontre que peu ou point d'oifeaux entiérement pétrifiés, finon ceux que l'on met, avec leurs nids & leurs œufs, dans la fontaine de Carlsbad en Boheme, & qui en peu de tems fe trouvent incruftés de façon à faire croire qu'ils feroient véritablement changés en pierres : on peut cependant confulter *BUTTNER. Rud. diluv. teft.* §. 129; *& Tab.* 21, *n.* 6, pour les œufs pétri-fiés des oifeaux ; mais l'on trouve communément à Bolzberg en Heffe, des parties d'oifeaux pétri-fiées, tels que les becs, les ongles & les os, que l'on peut reconnoître, en les comparant à

ces mêmes parties d'autres oifeaux; quelques perfonnes difent auffi avoir vu plufieurs fois des plumes
pétrifiées. Voyez *SCHEUCHZ. in Muf. diluv.
pag.* 106 *, n.* 1. Celles que nous avons vues fous
ce nom, ne font que des empreintes ou des
incruftations.

IV. SOUS-DIVISION.

Quadrupedes pétrifiés.

[*Zoolites. Petrificata animalia quadrupedum.*]

ON n'a pas encore d'exemples d'avoir rencontré un animal quadrupede entiérement pétrifié,
mais feulement des parties dont les caracteres exté-
rïeurs les rendent plus ou moins faciles à reconnoître.

ESPECE CCCXLIII.

I. Pétrifications de quadrupedes.

[*Xilofteithes quadrupedum. Petrificata animalia
offium quadrupedum ,* WALL.] .

ON ne rencontre guères que leurs os, *xilo-
ftea* (*a*) ; leurs cornes, *cornua* ; leurs dents, tant
molaires (*b*) qu'incifives, *odonthopetræ* : on
connoît beaucoup de dents foffiles de ces ani-

(*a*) Les naturaliftes doutent fort que les grands offemens
qu'on trouve dans la terre, ayent jamais appartenu à des quadrupedes; ils prétendent que ce font des os de grands poiffons.

(*b*) Les dents, foit incifives, foit molaires, qu'on rencontre
dans la terre, en Siberie,& qui font, au jugement des naturaliftes,
des dents d'éléphans, font défignées dans les auteurs fous le nom
d'*ebur foffile, unicornu foffile.* Leur couleur eft brunâtre.

maux ; mais la plûpart ne font pas pétrifiées, ni calcinées, mais feulement confervées dans leur premier
état : d'autres font fimplement minéralifées ou
colorées ; on les appelle *meres de turquoifes* (a).

(a) On lit dans les *Mémoires de l'académie royale des fciences*,
année 1715, *p.* 230, *& fuiv.* une obfervation de M. de Reaumur, laquelle tend à faire croire que les turquoifes ne font autre
chofe que des dents d'animaux pétrifiées ; ce que l'on reconnoît, tant par leur forme extérieure, leur confiftance, que par
leur tiffu intérieur qui eft filamenteux, & percé d'alvéoles ou
d'ouvertures pour les nerfs ; mais on n'a pu déterminer précifément à quelle efpece d'animal quadrupede ou de poiffon
ces dents ont appartenu : tout ce que l'on peut dire aujourd'hui,
c'eft que les dents ne font pas les feules parties des animaux
qui fe changent en turquoife, c'eft-à-dire, qui, après avoir été
pénétrées par un fluide métallique, fe font enfuite endurcies au
point de recevoir le poli, *nitorem & polituram gemmeam admittentia colore cyaneo*, WALLER. puifque l'on voit, entr'autres, à
Paris, parmi l'immenfe collection des curiofités dépofées dans
le magnifique cabinet d'hiftoire naturelle du roi de France, une
main toute convertie en turquoife : l'hiftoire rapporte que J. Caf-
fianus de Puteo avoit l'art de calciner l'yvoire foffile, qui eft
l'*unicorne foffile* ou le *momotovakoft* des Ruffes ou de Siberie,
& d'en faire des turquoifes : il paroît que Henckel a connu ce
même fecret de colorer en bleu des os durcis, trouvés dans
le fein de la terre ; mais il avoue n'avoir pu réuffir à donner
à ces os la dureté ordinaire des turquoifes : il y a déja quelques années que M. Guettard a donné au public la maniere
de colorer les os des animaux vivans, & notamment des volatils, foit avec la gaude ou la garance, ou avec l'orfeille &
quelques autres végétaux femblables.
La turquoife eft défignée fous plufieurs noms dans les auteurs, *turchefia, turchina, turcofa, turcoïdes, turkaia, turcica
gemma*, &c. parce que la premiere fut trouvée en Turquie :
cette fubftance pierreufe eft compofée de petites lames offeufes,
convexes, dures en dehors, poreufes intérieurement, & qui
fouvent ont la propriété de happer à la langue comme une
fubftance marneufe : plufieurs auteurs ont mis cette forte de pétrification au rang des pierres précieufes, opaques : on en faifoit, dans le fiécle dernier, un commerce affez confidérable ;
celle que les Juifs nous apportent aujourd'hui de Turquie a une
forme ronde, ovale, cabochone, de diverfes groffeurs, & co-
lorée d'une teinte verte, blanche & bleue : les jouailliers diftinguent cette pétrification en turquoife orientale ou de vieille roche, & en turquoife occidentale ou de nouvelle roche.
Celle qui eft orientale, tire plus fur le bleu que fur le verd ;
elle eft dure, groffe comme une noifette, quelquefois comme
le pouce, compofée de petites lames convexes, fufceptible d'un

ESPECE CCCXLIV.

II. Pétrifications humaines.

[Antropoliti. Petrificata humana , WALL.]

CES sortes de pétrifications sont assez connues des naturalistes. Il est très - facile de les distinguer par leur figure : on rencontre tous les jours dans poli vif & legérement éclatant, à peine demi-transparente: cette turquoise vient de Perse, & quelquefois de Turquie, où il s'en trouve d'aussi dures & d'aussi belles que celles d'Orient, qui sont appellées *Turquoises de vieille roche.*

La turquoise occidentale paroît un peu différente de l'orientale, à plusieurs égards, elle est moyennement dure, & tire autant sur le verd, que l'orientale tire sur le bleu : elle est mélangée d'un blanc de lait qui ne doit point trop couvrir le verd agréable qui y domine, & qui est tant recherché ; elle est assez dure pour souffrir le poli, mais bien moins vif & brillant que la turquoise orientale : elle est appellée *turquoise de nouvelle roche* : on nous l'apporte d'Espagne, d'Allemagne, & du bas Languedoc en France, où il s'en trouve en assez bonne quantité ; on n'est pas encore bien d'accord sur ce qui doit en caractériser la beauté, la qualité & le prix: les uns la veulent d'un beau bleu turquin, les autres d'un verd un peu gris, ou d'un bleu pâle, quoique sa couleur la plus ordinaire soit un mélange de bleu & de verd. On lit dans M. Wallerius, qu'une turquoise de la grosseur d'une noisette est estimée 200 rixdallers dans le commerce ; ce qui fait, argent de France, environ 750 livres. La turquoise la plus considérable que l'on ait vue, étoit de la grosseur d'une noix ; & le duc de Florence en a une dans son cabinet, où le portrait de Jules César est gravé. Il se débite bien des singularités sur les effets de la turquoise. Cardan rapporte que cette pierre pâlit au doigt d'un homme mort, & reprend sa couleur, étant portée par une personne saine : ceci paroît très-fabuleux ; l'on pourroit plutôt croire que cette pétrification en vieillissant se passe, verdit, devient vilaine, & périt tout-à-fait ; cependant lorsque la turquoise est de nouvelle roche, il suffit de la jetter dans le feu, comme l'on en fait, lorsque ces pierres sortent de leur mine, & qu'elles sont blanchâtres & jaunâtres ; alors elles y acquièrent un bleu turquin, ou un verd de prairie assez beau : il n'en est pas de même pour les turquoises de vieille roche qui n'ont besoin, pour être avivées de leur beau bleu turquin, que de souffrir un nouveau poli, & par ce moyen elles acquièrent un nouveau lustre sur la roue.

On prétend que les turquoises ont la propriété de fortifier la vue & les esprits du cerveau, étant prises intérieurement ; mais, comme dit Lemery, on ne doit pas y avoir grande foi : car si on calcine la turquoise, pour pouvoir la mettre en poudre, il en exhale d'abord une vapeur métallique bleuâtre & cuivreuse,

les carrrieres qu'on avoit cessé d'exploiter, & en fouillant dans des endroits où l'on ne seroit pas en droit d'y en soupçonner, des squelettes entiers, des os, des crânes, des dents, des mâchoires, des vertebres ; ces os sont souvent dans leur état naturel : on en trouve cependant qui ont une dureté bien supérieure : on appelle ces os, *xilostea humana*, ainsi des autres parties. Henckel dans son *Flora saturnisans*, dit qu'en 1583, on trouva près d'Aix en Provence, dans une roche, un cadavre entier pétrifié, dont les os étoient friables, & que la cervelle avoit éprouvé une telle pétrification, que frapée avec l'acier, elle donnoit beaucoup d'étincelles : on lit dans les Voyageurs plusieurs faits extraordinaires de pétrifications humaines, entr'autres dans Happel, dans Vanhelmont, & dans J. d'Acosta ; mais les récits qu'en donnent ces auteurs, tiennent tant du prodige, que si tels phénomenes ne sont pas l'effet d'un miracle, ils le sont au moins de l'enthousiasme & de l'exagération : on trouve quelquefois dans la terre, & sous des buttes de sables, des os d'une grandeur démesurée, & que plusieurs personnes regardent comme les médaillons de prétendus géans; mais il y a plus lieu de croire que ces os ont plutôt appartenu à des baleines, ou à d'autres animaux monstrueux, &c.

V. SOUS-DIVISION.

Animaux imprimés dans la pierre, ou Empreintes d'animaux dans la pierre.

[*Zootypolithes. Petrefacta animalia spuria.*]

Ce sont des pierres qui portent l'empreinte qui en étoit le principe colorant, & qui ne pourroit jamais produire un effet bien salutaire dans les parties qu'on désigne.

distincte d'un animal, ou de quelqu'une de ses parties , à-peu-près comme l'empreinte d'un cachet.

ESPECE CCCXLV.

I. Empreintes d'animaux.

[*Typolithi animalium.*]

CE que nous avons dit des empreintes végétales , doit également s'appliquer ici aux empreintes animales.

On a,

1. Les empreintes de madrepores. [*Typolithi coralliorum.*]

Elles doivent être d'autant plus rares, que les coraux & madrepores, étant déja d'une nature pierreuse, peuvent se conserver sans se détruire : l'on en trouve aussi dans les zoophites, *zoo-phito-typolithi*, & dans les insectes, *entomo-typolithi*.

2. Les empreintes de coquilles. [*Conchylio-typolithi.*]

On en trouve dans les univalves, dans les bivalves , dans les multivalves, & dans les parties de ces coquilles, comme des autres testacés.

3. Les empreintes de crustacés. [*Astaco-typolithi.*]

Ces empreintes ne sont pas rares , sinon l'espece qui se trouve dans les Molucques.

4. Les empreintes de poissons. [*Icthio-ty-polithi.*]

On en trouve dans beaucoup de glaises & de schistes, en Suisse.

5. Les empreintes d'amphibies. [*Amphibio-typolithi.*]

On ne les rencontre que très-rarement.

6. Les empreintes d'oiseaux. [*Ornitho-ty-polithi.*]

On en a quelques exemples.

7. Les empreintes de quadrupedes. [*Zoo-ty-polithi.*]

Il n'eft pas encore rare d'en rencontrer : on nomme les empreintes humaines, *anthropo-typo-lithi.*

ESPECE CCCXLVI.

II. Noyaux de Coquilles , &c.

[*Metro-typolithi , &c.*]

ON trouve beaucoup de noyaux de coquilles ou d'empreintes intérieures ; elles font peut-être formées de la même maniere que les empreintes végétales : les lithologiftes font ordinairement une diftribution de ces fortes de foffiles , conforme à celle des coquilles vivantes , ainfi que pour celles qui font minéralifées , calcinées, ufées, ver-moulues, détruites ou réduites en fable.

VI. SOUS-DIVISION.

Animaux minéralifés.

[*Animalia mineralifata AUCTOR.*]

L'EXEMPLE des pétrifications animales miné-ralifées en entier, ou en partie, n'eft pas rare.

ESPECE CCCXLVII.

I. Animaux pénétrés de fubftances minérales.

[*Animalia feu fale aut pyrite, five bitumine mineralifata.*]

ON a trouvé plufieurs fois des cadavres humains

mains vitriolifés dans les mines de Fahlun, des oifeaux pénétrés de fel, des poiffons dans une ardoife cuivreufe, des infectes, dans de l'argille grife, qui contient de l'argent ; à Franckenberg, des bélemnites pyriteufes, des coquilles, des aftroïtes, & des fongites qui contiennent de la pyrite. Voyez la *Pyritologie de HENCKEL.*

GENRE LX.

III. Calculs. [*Calculi AUCTORUM.*]

ON donne ce nom aux pierres qui fe trouvent dans les végétaux, & notamment dans les animaux.

ESPECE CCCXLVIII.

I. Calculs ou pierres des végétaux.

[*Calculi vegetabilium, AUCTOR.*]

QUOIQU'IL foit comme incroyable qu'il fe puiffe rencontrer des pierres dans les végétaux, cependant le cas n'eft pas fans exemple, ni même rare : on en a trouvé dans un bouleau ; Voyez *Ephem. nat. cur.* & dans un chêne ; Voyez *Acta erudit. Upfal.* M. Bromel en a eu deux dans fon cabinet qui s'étoient rencontrées, l'une dans un pin fauvage, & l'autre dans un fapin ; & Rumphius, *L. II, cap.* 46, dit que les habitans de l'ifle d'Amboine, aux Indes orientales, font grand cas des pierres qui fe trouvent dans les végétaux. Wormius, *L. II, cap.* 19, parle auffi d'une pierre qu'on rencontre dans des

Partie II. X

fentes ou creux d'arbres, mais qui n'y étoit pas entiérement renfermée ; on s'appercevoit aisément qu'elle y étoit entrée par une force étrangere, différemment en cela des vrais calculs de végétaux, qui ne font peut-être l'effet que de la vieilleffe, ou des avortemens, ou des autres incommodités des végétaux mêmes

Quant aux figures déterminées que l'on rencontre quelquefois dans les cœurs de certains arbres, l'on a remarqué qu'elles avoient été tracées fur l'ecorce de ces mêmes arbres, tandis qu'ils étoient encore jeunes, parce que l'accrétion, ou les nouvelles couches végétales qui fe font par *intus-fufception*, ont recouvert de plus en plus, par chaque année, ce qu'on avoit gravé en creux fur la premiere couche extérieure ; de forte que celle-ci fe trouve à la fuite des tems, une des premieres couches intérieures.

ESPECE CCCXLIX.

II. Calculs ou pierres des animaux.

[*Calculi animalium*, AUCTOR.]

ON entend, par *calculs des animaux*, des pierres qui fe trouvent effectivement dans des animaux de différentes efpeces : ces pierres font bien moins rares que les précédentes ; il ne faut pas cependant les confondre avec celles que les animaux ont avalées, mais tout au plus avec ces fortes d'os très-durs que l'on rencontre dans les mêmes parties que les vrais calculs.

On a,

1. Les perles. [*Margaritæ. Uniones. Guttæ.*] Elles ont différentes formes & couleurs ; on en

trouve dans différentes coquilles de mer ou d'eau douce.

2. Les pierres d'écrevisses. [*Oculi cancri. Grammarolithes.*]

3. La pierre des poissons. [*Calculus piscium.*]

Ce n'est souvent qu'un os qui appartient à l'organe de l'ouïe ; on peut cependant consulter le *Mémoire* publié par Bromel en 1725 , *in Acta litter. & scient. Upsal.* & dans *JACOB-THEOD. KLEIN. Histor. piscium, n. miss. 1 , &c.*

4. La pierre des amphibies. [*Calculus amphibiorum.*]

Telle est, 1° la pierre du serpent des Indes, connue sous le nom de *piedra de cobra* ; 2° la pierre de tortue, *calculus testudinum* ; 3° la pierre de castor, *lapis castorei.*

5. La pierre des oiseaux. [*Calculus avium.*]

L'on a la pierre de coq, *lapis alectorius* ; la pierre d'hirondelle , *calculus hirundinum , aut lapides chelidonii ;* la pierre de Pingouin, *calculi Pinguinum aut anserum Magellanicarum ;* la pierre de vautour , *calculi vulturis,* &c.

6. La pierre des bestiaux. [*Bulithes. Calculi bovini generis.*]

On trouve quelquefois, dans l'estomac des vaches & des bœufs, des pierres, *bulithi de ventriculo ;* mais il y a lieu de croire que ces animaux les ont avalées : il n'en est pas de même de celles qui se trouvent dans les reins & dans la vésicule du fiel de ces animaux ; ce sont des especes de bézoards , *bezoar bovinum :* on trouve encore souvent dans l'estomac & dans les intestins de plusieurs quadrupedes des boules sphériques, formées de l'assemblage des poils que ces animaux ruminans détachent & avalent en se léchant : ces boules sont quelquefois velues en

X ij

dehors & en dedans , & d'autres fois unies ; comme enduites ou enveloppées d'une forte de cuir brunâtre.

7. Les bézoards proprement dits. [*Lapides bezoardici. Calculi animalium caprini generis, cruftacei , WALL.*]

Les bézoards font des pierres compofées de couches circulaires, feuilletées ou écailleufes, & qui fe trouvent dans différentes efpeces de chevres & de boucs : les gazelles, ou chevres des Indes , donnent le bézoard oriental ; l'yfard ou chamois donne le bézoard occidental : les chevres domef-tiques donnent les bézoards ordinaires.

8. Les bézoards de cerf. [*Bezoar cervinum; Calculi animalium cervini generis.*]

On en trouve dans l'eftomac & dans les inteftins des cerfs.

9. Les pierres de cochons. [*Bezoar fuillum. Calculi animalium generis fuillacei, WALL.*]

On en trouve dans l'eftomac, & dans la véficule du fiel des cochons & des fangliers.

10. Le bézoard de porc-épic. [*Hyftricites. Lapides malaccenfes. Pedra del porco.*

Cette forte de bézoard eft gras & favonneux à l'œil & au toucher, d'une couleur, ou verdâtre jaunâtre, ou rougeâtre noirâtre : c'eft le plus cher de tous les bézoards ; on aufoit peine à croire le cas qu'on en fait en Hollande : nous en avons vu un de la groffeur d'un petit œuf de pigeon, chez un Juif à Amfterdam , qui le vouloit vendre trois mille florins , (fix mille livres, argent de France :) on les loue dans ce pays un ducat par jour (dix livres dix fols) aux gens qui fe croient attaqués de contagion , & qui s'en préfervent en les portant en amulettes , de même qu'on fait en Allemagne des pierres d'aigles, pour faciliter l'acouchement, de l'aimant en France pour guérir la fiévre, du jade en Espagne pour préserver de la gravelle, &c. Nous laissons aux partisans de l'attraction & des émanations le soin de juger de l'efficacité de ces remedes, & de la confiance que tant de personnes y témoignent, en suivant les préjugés à la mode.

11. Bézoard, ou pierre de chevaux. [*Hippolithes. Calculi animalium generis equini & asinini, &c.*]

On en trouve dans l'estomac, dans la vésicule du fiel, & dans la vessie des chevaux; dans la tête, & dans la mâchoire des ânes sauvages, dans l'estomac & dans les intestins des mulets.

12. Bézoards, ou pierres d'éléphans. [*Bezoar elephantinum. Calculi animalium elephantorum,* WALL.]

Leur couleur est, ou brune, ou pourpre : ils ressemblent d'ailleurs aux bézoards ordinaires.

13. Bézoards de singes. [*Bezoar simiarum. Calculi animalium simiarum,* WALL.]

Leur forme est tout-à-fait ronde; ils se trouvent pour l'ordinaire dans les intestins de ces animaux.

14. Pierres humaines. [*Calculi humani,* WALL.]

On en trouve en plusieurs endroits du corps, & principalement dans la vessie, dans les reins, dans la vésicule du fiel : on peut consulter à ce sujet les ouvrages des lithotomistes.

GENRE LXI.

IV. Pierres figurées , appellées Jeux de la nature.

[*Figurata* WALL. *Lusus naturæ* AUCT.
Lapides figuræ heteromorphæ.]

ON donne ce nom à des pierres qui font de la même nature , & qui ont les mêmes propriétés que celles dont nous avons parlé dans la quatrieme claffe de cet ouvrage , (telles que les pierres calcaires , les filex & le grais ,) mais qui ont à leur fuperficie , ou dans leur total , une figure extraordinaire & tout-à-fait étrangere au régne minéral.

ESPECE CCCL.

I. Pierres qui portent l'image des végétaux & des animaux.

[*Zoo-phytomorphites.*]

CE font des efpeces de peintures , femblables à des végétaux & à des animaux , & qui fouvent font pour le moins auffi régulieres que fi c'étoit le pinceau le plus habile qui les eût deffinées : on foupçonne qu'elles ont été formées par des fluides chargés de minéraux différemment colorés , &c. & comprimées entre deux furfaces : on appelle celles qui repréfentent des végétaux , *dendrites* ;

& celles qui repréſentent des animaux, *zoo-morphites*.

Comme la régularité de ces ſortes de figures ne dépend que du hazard, il ne doit pas être étonnant que le fluide comprimé ait formé, en s'extravaſant & en ſe deſſéchant, des figures qui ont un certain rapport, ſoit avec des corps céleſtes, ſoit avec des matieres techniques, &c. On appelle les premieres *uranomorphités*, & les ſecondes *technomorphites* : enfin ſi elles repréſentent des figures humaines, l'on dit *anthropomorphites* : ſi au contraire les figures extraordinaires que nous venons de citer en exemple, & qui ſont comme peintes ſur la pierre, ſe trouvoient en maſſif, c'eſt-à-dire que ſi les pierres elles-mêmes étoient accidentellement taillées par la nature, comme ſi elles avoient été jettées en moule, ou travaillées par un ſculpteur, on changeroit le terme grec μόρφον *morphon figura*, pour celui de γλήφ-ν *glyphon forma* ; ainſi l'on appelle les pierres figurées repréſentant des hommes, *anthropoglyphites* ; des animaux, *zooglyphites* ; des végétaux, *phitoglyphites* ; des pierres figurées qui repréſentent des choſes artificielles ; *technoglyphites* ; les pierres figurées qui repréſentent des inſtrumens de mathématiques, *lithpglyphites mathematici* : on a lieu de ſoupçonner que celles-ci doivent toute leur forme réguliere à des madrepores, ou d'autres corps marins ſemblables, qui, comme l'on ſcait, ont tantôt des formes ſphériques ou demi-ſphériques, tantôt pyramidales ou coniques, ou cylindriques, & tantôt en trapezes ou en triangles ; ce qui donne lieu à cette conjecture, c'eſt que dans la fracture de la plûpart des pierres naturellement figurées, l'on y reconnoît les madrepores analogues à ceux que l'on trouve dans les mers. On ne nie pas cependant qu'il peut quelquefois se rencontrer des pierres naturellement figurées , sans que les corps marins y ayent contribué en rien ; le hazard & les circonstances locales , &c. peuvent occasioner des bizarreries dans la conformation des corps pierreux , de même que dans la crystallisation des sels : quant aux noms qu'on donne aux pierres figurées , tout dépend de la fiction , & d'une imagination vive qui se plaît dans le merveilleux.

ESPECE CCCLI.

II. Pierres taillées.

[*Lithotomi , WALL. Lapides incisi.*]

CES pierres n'ont point de figures extraordinaires , ni d'empreintes par elles-mêmes : on en voit cependant qui sont ornées de figures singulieres , de façon à faire croire qu'elles auroient été faites par un sculpteur ; telles sont les pierres de vaches, *lapides vaccini*, qui sont des silex percés de part en part ; les pierres cellulaires ou creuses , & qui sont des portions de rochers sur lesquelles des courans & des chutes d'eau du voisinage venant à tomber avec violence ou goutte à goutte pendant une suite d'années , ont formé les cavités qu'on y observe ; c'est ce qui a fait dire à quelques auteurs : *Guttæ cavant lapidem non vi, sed sæpè cadendo.* On peut encore ranger ici les pierres sillonnées, *lapides sulcosi,* sur lesquelles on remarque des sillons ou petites éminences paralleles avec des creux & des angles ; la pierre de petite vérole, *variolithes :* la figure de cette pierre représente en petit des poudingues, dont nous avons parlé, *Esp.* 181 *de la premiere Partie :* c'est un amas de petites pierres de différentes formes & couleurs ; les pierres d'aigles *aëtites* ; & en général les géodes, *geodes*, c'est-à-dire, toutes les pierres, soit sphériques, ou triangulaires, & au-dedans desquelles il y a une cavité qu'on n'apperçoit pas à l'extérieur, mais qu'on reconnoît, lorsqu'en les frapant legérement, elles rendent un son sourd ou *creux*, ou qu'en les agitant fortement, l'on entend un bruit comme un noyau mobile, ou une matiere fluide comme de l'eau : on connoît encore plusieurs sortes de pierres, qui font moulées pour la plûpart ; elles se détruisent plus ou moins facilement.

ESPECE CCCLII.

II I. Pierres figurées artificielles ou supposées.

[*Lithoglyphi arte-facti*, WALL. *Lapides suppositicii.*]

ON donne ce nom à des pierres figurées que l'on rencontre quelquefois dans la terre à différentes profondeurs, communément dans des buttes & dans des tombeaux, & qui ont été contrefaites, ou imitées par art, lesquelles servoient en général d'instrumens & d'armes aux anciens : telles font, 1° les pierres de tonnerre, *lithoglyphi arte-facti cunei-formes*, qui font en forme de coin, ou pyramidales par les deux extrémités, renflées dans le milieu, & pour l'ordinaire percées d'un trou ; 2° les haches de pierre, *securi-formes* ; 3° les marteaux de pierre, *mallei-formes* ; 4° les couteaux de pierre, *cultri-formes* ; 5° les fléches de pierre, *sagittæ-formes* ; 6° les langues de pierres, *linguæ-formes*; 7° les urnes sépulcrales, *urnæ ostracitæ*; & pour terminer l'histoire des pierres figurées artificielles, nous y ajoûterons, 8° les prétendus dés de pierre, *tesseræ badenses*, dont Scheuchzer, *Hist. nat. Part. II, pag. 156*, fait mention.

N.

LEXICON

ALPHABÉTIQUE

DE MINÉRALOGIE

OU

Interpretation de plusieurs termes d'Histoire naturelle, de Physique & de Chymie dont on s'est servi dans cet Ouvrage, & qui paroissent être moins généralement entendus.

(A D)

Accélération, est, en physique, l'augmentation ou l'accroissement de vîtesse dans le mouvement des corps; les chymistes empruntent quelquefois ce mot, pour indiquer les moyens les plus courts de terminer une opération.

Acérage, ou *Acération*, est l'opération par laquelle on convertit le fer en acier.

Acide, en chymie, est un mot générique qui désigne toute substance qui a un goût aigrelet & styptique, qui dissout avec effervescence les corps calcaires, ou produit ce mouvement & un gonflement avec les alcalis, &c. Il y a en général l'acide vitriolique, l'acide marin, l'acide nîtreux, & l'acide végétal.

Adeptes, synonyme d'alchymistes, ou prétendus philosophes qui font des raisonnemens emblématiques sur la génération des métaux, & qui croient être les feuls choifis par l'Auteur de la nature pour tranfmuer, perfectionner, & produire les métaux.

Æther, eft une liqueur extrêmement volatile que préparent les chymiftes, ainfi appellée par fimilitude avec la portion la plus fubtile & la plus élevée de l'atmofphere.

Affinage, eft l'opération qui rend les métaux parfaits plus purs.

Affinité ou *Acceffion*, eft la difpofition qu'a un corps de s'unir avec un autre ; on l'appelle auffi *rapport*: cette affinité fait la bafe du fyftême Newtonien.

Agent, eft l'inftrument ou le corps qui contribue à produire le changement qu'on fe propofe d'opérer fur les fubftances que l'on a à traiter ; tels font le feu, l'air, l'eau, la terre, les diffolvans & les vaiffeaux.

Agglomération, ou Affemblage par pelotons.

Agglutiné, ou collé enfemble.

Aggrégation eft un affemblage de plufieurs molécules réunies en un corps ou en un tout continu.

Alchymie, *Alchymiftes*, fecte d'hommes qui croient fçavoir le fublime & l'arcane de la chymie, au moyen du fel, du foufre & du mercure dont ils font leurs trois idoles, & prétendent annoblir les métaux parfaits. Voyez *Adeptes*.

Alkali, (mot arabe) c'eft un corps qui fait effervefcence avec les acides, &c. On appelle *alcalefcens* les corps qui participent de cette propriété, fans être de vrais alcalis, & encore les fubftances qui entrent en putréfaction.

Alkool, s'entend ou d'une matiere fpiritueufe très-rectifiée, ou d'une poudre très-fine & très-fubtile.

Alliage, terme d'orfévrerie, eft un mélange artificiel de différens métaux ou d'autres fubftances minérales.

Alquifoulx, nom de commerce qui défigne la

galêne de plomb grof-
fier.

Amalgame, eft l'alliage
ou la combinaifon que
le mercure feul contrac-
te avec les métaux.

Ambiant, fe dit de l'air
qui environne le globe,
& particuliérement de
celui qui touche immé-
diatement un corps ou
un appareil chymique.

Ammonites ; ce font des
pétites cornes d'Am-
mon foffiles.

Amphibiolites, animal am-
phibie pétrifié , dont
l'analogue vivant habi-
te également fur terre
comme dans l'eau ; il
y en a de velus & qua-
drupédes, comme le caf-
tor ; d'écailleux , com-
me la tortue ; de rép-
tiles , comme le ferpent
d'eau , &c.

Amygdaloïdes, pierre qui
reffemble à des aman-
des.

Analyfe, eft la décom-
pofition ou la deftruc-
tion des parties confti-
tuantes d'un corps , &
rarement leur fépara-
tion pure & fimple.

Analogue, qui a du rap-
port , de la proportion,
ou de la convenance
avec quelques autres
corps.

Anomal, Anomalie, fignifie inégalité , irrégula-
rité.

Appareil, réunion des divers uftenfiles & fubf-
tances néceffaires pour
faire une expérience.

Appropiation. Henckel
entend par ce mot le
plus grand degré de ten-
dance qu'a un corps à
fe combiner avec un
autre.

Apyre: les naturaliftes donnent ce nom à des pier-
res qui ne fe vitrifient
ni ne fe calcinent point
dans le feu ordinaire ,
& qui n'en font que peu
ou point altérées.

Arborifé, fe dit d'une pierre dont la furface re-
préfente des brancha-
ges ou des végétaux.

Affimilation, eft l'analogie qu'il y a entre
les figures ou la nature
de deux ou trois corps
qui peuvent facilement
s'unir enfemble pour
former un tout fembla-
ble.

Attraction, est la puissance quelconque, qu'un corps a d'en attirer un autre, ou qui les fait tendre mutuellement l'un vers l'autre. Voyez *Affinité*.

Attramentaire, qui a le goût ou la couleur de l'encre.

Avorton, se dit, en minéralogie, d'un métal que l'on soupçonne n'être pas dans sa parfaite maturité.

Auflere, est une saveur âpre qui cause un resserrement dans la bouche.

B

BAguette devinatoire, est une branche de saule ou de coudrier à laquelle l'on attribue des vertus merveilleuses pour découvrir les mines.

Banche, est un lit de pierres molles semblables à de la glaise durcie.

Barroque, s'entend d'une perle irréguliere.

Basaltes, est une espece de pierre de touche ; telle est la pierre de la chauffée des géants. V.

ce que nous avons dit, *pag.* 133, *Esp.* 194 ; *Vol. I.*

Bézoards, ou *Calculs d'animaux*, &c. especes de pierres qui se forment dans le corps humain & dans celui de différens animaux. V. *pag.* 321 & suivantes, *Esp.* 349.

Blende, est, en général, une mine de zinc de difficile fusion. Ce nom *Blende* indique, dans le langage des mineurs, une substance qui trompe, à cause de son tissu feuilleté qui la fait quelquefois prendre pour de la mine de plomb ; elle est talqueuse à la vue, & douce au toucher. Voyez *pag.* 59, *Esp.* 244, *Vol. II.*

Bocard, ou *Bocambre*, est une espece de moulin dont la roue & le cylindre font de bois, & disposés comme dans un moulin ordinaire : cette roue est mise en mouvement par la chute, la pesanteur & la rapidité d'un petit courant d'eau : le cylindre eſt armé d'un nombre de camnes, dont la proportion eſt telle qu'elles ſoulevent alternativement un égal nombre de pilons garnis de fer par le bout, en maniere d'enclume, & qui, en tombant, ſervent à écraſer ou bocarder la mine.

Bouſſole minéralogique ; eſpece d'inſtrument qui ſert à montrer les degrés d'inclinaiſon ou l'eſpace des filons. Elle differe de celle que l'on conſtruit avec l'aimant : celle qui a le plus d'uſage, s'appelle, *bouſſole manuelle.* Voyez *Lehm. Tom. I, p.* 24, & *Fig. p.* 2.

Boyau, ſe dit, en minéralogie, d'un conduit qui ſert à faire écouler les eaux, & qui eſt plus étroit que la *galerie* par laquelle on tranſporte le minérai.

Braſer, eſt un terme d'ouvrier qui ſignifie, joindre ou ſouder deux métaux enſemble.

Brillanté, qui a beaucoup de facettes, comme un diamant.

Bures ou *Puits,* que l'on fait pour le percement des mines.

C

*C**Abochon,* ſe dit d'une pierre élevée, & d'une forme irréguliere, qu'on a laiſſée telle qu'elle ſort de la terre, à l'exception de la premiere couche brute dont on l'a dépouillée.

Cadmie, eſt une maniere de ſuie métallique qui s'attache au haut & & aux parois des fourneaux de fondeurs en bronze. Voyez *Eſpece* 246, *pag.* 62, *Vol. II.*

Calamine, eſt une pierre qu'on eſtime être la miniere du zinc. Voyez *Eſp.* ibid. *pag.* ibid.

Calcaire, s'entend d'une matiere dont on peut faire de la chaux, ou qui en a les propriétés.

Calcédonieux, s'entend d'un défaut nuageux, laiteux, enfin comme la chalcédoine, lequel ſe trouvant dans une autre pierre, en diminue de beaucoup le prix.

Capillaire, en physique, sont des tuyaux dont la capacité peut à peine recevoir un cheveu: les naturalistes donnent ce nom à des substances minérales, déliées, comme seroient des cheveux.

Capsule, vase fait comme une écuelle, qui sert à faire évaporer les sels, &c. ou petite tasse en forme de calotte, où l'on dépose des échantillons de curiosités naturelles.

Caput mortuum, terme de chymie qui désigne le résidu des distillations par la retorte.

Castine ; matiere qui sert de fondant dans le traitement d'une mine : on n'en peut pas déterminer la nature, à cause que chaque espece de mine exige un fondant différent. Les meilleures mines à exploiter, sont celles qui ont naturellement leur castine.

Cément ; poudre diversement composée, avec laquelle on purifie l'or, à un certain degré de feu, par une opération qu'on appelle *cémentation*.

Cémentatoires (Eaux): ce sont ou les sels des métaux qui entrent en efflorescence & se décomposent, ou qui sont en dissolution & se précipitent à la rencontre d'un autre dissolvant, selon l'affinité de leurs mélanges. Voyez le *Traité mago-cabalistique des sels métalliques de Salwig.*

Chargé, se dit, en minéralogie, d'une pierre dont la couleur est foncée.

Chatoyer, s'entend d'une pierre qui réfléchit différemment les rayons de la lumiere, selon l'aspect du jour auquel on l'expose.

Clairet ; les émailleurs appellent ainsi une pierre dont la couleur est foible.

Coágulation, est l'action par laquelle un corps fluide se durcit, de
maniere

maniere à paroître gelatineux, pommelé, & plus confiftant dans certains endroits que dans d'autres.

Cohérence, *Cohéfion*, eft la force qui attache les parties d'un corps avec celles d'un autre.

Collifion ; frotement de deux corps, dont un étant plus tendre que l'autre, fe trouve plus ou moins endommagé.

Compacte, fe dit d'un corps denfe & pefant, dont les parties & les pores font ferrés ou ramaffés au point qu'ils forment une furface unie.

Concrétion, s'entend d'une fubftance pierreufe de différentes formes, & qui eft produite par des eaux chargées de particules terreftres, lefquelles, en s'épaiffiffant, ont acquis la confiftance & la dureté d'une pierre, ou encore d'une maffe formée par le concours de diverfes fubftances.

Configuration, eft la for-

me extérieure d'un corps.

Congelation, fe dit de l'effet du froid naturel ou artificiel fur les fluides. Voyez *Coagulation* & *Concrétion*.

Conglutination, eft l'adhérence d'un corps à un autre, par la foupleffe de fes parties, qu'on nomme *gluten*.

Couches ; arrangement naturel & fymmétrique de différentes fubftances minérales les unes fur les autres.

Coupelle ; vaiffeau de terre très-poreux & indeftructible par le feu, dans lequel on fépare, par le moyen du plomb, les autres métaux qui accompagnent l'or ou l'argent : opération que les chymiftes appellent *coupellation*.

Cryftallin, fe dit d'une pierre naturellement tranfparente.

Cryftallifation, eft une configuration à angles, comme les pierres précieufes tranfparentes, & les fels, tant naturels qu'artificiels.

On appelle auſſi de ce nom l'opération par laquelle on diſpoſe les ſels à prendre la figure qui leur eſt propre.

D

DÉcompoſition, eſt la combinaiſon d'un corps qui ſe détruit, au moyen de l'air ou du feu, pour en former un autre ; ce qui donne lieu de dire d'un corps, *decompoſitum*, *compoſitum*, *ſuperdecompoſitum*.

Déflagration, eſt l'embraſement ſubit de pluſieurs matieres, cauſé ordinairement par le nître.

Délavé, ſe dit d'une pierre dont la couleur eſt foible.

Déliqueſcence, *deliquium*, ſe dit d'une matiere ſaline, concrete, qui ſe réſout en liqueur, en attirant l'humidité contenue dans l'atmoſphere.

Déliter, s'entend d'un corps dont les parties ſe détruiſent par feuillets, par le concours de l'air ou de l'eau.

Dendrites, pierres chargées de la figure d'arbriſſeaux, & qui en doivent la forme à des végétaux : alors elles en portent l'empreinte ; ou elles ſont formées de la même maniere qu'on en produit avec la molette ſur la pierre à broyer des couleurs ; de ſorte qu'on peut dire de leur formation *à neceſſitate motûs & materiæ*, comme on le remarque ſur les agathes arboriſées, & même ſur certaines pierres de Florence, qui repréſentent des maiſons. *Pietra cittadina, aut cittadineſca.*

Denſe ou *compacte*.

Deſcenſum (*Per*) s'entend, en métallurgie, de la fonte du plomb & de l'antimoine, qui ſe fait dans un appareil, diſpoſé, en ſorte que le métal une fois fondu, coule dans des vaiſſeaux inférieurs à ceux dans leſquels on l'a fait fondre.

Détonation, eſt le bruit

que font certaines fubf-
tances dans le feu,
lorfqu'elles s'y enflam-
ment & fe décompo-
fent ; tel eft fur - tout
le falpêtre.

Detritum, s'entend, parmi les naturaliftes, de
fragmens de pierres,
de coquilles, &c. tels
que le fable & le gra-
vier.

Diffolvant, eft un corps
dont la maffe eft pro-
pre à divifer un autre
corps, de maniere
que tous deux ne faf-
fent plus qu'un feul
fluide, fi la diffolution
fe fait par la voie hu-
mide ; & un feul corps,
fi elle eft faite par la
voie féche, c'eft - à -
dire, par le feu : on
appelle proprement
amalgame celle qui
s'opere par le mercure.
Voyez *Amalgame*, &c.

Docimafie, *Docimafti-
que*, eft l'art d'effayer
en petit les mines mé-
talliques, pour fçavoir
ce qu'elles contiennent
de métal pur. On a
d'excellens ouvrages
en ce genre, fçavoir,

la *Métallurgie d'Al-
fonfe Barba* ; la *Fonte
des Mines*, *Vol.* in-4°,
avec figures ; traduite
de Schulter, & publiée
par M. Hellot ; la *Mi-
néralogie de M* Wal-
lerius ; la *Docimafie
de* Cramer ; les *Elé-
mens de chymie mé-
tallurgique de* Gellert,
&c. le *Traité de phy-
fique & de métalli-
que*, de Gothlob
Lehmann.

Drufen, mot allemand
qui fignifie *glande* ;
cependant on donne
ce nom à un amas de
cryftaux quelconques,
grouppés enfemble &
qui tapiffent les cavités
des filons.

Ductile, fe dit de la propriété qu'a un métal
de s'étendre, & de
paffer à la filiere.

E

Eau, eft un élément
très - connu ; les
jouailliers emploient
ce terme pour défi-
gner une pierre bien
tranfparente, vive &

nette ; un diamant d'une belle *eau*.

Effervescence ; bouillonnement qui se produit aussi-tôt qu'on mêle deux substances capables de s'unir intimement pour produire un nouveau combiné.

Efflorescence, espece de poudre qui naît à la surface des pyrites ou autres substances que l'air décompose.

Egriser , se dit d'une pierre dure & fine, que l'on use, en la frotant contre une autre de même nature, pour lui donner une forme.

Egrisoir, est la boëte qui reçoit la poudre d'un diamant qu'on égrise, & qu'on appelle *égrisée*, ou *diamant boord*; ou encore, est l'outil avec lequel on use les bords des verres ou glaces.

Eisenram ou *Eisenmann* ; nom allemand que les mineurs donnent , selon Henckel , à une substance qui sert d'enveloppe ou de cadre aux mines de fer en filons.

Elasticité ou *Elastique* , se dit d'un corps qui , étant comprimé , a la puissance de se remettre dans son premier état.

Electricité du mot *Electrum* , est la propriété qu'ont certains corps , étant frotés , d'attirer & de repousser ceux dont on les approche.

Elixation ; on donne ce nom à des substances dont les particules se désunissent à l'air libre & forment des petites fentes : les ouvriers disent de cet accident, quand il est naturel, que la substance meurt. Ce mot signifie encore , en chymie , l'action d'extraire des sels, des corps qui en contiennent.

Emanation ou *Effluvium* , est tout ce qui sort d'un corps , & s'entend particuliérement des corps magnétiques & électriques.

Emaux, Encausta ; especes de verres colorés , dont il y a , 1° celui des ouvrages de bijouterie ; 2° celui qui sert de couverte aux fayances & porcelaines ; 3° l'émail bleu qui se tire du cobalt , & que l'on appelle *Smaltha-zaffera.*

Empyreumatique ; odeur de feu qui reste à une matiere qui a été brûlée.

Encroûtement : Voyez *Incruftation.*

Englobé , se dit d'une chose qui est entourée par un autre.

Essai , dans la minéralogie , est l'épreuve que l'on fait en petit , &c. des mines , des pierres & autres : c'est , à proprement parler , *la docimaftique.*

Ethiologie ; synonyme de théorie , par laquelle on rend raison des causes de différentes choses ou de diverses opérations naturelles ou artificielles.

Evaporation , est la dissipation de l'humidité de quelque corps.

Exhalaifons fouterreines. Voyez *Mouffettes.*

Quelquefois elles ne font pas dangereufes & forment des incruftations.

Explofion , effort qui écarte avec bruit les parties d'un corps.

F

*F*Acettes , font les plans ou petites tables que préfente la fuperficie d'une pierre ou d'un métal.

Fentes ; ce font des efpaces que l'on trouve dans les montagnes : elles ont été formées par la féparation des roches ; elles font fouvent le réfultat des eaux qui fe font retirées d'un certain terroir : on fçait que la terre, en fe defféchant, forme plufieurs crevaffes , à des profondeurs plus ou moins confidérables : elles fervent à indiquer les filons.

Fermentation , mouvement inteftin par lequel les parties conftituantes d'un corps fe féparent , s'atténuent & fe combinent diverfement ,

ce qui produit de nou-
velles *combinaisons :*
la fermentation tend
quelquefois à l'amélio-
ration d'un corps , &
toujours à le changer ;
& la putréfaction tend
à sa destruction.

Feu , est un élément très-
connu de tout le mon-
de , & particuliére-
ment des physiciens
& des chymistes. Les
lapidaires appellent
ainsi le jeu & sur-tout
l'éclat que donne une
pierre fine , taillée &
brillantée.

Filiere ; machine de fer ,
percée d'un grand
nombre de trous de
différens diametres, &
qui servent à passer
des métaux ductiles
pour former des fils :
quelquefois *filiere* se
dit aussi pour *filons.*

Filons , ou *veine métal-*
lique ; c'est une suite
des pierres , ou des
minéraux , ou des mé-
taux qui remplissent les
fentes ou crevasses de
la terre ; ces filons ont
été formés , soit par
vapeurs , soit au moyen
des eaux qui ont dé-
posé les substances
métalliques : les mines
en filons sont ordinai-
rement plus riches que
celles qui sont par
couches : on distingue
les filons , en *filons*
continus, en *filons foi-*
bles , en *filons perdus,*
& en *filons retrouvés ,*
&c. Ils sont ordinai-
rement inclinés : il est
bien rare qu'ils soient
perpendiculaires. On
donne encore d'au-
tres dénominations aux
filons & qui sont com-
munément usités au-
jourd'hui , sçavoir , *fi-*
lons pleins , lorsqu'ils
occupent tout l'espace
de la fente sans inter-
ruption : on les nom-
me *filons en grenaille,*
quand le minérai est en
grains comme du sa-
ble : on appelle *filon*
plat, celui qui est pa-
rallele à l'horizon ;
filon profond , celui
qui est vertical & qui
s'enfonce dans la mon-
tagne ; & s'il est *obli-*
que, il tire son nom de
la nature de celui dont

il approche le plus : on dit enfin que le filon eſt *dévoyé,* & du nombre des degrés que ſon angle fait avec le plan horizontal, ou avec le vertical : la meilleure diſpoſition d'un filon par rapport aux mineurs & à l'entrepreneur eſt, quand un filon eſt profond, parce qu'on y trouve de la matiere de tous les côtés & qu'on l'exploite par puits & par galeries.

Filtration ou *infiltration minérale,* eſt le paſſage ou la diſtillation d'une matiere fluide chargée de particules minérales ou pierreuſes, au travers des parties ſolides plus ou moins ſerrées de la pierre.

Flos ferri, eſt une ſtalactite de ſpath, rameuſe & blanche ; elle contient quelquefois du fer. Voyez *p.* 134, *Eſp.* 271, *Vol. II.*

Fluors ; ce ſont ordinairement des cryſtalliſations de ſpath qui ſe fondent facilement au feu : elles ont différentes couleurs ; rarement leur ſurface tient des parties métalliques, ainſi que les pierres précieuſes : on y trouve au plus de la pyrite.

Flux, eſt un mélange chymique des matieres, &c. propres à accélérer la fuſion : il y en a de noirs & de blancs, &c.

Fondans, ſe dit de matieres qu'on emploie utilement pour avancer le travail & la fonte d'une ſubſtance, ou minérale, ou pierreuſe, ou métallique : il y en a de différentes eſpeces pour les eſſais & pour les travaux en grand ; nous en avons cité des exemples dans le corps de cet ouvrage : il ſuffit de dire ici, que les pyrites & les ſcories tiennent le premier rang.

Fontaines intercalaires ou *intermittentes,* &c. Voyez *page* 18, *Eſpece* 4, *Vol. I.*

Foſſiles : ce nom ſe donne à toutes les terres &

les pierres, mais particuliérement aux coquilles qui fe trouvent dans les entrailles de la terre.

Fouille , eft le premier travail d'un mineur qui commence à la furface de la terre, pour percer dans l'intérieur des mines.

Friable , fe dit d'un corps facile à mettre en poudre fous les doigts, à défaut de confiftance entre fes parties.

Fritte , fe dit d'une pâte préparée, dans les travaux en grand, pour faire du verre.

G

GAléne , mine de plomb, la plus ordinaire : elle eft en cubes, & toujours minéralifée par le foufre.

Galeries , ou *percemens :* ce mot s'entend de conduits fouterreins qui ne font pas verticaux.

Gangue ; fe dit de terres, &c. étrangeres à la nature du métal , &

qui fe réduifent en fcories dans la fufion.

Gelatineux , qui a une confiftance molle & tremblante.

Gendarmeux , fe dit d'un diamant qui n'eft pas net.

Géodes : ce font des pierres creufes qui renferment dans leur centre ou une cryftallifation, ou de la terre, ou du fable, ou de l'eau, & qui fouvent fait du bruit, en les remuant.

Glace , *glaceux* , fe difent d'une pierre qui n'eft pas nette.

Glaifeux , gras ou favonneux au toucher comme de l'argille fine.

Glebes , s'entend des métaux ou des terres que l'on trouve dans des filons ou couches, détachés par petits morceaux : quelquefois on dit *mottes de terre.*

Gluten , eft le lien qui unit les particules d'un corps : on dit *glutineux* d'une matiere qui a la confiftance d'un mucilage.

Gravitation , eft la preffion ou l'effort qu'un corps exerce fur un autre corps qui eft au-deffous de lui.

Grillage, fe dit de l'opération par laquelle on chaffe d'une mine les fubftances rapaces & volatiles qui met-toient obftacle à la réduction du métal.

Gueufe, fe dit du fer de la premiere fonte, cou-lé en lingot, & en-core du long canal triangulaire, dans le-quel il coule au fortir de la forge.

Guhr, (du mot allemand *guhren* qui fignifie four-dre ou fortir de terre comme les eaux,) eft une terre quelconque extrêmement atténuée par le frotement des eaux fouterreines, & qui fe trouve portée dans les cavités des montagnes : celui qui eft durci eft fouvent riche en métaux, fur-tout quand il eft rou-geâtre ; fouvent c'eft un métal même.

Guide ce mot s'entend de certaines terres qui

décelent commune-ment le voifinage d'u-ne mine.

H

*H*Alotechnie, eft l'art d'opérer fur les fels.

Happelourde, fe dit quel-quefois d'une pierre précieufe, qui n'eft point arrivée à fa per-fection, ou qui eft contrefaite.

Hepar fulphuris, prépa-ration chymique dont l'odeur eft analogue aux matieres qui fen-tent l'œuf couvé.

Hermétiquement, fe dit de la maniere de fceller & clorre exactement l'embouchure d'un vaiffeau, & plus par-ticuliérement de l'ori-fice d'un vaiffeau de verre qu'on amollit au feu, pour qu'il ferve lui-même de bouchon.

Hétérogene, fe dit d'un corps étranger à la na-ture de celui auquel il eft allié.

Homogene, s'entend, au contraire, de plufieurs

corps du même genre & de même nature.

Humus, est la terre qui couvre la surface du globe terrestre.

I

*I*Dentité, est la ressemblance de deux, ou même de plusieurs matieres, & qui sont la même chose.

Impregnation, maniere de faire pénétrer quelque fluide dans un corps solide, avec lequel il s'associe.

Incinération, est la maniere de réduire en cendres par le feu une substance quelconque.

Incorporation, est la combinaison de deux corps qui demeurent unis.

Incrustation, est, ou un enduit, ou un fourreau d'une matiere, soit pierreuse, soit saline, soit métallique, autour des corps solides qui s'y trouvent renfermés.

Individu, s'entend d'un être, quel qu'il soit, dans les trois régnes de la nature.

Inertie, est la force d'un corps qui résiste en apparence au mouvement qu'on lui imprime.

Inhalation (Inhalatio,) est la propriété par laquelle une substance émanée d'un corps, sous la forme de vapeurs, entre dans un autre & la pénetre.

Inné, est ce qui est formé, né & créé avec, ou dans quelque chose.

Insolation : c'est exposer au soleil une matiere qu'on veut dessécher, ou faire digérer.

Interstices, sont les intervalles qui se trouvent entre les parties d'un corps.

Intus-susception, se dit d'un corps organisé, qui prend sa croissance de ses parties intérieures, tels que les végétaux & les animaux.

Irréductibilité, qualité d'un corps minéral qu'on ne peut faire changer de forme, par aucuñ des moyens connus.

Jardineux , terme de joaillier , qui fert à défigner une éméraude fombre & qui n'eft pas nette.

Juxta-pofition , fe dit , au contraire de l'*intus-fufception* , d'un corps qui tire fon accrétion par addition extérieure, *per appofitionem exter-nam* ; la *juxta-pofition* fuppofe que la fubftance qui fe *juxta-pofe* , eft déja femblable au corps auquel elle s'unit ; *l'intus-fufception* , peut fuppofer feulement une aptitude à devenir femblable.

K

KArat , divifion arbitraire de l'or en vingt-quatre parties , pour pouvoir êftimer fon degré de pureté ; terme de lapidaire pour défigner le poids des pierres précieufes : le karat équivaut à quatre grains : on donne enfin ce nom à des petits diamans dont le poids n'eft que d'un grain ; enforte que quatre de ces diamans forment le poids karat.

L

LAbora , fe dit d'un diamant taillé, dans les Indes , par les Sauvages.

Laboratoire , lieu où l'on travaille aux expériences chymiques & phyfiques : au contraire du mot *attelier*, qui défigne l'endroit où on exécute les arts méchaniques.

Laiteux , fe dit de taches blanches qui fe remarquent dans les pierres fines & qui en diminuent confidérablement le prix.

Laitier ou *lettier* , eft la fubftance à demi-vitrifiée, qui fe trouve entre les fcories & la matiere métallique , &c. fondue.

Lapidification , paffage ancien d'un corps de fon état à celui de pierres , en fe chargeant, à ce qu'on croit, d'un fuc appellé *Lapidifique.*

Laves, matieres de volcan, à demi-fondues, & plus ou-moins poreufes, compactes & fufceptibles du poli. V. *Efpece* 323, *p.* 291, *Vol. II.*

Lavoir, eft un appareil de fonderie, formé par l'affemblage de plufieurs planches unies & difpofées en pente, dans lequel on fait paffer un courant d'eau qui enleve à la mine écrafée qu'on y dépofe les fubftances terreufes les plus legeres & les moins fixes ; on en change le nombre & la forme, fuivant les circonftances.

Letten, efpece de terre argilleufe, ainfi appellée des mineurs. Voyez *pag.* 53, *Vol. I.*

Libage, fe dit d'un banc de pierres communes, tel que le gros moilon, & qui eft ordinairement le *tectum* des pierres de taille à bâtir.

Lithologifte, eft celui qui poffede la fcience des pierres, & qui l'enfeigne.

Lits, (Strata) couches de mines ou de minéraux, &c. ou de grillage : dans ce dernier fens, il fignifie un lit de bois qu'on a rangé dans la fonderie, & fur lequel l'on jette la mine qu'on veut griller.

Louche, fe dit d'une pierre qui a une mauvaife tranfparence.

Lut, eft un enduit quelconque, dont on fe fert pour empêcher la diffipation ou l'évaporation des corps fubtils, ou encore la fracture des vaiffeaux chymiques.

M

MAcération, en métallurgie, eft la maniere d'expofer les mines à l'air, pour qu'elles s'effleuriffent, ou de les faire tremper dans une liqueur pour les attendrir, &c. En chymie, c'eft la digeftion à froid d'un corps trop compact dans une liqueur propre à l'amollir.

Malléable, fe dit d'un métal qui peut fe bat

tre , fe forger , & s'é-
tendre fous le marteau.

Marcaffite , terme qui
defigne une pyrite
cryftallifée , non fuf-
ceptible de l'effloref-
cence. Voyez *Ef-*
pece 212, *pag.* 2 , 14 ,
15, *& auffi la note* , où
nous détaillons les fub-
ftances auxquelles on a
donné ce nom impro-
prement.

Marécageux , lieu plat &
humide, où il fe forme
beaucoup d'*humus* par
la deftruction des vé-
gétaux , &c.

Marron, fe dit, en métallurgie , de mines qui fe
trouvent par morceaux
dans les couches de la
terre.

Mars , nom alchymique
du fer.

Matrices ; on donne , en
minéralogie , ce nom
aux fentes des mon-
tagnes où fe trouvént
les filons , & plus par-
ticuliérement aux fubf-
tances non métalliques,
dont la préfence pa-
roît être indifpenfable
pour former tel ou tel
métal : quelquefois

auffi , on nomme ainfi
les lieux où fe forment
les cailloux.

Matte ou *Rohftein* , eft
le produit qui réfulte
de la fufion d'une mine
avec des pyrites & des
fcories , ou plutôt la
partie métallique d'un
grand volume de mine,
rapprochée & réunie ,
comme pour former une
forte de régule , mais
qui tient encore quel-
ques hétérogénéités.

Menftrue , fe dit d'un
diffolvant quelconque.

Métallurgie , art d'exploiter les métaux.

Météorologie , difcours
fur les météores , ou
phénomenes qui naif-
fent dans l'atmofphere.

Micacé ou *micueux*, fe dit
d'une terre ou pierre
qui contient des parti-
cules brillantes de
mica.

Michen - pulver , font
deux mots allemands
qui fignifient poudre
aux mouches : c'eft or-
dinairement l'arfenic
teftacé , ou le cobalt
arfenical écailleux, mis
en poudre , & qu'on

mêle avec de l'eau pour faire mourir les infectes qui en font fort avides : on trouve beaucoup de ces minéraux en Saxe, près de Graul & de Raſchau, &c. Voyez *Eſp.* 230, *pag.* 34, *Vol. II.*

Minérai, ſe comprend pour le lieu d'où l'on tire la mine, mais plus ſpécialement pour la maſſe où ſe trouvent réunis le métal & ſes hétérogénéités ou ſa matrice.

Minéral, comprend, en général, un objet quelconque du regne minéral ; mais, ſtrictement parlant, les ſels, les bitumes, les ſoufres & les pyrites ſont les ſeuls minéraux.

Minéralogiſte, eſt celui qui poſſede la ſcience du regne minéral.

Miſpikkel, eſt une eſpece de pyrite arſenicale. Voyez *Eſpece* 222, *pag.* 15, *Vol. II.*

Mouffette, eſt une exhalaiſon ou une vapeur minérale, pour l'ordinaire empoiſonnée, &

qui régne dans les galeries des mines.

Mucilagineux, ſe dit d'un corps gluant, & qui a une ſorte de conſiſtance molle.

Mundich, eſt, ſuivant Becher, une pyrite blanche, probablement arſenicale.

Muriatique, qui a un goût de ſel ſalé.

N

*N*Aturaliſte, eſt celui qui poſſede ou qui étudie la ſcience de tous les êtres des trois régnes de la nature.

Neigeux, ſe dit d'une pierre fine & tranſparente, mais qui n'eſt pas nette.

Nitreux, s'entend d'une ſubſtance qui contient du nître.

Nomenclateur, eſt celui qui appelle chaque choſe par ſon nom, ou même qui y donne des noms.

Noyau (Nucleus) eſt, en minéralogie, l'intérieur ſolide d'un corps pierreux. Voyez *Geodes*, *Esp.* 351 , *pag.* 329, *Vol. II.* Quelquefois il a une configuration déterminée , qu'il a prise d'un corps organisé ; tels sont les moules de coquilles & autres.

Nuageux. Voyez *Neigeux.*

O

*O*chres , sont des métaux ou demimétaux , décomposés & précipités ordinairement d'un acide avec lequel ils formoient un sel neutre.

Opaque , qui est opposé à la transparence.

Organisation, se dit d'un corps dont la structure annonce qu'il a été animé.

Orient , se dit, en histoire naturelle , de la belle couleur nacrée de perles.

Oriental, se dit, en terme de jouaillier , de la dureté , de la transparence & de l'éclat d'une pierre fine.

P

*P*Alingénésie , ou régénération d'un corps que l'on avoit détruit d'une maniere quelconque , qui reprend sa premiere figure.

Parangon , se dit particuliérement d'une pierre de toute beauté: on donne aussi quelquefois ce nom à la pierre de touche, parce qu'elle sert à faire reconnoître les deux métaux les plus précieux.

Pendeloque , se dit d'une pierre fine de figure oblongue, & que l'on taille à facettes.

Pepites ou *Pepitas* , mot espagnol , qui signifie un morceau d'or pur , tel qu'on le trouve dans une riviere près des mines du Chili & du Potosi.

Percemens , ou chemins de galeries , ouverts dans une des parties d'une montagne qui contient des minéraux ou des métaux.

Pétrifications. Voyez *La-pidification.*

Phlegme, eſt la partie aqueuſe d'un corps, & qui ſort la premiere dans la diſtillation des eſprits acides miné-raux, &c. & la der-niere dans les eſprits fermentés des végé-taux, &c. Ce phleg-me n'eſt jamais pur ; il contient toujours quelque portion du mélange, où il étoit interpoſé.

Phlogiſtique, eſt un terme de chymie qui déſigne le principe de l'inflam-mabilité; ilabonde dans les huiles, les graiſſes, les bitumes & dans les métaux. Becher l'ap-pelle *terre inflamma-ble* ; & Stahl eſt ce-lui des chymiſtes qui a le plus développé la nature de ce principe & démontré ſon exiſ-tence dans la plûpart des corps.

Piſolite, petite pierre ſphérique quireſſemble extérieurement à des petits pois qui auroient été changés en pierre.

Voyez *Eſpece* 335, pag. 308, *Vol. II.*

Plaſtique, ſe dit des ou-vrages d'argille : c'eſt encore un terme de philoſophie ſcholaſti-que, pour déſigner les moules où les ſub-ſtances prennent leur configuration.

Pore, eſt l'eſpace ou in-terſtice plus ou moins grand, que laiſſent entr'elles les parties d'un corps, à raiſon de leur configuration par-ticuliere.

Poudingue, nom que les Anglois donnent à un mélange de plu-ſieurs ſubſtances pier-reuſes.

Pouſſe Voyez *Mouffette.*

Pourpre minéral, eſt un précipité d'or, fait par la diſſolution de l'étain: il ſert aux émailleurs. Caſſius en eſt l'inven-teur.

Prime ou *praſe,* eſt la pierre qui ſert de ma-trice à l'éméraude : on dit auſſi Prime d'a-méthyſte, &c. Nous en avons dit quelque choſe, en parlant de

ces

tes différentes pierre-
ries.

Procédé, fuite des différentes manipulations
qu'on emploie en chy-
mie, pour faire une
opération dont le ré-
fultat fe nomme *pro-
duit*.

Projection, eft, en chymie, l'action de jetter
par cuillerées dans un
creufet, ou un autre
vaiffeau, la matiere
qu'on veut opérer: en
phyfique, c'eft l'action
d'un corps jetté d'un
endroit dans un autre ;
la ligne de projection
eft ordinairement une
parabole.

Protubérance, eft l'allon-
gement ou l'inégalité
qu'on remarque fur un
corps d'ailleurs uni.

Puits ou *bures*; ce font les
trous que l'on fait per-
pendiculairement dans
la terre, pour gagner
les mines & les eaux.

Pyrite, eft une fubftance
minérale, le plus fou-
vent réguliere, qui con-
tient du vitriol, ou du
foufre, ou de l'arfenic,
& toujours du métal.

Voyez *Claffe V*, *p. 1*,
Vol. II.

Pyrotechnie, eft l'art de
réfoudre les corps foli-
des, par le moyen du
feu, & de les convertir
en différentes fub-
ftances.

Q

Q Uintal, eft un ter-
me ufité dans le
langage du commerce
& des fonderies, &
veut dire *un cent pe-
fant*.

R

R Apace ; ce mot fe
donne à une fub-
ftance qui non feule-
ment fe diffipe & fe
volatilife très-aifement
dans le feu ; mais en-
core qui entraîne avec
elle des corps plus
fixes, que l'on a intérêt
de retenir, & qu'elle a
ou détruits, ou vola-
tilifés.

Rare ou *raréfié*, fe dit
d'un corps qui a acquis
du volume par le feu ;
& il garde ce nom, tant

qu'il conferve ſon volume.

Rayonnant, ſe dit d'une pierre fine, qui jette beaucoup de feu.

Réaction, s'entend d'un corps, qui agit à ſon tour ſur le corps qui avoit agi d'abord ſur lui.

Rebelle, ſe dit, en métallurgie, d'un minéral de difficile fuſion.

Réduction, eſt l'opération qui rend à un métal réduit en chaux l'éclat & la ductilité qu'il avoit perdus.

Réfractaire ou *infuſible*, ſe dit d'une matiere minérale, ou d'une mine ſauvage, qui réſiſte au feu le plus violent & aux diſſolvans, & qu'on ne traite jamais dans les forges.

Régule, eſt la partie la plus pure d'un métal, & s'entend plus particuliérement de cette portion des demi-métaux : on appelle *culot* ou *bouton* le métal le plus dégagé d'hétérogénéités.

Reſſort. Voyez *Elaſticité*.

Roches, parties conſtituantes des montagnes. Il y en a des ſimples, comme le quartz & le jaſpe, & de compoſées, comme le porphyre, &c. Voyez *la définition de roche, Genre 31, p. 265, Vol. I.*

On en trouve auſſi de ſauvages, c'eſt à-dire, dont l'ordre des couches ou des matieres qui les compoſent, eſt totalement dérangé.

Rognon : ce nom ſe donne, en minéralogie, à de la mine dont le filon eſt interrompu, & qui ne ſe trouve qu'en -morceaux plus ou moins gros, & qui ont à-peu-près la forme d'un rein de mouton.

Rubaſſe, ſe dit d'un très-mauvais rubis, ou plutôt encore d'un cryſtal que l'on a coloré par art.

S

S Albandes ou *pontes,* (liſieres des filons) eſt la partie de la roche qui borne les filons par les deux côtés : la supérieure se nomme *ponte couvrante* , & l'inférieure *ponte couchante* : elles sont plus ou moins dures , & l'on peut en général les regarder comme les matrices de ce qu'elles renferment.

Sarroche, terme de mineur en certains pays , qui exprime des minéraux de couleur cendrée , un peu luisans , mais sans éclat.

Satinée , se dit d'une couleur claire & brillante qu'on remarque dans les pierres fines, taillées au quadran.

Saxum. M. Linnæus donne ce nom au jaspe. Voyez *la définition de ce nom, Genre* 31 *, pag.* 277. Sa signification la plus générale est *pierre* ou *roche de couleur vive*.

Schirl, est une mine d'étain chargée de fer arsenical, qui est en petits cryslaux prismatiques, d'un noir luisant , tirant sur le bleu ; elle

diffère peu du *wolfram :* elle est réfractaire.

Schite , *schiste* , *ardoise ,* & *pierre feuilletée argilleuse,* sont des noms assez synonymes.

Schlag ou *scories* (Recrementa) sont les impuretés , ou l'écume d'un métal , qui s'attachent, dans les fonderies & les forges , au haut , & sur les côtés du fourneau où l'on travaille à la réduction des mines, &c. Plus le métal est riche ou pur, moins il y a de scories : le mâche-fer est le *schlag* du fer.

Scorifier , est donner aux hétérogénéités contenues dans un métal une chaleur qui les sépare du métal, tantôt sous la forme demivitrifiée , tantôt sous la forme d'écume, toujours surnageant , & qu'on nomme *scories.*

Sibille , est une espece d'écuelle ou de vaisseau profond de bois, dont l'intérieur est tout sillonné ou rempli de

rainures, & dont on
se sert pour laver le
sable des rivieres quand
on soupçonne qu'il
contient quelques subs-
tances métalliques pré-
cieuses.

Sédiment, se dit d'un
corps déposé d'un li-
quide, sans le concours
de matieres précipitan-
tes.

Sélénite, espece de sel
qu'on prétend formé
d'une pierre calcaire
saturée par un acide :
nous en avons parlé
dans cet ouvrage.

Sigiller ou *sigillée:* ce nom
se donne à une terre
bolaire, sur laquelle,
dans l'état de pâte,
on met ordinairement
les armes d'un pays,
d'où dépend la carriere
où une telle terre a été
prise.

Similaire, se dit d'un
corps qui a ses parties
semblables à celles
d'un autre, ou sem-
blables entr'elles.

Sinus, s'entend de petites
ouvertures souterrei-
nes, très - étroites &
serpentantes, par les-

quelles l'air ou l'eau
peuvent prendre leur
courant.

Solitaire, se dit, en minéralogie, d'une pierre
que l'on trouve seule
& isolée.

Souple, se dit, d'un métal
ductile & traitable.

Sourd, se dit, en terme
de jouaillier, d'une
pierre qui n'a ni le
brillant ni l'éclat qu'elle
devroit avoir.

Spode, est une *cadmie.*
Voyez *Tuthie*, *Obs. II*,
pag. 208, *Vol. II.*

Spongieux, ou plein
de trous comme une
éponge.

Stalactite, concrétion
pierreuse, formée par
la filtration d'une eau
chargée de substance
lapidifique, & qui
prend différens noms,
suivant la maniere
dont elle se solidifie
& la forme qu'elle
prend dans les cavités
où l'eau la dépose.
Voyez *Genre* 24,
pag. 170, *Vol. I.*

Stratum, *strata*, se dit
d'un lit de pierres, de
tuf, d'une couche de

coquillages, &c.

Stries, fe dit de filets ou d'aiguilles, ou horizontales, ou tranfverfales, ou perpendiculaires.

Styptique, qui a un goût âpre comme de l'alun.

T

TAmbourin ou *Tabourinite*, fe dit, en terme de joaillier, d'une perle ronde par un côté, & plate de l'autre, comme une tymbale.

Tectum ou le *toit d'une mine*, eft communément une pierre feuilletée ou ardoife grife, compofée d'argille. & de pierre à chaux, qui accompagne réguliérement les filons.

Tenace, eft un corps dont les parties pliantes font tellement unies les unes aux autres, qu'on a de la peine à les féparer.

Ténébreux, fe dit, en minéralogie, d'une pierre qui n'eft pas nette.

Ténuité, eft la peti-

teffe des parties.

Terraffes, fe dit, en terme de joaillier, des parties tendres qu'ont certaines pierres ; ce qui empêche qu'elles puiffent être généralement ou également polies.

Thermales ; s'entend, en minéralogie, d'eaux chaudes, tant fimples que compofées, & qui fourdent en différens endroits de la terre.

Tiffu, *texture*, fe dit de la maniere dont les parties d'un corps font difpofées.

Torréfaction, eft l'action de faire diffiper en vapeurs, par le moyen du feu, le foufre, l'arfenic & les autres matieres volatiles qui minéralifent telle & telle efpece de mine. Voyez *Grillage*.

Tourmaline, efpece de pierre précieufe du Ceylan, que les Allemands appellent *tripp*, ou tire-tourbe, parce qu'elle a la propriété d'en attirer les cendres, lorfqu'on la met fur le feu : elle eſt remarquable par pluſieurs autres phénomenes ſinguliers. Voyez *Eſp.* 177 , *pag.* 264 , *Vol. I.*

Traitable , ſe dit , en métallurgie , d'un métal dont on fait facilement la réduction.

Tranſmutation , ſe dit d'un corps · qui perd ſes premieres qualités pour en prendre d'autres : c'eſt plus ſpécialement l'objet des recherches des alchymiſtes , que la tranſmutation des métaux imparfaits en or ou en argent.

Trituration , eſt la maniere de diviſer des corps groſſiers : elle ſert quelquefois à faciliter la réunion de pluſieurs métaux avec le mercure. On ſe ſert toujours , pour cette opération , de pilons que font mouvoir différentes machines , ſuivant les circonſtances

Tritus , eſt une ſubſtance quelconque qui a été détruite & comme

broyée dans la terre , par le laps du tems , ou par quelques circonſtances locales , &c. Voyez *Detritum.*

Tubéroſités , *tubercules* ou *boſſes* ; ces mots ſont ſynonymes. Voyez *Protubérances.*

V

Vapeurs minérales. Voyez *Mouffettes.*

Véhicule , ſe dit communément de fluides qui ſervent à tranſporter d'un lieu dans un autre des parties ſolides , qu'ils n'ont que peu ou point diffous.

Velouté , ſe dit d'une pierre haute en couleur.

Ventilateur; machine qui ſert à renouveller l'air dans les mines : on s'en ſert auſſi dans pluſieurs hôpitaux & lieux de ſpectacles en Angleterre.

Verdet ou *verd - de - gris foſſile* , eſt une rouille naturelle de cuivre.

Vibration , eſt le mouvement qu'on a donné aux parties d'un corps par le choc ou par le

frotement , & dont
on voit ou entend la
durée , au moyen de
l'ofcillation ou du fon
qui en réfulte.

Vifcofité , s'entend de la
partie gluante d'un
corps.

Vitreux , pierre qui jette
une lumiere pareille à
celle du verre.

Vitrification , eft l'action
par laquelle une ma-
tiere eft réduite en
verre , à un feu violent.

Volatile , propriété qu'a
un corps ou quel-
qu'une de fes parties de
s'élever fans interme-
de , ou avec l'aide
d'une legere chaleur.

Volfram ou *Wolfart* ,
terme de minéralogie,
eft une combinaifon
d'étain, de beaucoup
de fer & d'arfenic,
laquelle eft réfractaire

au feu : elle n'eft point
en cryftaux , comme
le *fchirl.* Voyez *Obf.*
pag. 124, *Efp.* 281 ,
pag. 158 , *Vol. II*
de cet ouvrage ; &
Henckel , *Introduct.*
de fa Pyritol. Tom. I,
pag. 130 & 131 *de*
la traduct. franç.

Z

Z Ones , fignifient les
bandes horizonta-
les de différentes cou-
leurs que l'on remarque
fur les agates , les albâ-
tres , &c. mot imité
du terme d'*aftrono-*
mie , qui défigne la
bande qu'on croit cou-
per en deux parties
égales le globe.

Zymotechnie , eft l'art de
faire fermenter les li-
queurs.

F I N.

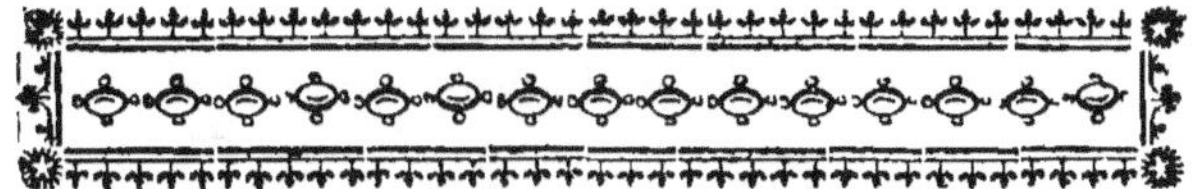

TABLE

ALPHABETIQUE

Des Matieres contenues dans la seconde Partie.

A

Fin de la Table.

E R R A T A.

PAge 15 , ligne 2 , *quelquefois parallelipipedes* , lisez *quelquefois en parallélipipedes.*

Page 31 , ligne 30 , *se débite dans* , lisez *se débite quelquefois dans le commerce.*

Page 69 , ligne 28 , *les dames l'emploient* , lisez *les dames l'employoient.*

Page 73 , ligne 4 , *d'antimoine pur* , lisez *d'un antimoine pur.*

Page 83 , ligne 42 , après *mercure* , ajoûtez ; *ces quatre derniers observateurs pourroient bien avoir pris des bulles d'air , pour des bulles de vif-argent.*

Page 87 , ligne 24 , au lieu de *toises* , lisez *pieds.*

Page 97 , ligne 6 , *à gros grains* , lisez *à petits grains.*

Page 135 , ligne 27 , *de fer ressemblante* , lisez *de fer blanchâtre ressemblante ,* &c.

Page 140 , ligne 2 , *des conches* , lisez *de conches.*

Page 157 , ligne 4 , après *espece de manganaise* , ajoûtez ; *Voyez POTT.*

Ibid. ligne 28 , au lieu de *l'aatre* , lisez *l'autre.*

Page 158 , ligne 13 , après *le Périgord* , ajoûtez ; *on l'y trouve encore aujourd'hui en pierre perdue, depuis l'abbaye de Perouse , jusqu'à plus de deux lieues au-delà : on la nomme , dans ce pays, Pierre de couleur , Peyre de coulouro.*

Page 210 , ligne 5 , *nihi lialbum* , lisez *nihili album.*

Page 258 , ligne 7 , au lieu de *talc* ; lisez *de tarc.*

Page 259 , ligne 6 , au lieu de *limoneuse* , lisez *limoneux.*

Page 268 , ligne 2 , *on prentend* , lisez *on prétend.*

Page 287 , ligne 39 , *tormentarius* , lisez *tormentorius.*

Page 303 , ligne 14 , *sortes corps* , lisez *sortes de corps.*

Page derniere , numérotée 304 , lisez 330.

APPROBATION.

J'Ai lu, par ordre de Monseigneur le Chancelier, un Manuscrit qui a pour titre : *Minéralogie*, ou *Nouvelle Exposition du Régne minéral ; par M. VALMONT DE BOMARE*. Je n'y ai rien trouvé qui puisse en empêcher l'impression. À Paris, ce 17 Décembre 1761.

VANDERMONDE.

Le Privilége se trouve à la fin de l'ouvrage intitulé : Méthode pour connoître les Plantes *, &c.*

DICTIONNAIRES.

LE grand Dictionnaire historique de *Louis* Moreri, ou le Mélange curieux de l'Histoire sacrée & profane, nouvelle édition, dans laquelle les Supplémens sont refondus, *in-folio* 10 *vol.* proposée par souscription à 180 l.

Dictionnaire Universel François & Latin, vulgairement appellé *Dictionnaire de Trévoux, in-fol.* 7 *vol.* derniere édition, augmentée considérablement. 168 l.

Supplément au même Dictionnaire de Trévoux (pour les précédentes éditions en 5 ou en 6 *vol. in-fol.*) 1 *vol.* 34 l.

Abbrégé dudit Dictionnaire de Trévoux, *in-4°.* 2 *vol. sous presse.*

Dictionnaire de Cas de conscience, par M. Pontas, nouvelle édition, revue, corrigée & augmentée considérablement, *sous presse.*

Abbrégé du Dictionnaire de Cas de conscience, par M. Pontas, *sous presse.*

Dictionnaire géographique, historique & critique, &c. par M. Bruzen de la Martiniere, *in-fol.* 6 *vol. sous presse.*

Abbrégé portatif du Dictionnaire géographique de la Martiniere, *in-8°,* 1759. 5 l.

Dictionnaire portatif de la Langue françoise, extrait du grand Dictionnaire de *Pierre Richelet, in-8°.* 5 l.

Dictionnaire d'Architecture Civile, Militaire & Navale, *in-4°. sous presse.*

Dictionnaire de la basse latinité, ou Glossaire de Du Cange, *in-fol.* 6 *vol.*

Dictionnaire domestique portatif, contenant tout ce qui concerne l'œconomie, l'agriculture, &c. *in-8°.* 1762.

THEOLOGIE.

Œuvres R. P. MOREL, Bénédictin.

Effusion de cœur, ou Entretien spirituel & affectif d'une ame avec Dieu, sur chaque Verset des Pseaumes & des Cantiques de l'Eglise, *in-12.* 5 *vol.* 11 l. 10 s.

Entretiens spirituels en forme de Prieres, sur les Evangiles des Dimanches & des Mystères de toute l'année : Sur la Passion de Notre-Seigneur Jesus-Christ, distribués pour tous les jours de Carême : Sur l'Incarnation pour tous les jours de l'Avent, *in-12.* 4 *vol.* 6 l.

Préparation à la mort, avec les Prieres & Litanies pour les Agonisans, & autres, lorsqu'on porte le S. Sacrement aux malades, *in-12.* 2 l. 10 s.

Entretiens spirituels pour la Fête & l'Octave du S. Sacrement, avec l'Office du Jour, à l'usage de Rome & de Paris, *in-12.* 1 l. 10 s.

Retraite de Dix Jours sur les principaux devoirs de la vie Religieuse, avec une Paraphrase sur la Prose du S. Esprit, *in-12.* 1 l. 10 s.

De l'Espérance Chrétienne, & de la Confiance en la miséricorde
de Dieu, *in-12.* 1 l. 10 f.

Imitation de Notre-Seigneur Jesus-Chrift, *traduction nouvelle*,
avec une Priere affective ou Effusion de cœur à la fin de chaque
Chapitre, *in-12. nouvelle édition*, 1758. 2 l. 10 f.

Du bonheur d'un simple Religieux & d'une simple Religieuse qui
aiment leur état & leurs devoirs, *in-12.* 2 l.

Entretiens avec Jesus-Chrift dans le saint Sacrement de l'Autel,
contenant divers Exercices de piété pour honorer ce divin
Mystère, & pour s'en approcher dignement, *in-12.* 2 l. 10 f.

DE DIFFERENS AUTEURS.

L'Ange conducteur dans la dévotion chrétienne, avec les différens Offices, nouvelle édition, augmentée de l'Office de la
Vierge, &c. *in-12.* 2 l. 10 f.

La Liturgie ancienne & moderne, ou Instruction sur les prati-
ques & les cérémonies de l'Eglise, troisieme édition, *in-12.*
1752. 2 l. 10 f.

Consolations chrétiennes, avec des Réflexions sur les huit Béa-
titudes, & la Paraphrase des trois Cantiques du Dante, par
M. Duguet, nouvelle édition, 1733, *in-12.* 2 l.

Traité Philosophique & Théologique de l'Amour de Dieu, dans
lequel on établit & on explique les Vérités Catholiques, par
M. Du-Pin, *in-8°.* 3 l.

Bible de M. de Sacy, latine & françoise, avec des notes,
in-12. 23 vol. 57 l. 10 f.

Biblia sacra Vulgatæ Editionis Sixti V Pontificis Maximi jussu
recognita, *in-8°.* 5 l.

Novum J. C. Testamentum, *in-24.* 1 l. 10 f.

La sainte Bible, nouvelle version françoise, par Charles Lecene,
in-fol. 2 vol. Hollande. 36 l.

Paraphrases sur les Epîtres de S. Paul, avec le texte latin, des
Analyses & des notes tirées des Peres & des meilleurs Com-
mentateurs, *in-12. 3 vol.* 7 l. 10 f.

Nouvel Abbrégé des Méditations du Pere Louis Du-Pont, où
se trouvent de suite les Méditations de chaque jour, & augmenté d'un grand nombre de Méditations sur les Fêtes des
Saints, avec une Retraite de huit jours, *in-8°. 3 vol.*
7 l. 10 f.

Réflexions préliminaires au Chriftianisme pour l'instruction de
jeunes gens, *in-12.* 1755. 2 l. 10 f.

Paraphrases sur l'Ancien & le Nouveau Testament, avec le Texte.
in-12. 8 vol. 1754. 20 l.

Sermons & Panégyriques du P. Simon Delavierge, *in-12.* 15 vol.

Traité du sens littéral & myftique des saintes Ecritures, *in-12.*
2 l. 10 f.

Examen du Matérialisme, relativement à la Métaphysique & à la
Morale, par M. Denesle, *in-12. 2 vol.* 5 l.

Traité des Prêts de Commerce, ou de l'intérêt légitime ou illégitime de l'Argent, *in-12. 4 vol.* 1759. 10 l.

<table>
<tr><td rowspan="5">Du R. P.
BERRUYER.</td><td>Histoire du Peuple de Dieu, premiere partie, con- tenant l'Ancien Testament, in-12. 16 vol. 25 l.</td></tr>
<tr><td>——————— La même, in-4°. 8 vol.   80 l.</td></tr>
<tr><td>Histoire du Peuple de Dieu, seconde partie, con- tenant le Nouveau Testament, in-12. 8 vol. 20 l.</td></tr>
<tr><td>——————— La même, in-4°. 4 vol.   36 l.</td></tr>
</table>

HISTOIRE, LITTERATURE.

Annales typographiques, ou la Notice du progrès des connoissan- ces humaines, par une Société de Gens de Lettres, *in-8°. Il en paroît un Cahier chaque mois, qui se vend seize sols. On souscrit pour les douze Cahiers de l'année, 9 liv. 12 sols. Le port par la Poste, est 4 sols dans toutes les Villes du Royaume. C'est à l'année 1760 qu'elles commencent.*

Histoire universelle depuis le commencement du monde jusqu'à présent, traduite de l'anglois, *in-4°.* 15 *vol.* avec Cartes & Figures, Hollande.   180 l.

Abbrégé chronologique de l'Histoire universelle, *in-8°.* petit format. 1757.   4 l. 10 f.

Histoire générale de Languedoc, avec des Notes & les Piéces justificatives, composée sur les Originaux, enrichie de divers Monumens, avec Cartes, Figures & Vignettes en taille-douce, par D. Vaissette, *in-fol.* 5 *vol.*   100 l.

Abbrégé de l'Histoire de Languedoc, par le même, *in-12.* 6 *vol.*   15 l.

Histoire militaire des Suisses, par M. le Baron de Zurlauben, *in-12.* 8 *vol.*   20 l.

Le Code militaire des Suisses, *in-12.* 4 *vol. sous presse.*

Bibliothéque historique, politique & militaire, contenant le Général d'Armée, par Onozander, & différentes Piéces de MM. Condé, Turenne, d'Asfeld, &c. *in-12.* 3 *vol.* 1760, 7 l. 10 f.

Mémoires & Lettres de Henri, Duc de Rohan, sur la guerre de la Valteline, publiés pour la premiere fois, par M. le Baron de Zurlauben, *in-12.* 3 *vol.* 1758.   7 l. 10 f.

Histoire du Concile de Trente de Fra-Paolo Sarpi, traduite de nouveau en françois, avec des notes critiques, par P. Fr. Le Courayer, derniere édition, à laquelle on a joint plusieurs Piéces importantes, & la défense de l'Auteur, *in-4°.* 3 *vol.* Amsterdam, 1751.   30 l.

Histoire de l'Eglise en abbrégé, depuis le commencement du monde, jusqu'à présent, par M. Du Pin, *in-12.* 4 *vol.* 10 l.

Histoire profane, depuis son commencement jusqu'à présent, contenant les tems obscurs & fabuleux ; l'Histoire des événe- mens arrivés dans tous les tems ; les différentes Religions, & les Hommes illustres qui ont vécu dans chaque siécle, &c. par le même, *in-12.* 6 *vol.*   15 l.

Mémoires pour servir à l'Histoire de la Maison de Brandebourg, avec Cartes, *in-12.* 2 *vol.* Berlin, 1751.   6 l.

Les Annales de l'Ordre de S. Benoît, *in-fol.* 6 *vol.*

Gallia Christiana in Provincias Ecclesiasticas distributa, &c. *in-fol.* 11 *vol.*

Difcours hiftoriques, critiques & politiques fur Tacite, traduits
de l'anglois de M. Th. Gordon, nouv. édit. in-12. 3 vol.
Amfterdam, 1751.   9 l.
Inftitutions abbrégées de Géographie, par M. Maclot, in-12.
petit format, 1759.   2 l. 5 f.
Géographie générale de Varenius, traduite de l'anglois, in-12.
4 vol. avec Figures, 1755.   10 l.
Effais politiques fur l'état préfent de l'Europe, in-12. 2. vol,
Amfterdam, 1757.   4 l.
Nouvelle Encyclopédie portative, ou Tableau général des con-
noiffances humaines, in-8°. petit format.
Le Comédien, Ouvrage divifé en deux parties, par M. Remond
de Sainte-Albine, nouv. édit. augm. & corrigée, in-8°. 4 l.
Le Réformateur, ou Nouveau projet pour régir les Finances,
pour augmenter le Commerce, la Culture des Terres, &c.
nouvelle édit. in-12. 2 vol. Amfterdam, 1757.   4 l. 10 f.
Le Réformateur réformé. Broch. in-12. 1756.   12 f.
Poliergie, ou Mêlange de Littérature & de Poëfies, par M. de
V ***, in-12. 1757.   2 l. 10 f.
L'Arcadie moderne, ou les Bergeries fçavantes, Paftorale héroï-
que, in-12. 1757.   2 l. 10 f
Calculs tout faits depuis 1 denier jufqu'à 50000 liv. avec un
Tarif des intérêts, des poids, mefures, &c. & une Table à tant
par an, combien par jour, depuis 30 f. jufqu'à 100000 l.
par M. Mefange, in-12. nouvelle édition, 1757.   2 l. 10 f.

<table>
<tr><td rowspan="6">DE
BARRÈME.</td><td>L'Arithmétique, ou le Livre facile pour appren-
dre l'Arithmétique de foi-même & fans Maître,
in-12.   2 l. 10 f</td></tr>
<tr><td>Les Comptes faits, ou Tarif général de toutes les
Monnoies, tant anciennes que nouvelles,
in-12.   2 l. 10 f.</td></tr>
<tr><td>———— Les mêmes Comptes faits, in-24. 1 l. 10 f.</td></tr>
<tr><td>Le Livre néceffaire, ou Tarif général des Intérêts,
des Efcomptes, des Echanges & des Divifions,
in-12.   2 l. 10 f.</td></tr>
<tr><td>Traité des Parties doubles, ou Méthode aifée
pour apprendre à tenir les Livres en parties
doubles, in-8°.   4 l.</td></tr>
</table>

Elémens de Géométrie, traduits de l'anglois de Th. Simpfon,
in-8°. 1755.   4 l.
Vie de Gaffendi, avec le Catal. de fes Ouvrages, in-12. 2 l. 10 f.
Poëfies diverfes de Coquard, in-12. 2 vol. 1754.   4 l. 10. f
La double Folie, ou Mêlange de Poëfies, in-12. Amfterdam,
1756.   1 l. 10 f.
Recueil de Contes & Fabliaux des Poëtes François des XII, XIII,
XIV & XV fiéc. par M. de Barbazan, in-12. 3 vol. petit for-
mat, 1756.   6 l.
Œuvres galantes & amoureufes d'Ovide, traduct. nouv. en vers
françois, in 8°. Amfterdam, nouv. edit. 1757.   4 l. 10 f.
Lettres d'Ofman, par M. le Chevalier d'Arc, in-12. 2 vol. 1753.
4 l. 2 f

Le Palais du silence ; par le même, *in-12. 2 vol.* 1754. 4 l. 10 f.

Histoire du Commerce & de la Navigation des Peuples anciens & modernes ; par le même, *in-12. 2 vol.* 1758. 5 l.

Observation sur la Noblesse & le Tiers-Etat, *in-12.* 1758. *broch.* 1 l. 4 f.

Le Génie de Montesquieu, *in-12.* 1758. 2 l. 10 f.

L'Esprit de S. Evremond, *in-12.* 1760. 2 l. 10 f.

Vues politiques sur le Commerce, *in-12,* 1759. 3 l.

Grammaire Hébraïque, par M. Ladvocat, *in 8°. broch.* 3 l.

Traité de la Poësie françoise, par le P. Mourguis, *in-12.* 2 l.

J U R I S P R U D E N C E.

Francisci Baconii Exemplum Tractatûs de Justitiâ universali, *in-18.* 1752. 1 l. 5 f.

Les Loix Civiles dans leur ordre naturel ; le Droit public, & *Legum Delectus,* par Domat, *in-fol.* nouv. édit. 1756. 25 l.

Histoire de la Jurisprudence Romaine, par M. Terrasson, servant de suite aux Loix Civiles, *in fol.* 18 l.

Traité de la preuve par temoins, par Danty, nouv. édit. *in-4°.* 1752. 8 l.

Franc. Lorry Antecef. Parif. Commentarius in Institutiones Justiniani, *in 4°.* 1757. 10 l.

Traité des prêts de Commerce, ou de l'intérêt légitime ou illégitime de l'argent, *in-12. 4. vol.* 1759. 10 l.

Recueil de Piéces concernant la Jurifdiction sur les perfonnes & Biens Eccléfiaftiques, *in-12. 10 vol.* 25 l.

H I S T O I R E N A T U R E L L E , M É D E C I N E , C H I R U R G I E
& P H A R M A C I E.

Journal de Médecine, Chirurgie, Pharmacie, &c. Par M. Vandermonde, *in-8°. Il en paroît un Cahier chaque mois, qui se vend seize sols. On soufcrit pour les douze Cahiers, par an, 9 liv. 12 sols. Le port par la Poste est 4 sols dans toutes les Villes du Royaume.* C'eft à l'année 1758 que commencent ces Extraits des livres.

Opufcules chymiques de Margraf, *in-12. 2 vol.* 1761. 5 l.

Traité de la Structure du Cœur, de son action, & de ses maladies, par M. Senac, *in-4°. 2 vol.* avec Figures, 22 l.

L'Anatomie d'Heifter, avec des Effais de Phyfique fur l'ufage des parties du corps humain, par M. Senac, *nouvelle édition, augmentée de notes fur les nouvelles découvertes,* avec Figur. *in-12. 3 vol.* 1753. 7 l. 10 f.

Précis de la Médecine pratique, contenant l'Hiftoire des maladies, avec des Obfervations fur les points les plus intéreffans, par M. Lieutaud, *in-8°.* nouv. édit. 1760. 6 l.

Traité d'Oftéologie, dans lequel, après la defcription exacte des Os & l'explication de leurs mouvemens, on indique les infertions des Mufcles, l'attache des Ligamens & des Cartilages,

le cours des Vaiſſeaux & des Nerfs ; par M. Bertin de l'Acad.
des Sciences , *in*-12. 4 *vol.* 1754.   10 l.
Reueicl de piéces concernant l'Inoculation de la petite Vérole ,
in-12. 1756.   2 l. 10 ſ.
Eſſai ſur les vertus de l'eau de Chaux, pour la guériſon de la
Pierre , traduit de l'anglois de Robert Whytt ; par M. Roux ,
D. M. *in*-12. 1757.   ·   2 l. 10 ſ.
Recherches hiſtoriques & critiques ſur les différens moyens qu'on
a employés juſqu'à préſent pour refroidir les liqueurs , *in*-12.
broch. 1758.   1 l. 4 ſ.
Traité de l'opération de la Taille, par M. Collot , *in*-12.   2 l.
Pharmacopée galénique & chymique de Charras, nouv. édit.
· augmentée, par M. Lemonier, Méd. de Paris, *in* 4ª. 1753. 12 l.
Eſſai ſur les Alimens , pour ſervir de Commentaire aux Livres
diététiques d'Hippocrate; par M. Lorry, *in*-12. 2 *vol.* 1757. 5 l.
Traduction des Ouvrages de Celſe , ſur la Médecine & la Chirurgie , par M. Ninnin , *in*-12. 2 *vol.* 1754.   - 5 l.
L'Amputation à lambeau, ou Nouvelle méthode d'amputer les
membres , par Verduyn , *in*-8° 1757. avec Fig. *broch.*   3 l.
Diſſertation anatomique & pratique ſur une maladie de la peau ,
fort ſinguliere, *in*-12. 1755. *broch.*   1 l. 5 ſ.
Les Abus de la Saignée , démontrés par des raiſons priſes de la
nature & de la pratique des plus célebres Médecins de tous les
tems ; avec un Appendix ſur les moyens de perfectionner la
Médecine, *in*-12. 1759.   2 l. 10 ſ.
Deſcription abbrégée des Maladies qui régnent le plus communé-
ment dans les Armées, avec la Méthode de les traiter ; par
M. le Baron de Van-Swieten , *in*-12. *petit form.* 1760.   2 l.
Eſſai ſur la maniere de perfectionner l'eſpece humaine , par
M. Vandermonde , *in*-12. 2 *vol.*   5 l.
Collection de Theſes médico-chirurgicales , &c. Par M. le Baron
de Haller , 5. *vol. in*-12.   12 l. 10 ſ.
Et tous les autres Ouvrages de M. le Baron de HALLER.
Tous les Ouvrages de BOERHAAVE.
Dictionnaire portatif de ſanté, dans lequel tout le monde peut
prendre une connoiſſance ſuffiſante de toutes les maladies ,
des différens ſignes qui les caractériſent chacune en particulier, des moyens les plus ſûrs pour s'en préſerver, & des
remedes les plus efficaces pour ſe guérir ; par M. L*** ,
ancien Médecin des Armées du Roi, & M. De B***, Médecin des Hôpitaux, *in*-8°, 2 vol. nouvelle édision, conſidérablement augmentée. 1761.   2 l.